民用飞机维修工程系列教材

# 民用航空燃气涡轮发动机原理

**主　编** 瞿红春

**副主编** 张银波　曲春刚　孙　爽　陶　源

科学出版社

北京

# 内 容 简 介

本书根据中国民航大学飞行器动力工程专业的"航空发动机原理教学大纲"和课程组多年来从事民用航空发动机科研和教学经验编写而成,不仅继承国内外同类教材的经典内容,也结合民用航空发动机的运行实际。本书重点阐明民用航空发动机原理的基本概念、基本知识和理论,力求深入浅出、循序渐进、逻辑严密。通过对本书的学习,读者能掌握航空燃气涡轮发动机的运行原理和主要性能指标,对民航发动机各主要部件的工作原理、各部件共同工作规律以及各种类型发动机特性有较深入的理解,为后续课程和从事民航发动机运行、管理和维修工作打下较坚实的理论基础。

本书可供高等院校飞行器动力工程及其他相关专业的师生作为教材使用,也可供从事航空发动机相关工作的专业技术人员参考使用。

**图书在版编目(CIP)数据**

民用航空燃气涡轮发动机原理 / 瞿红春主编. —北京:科学出版社,2023.11
民用飞机维修工程系列教材
ISBN 978-7-03-076432-4

Ⅰ.①民… Ⅱ.①瞿… Ⅲ.①民用飞机—航空发动机—燃气轮机—教材 Ⅳ.①V235.1

中国国家版本馆 CIP 数据核字(2023)第 184638 号

责任编辑:徐杨峰 / 责任校对:谭宏宇
责任印制:黄晓鸣 / 封面设计:殷 靓

**科 学 出 版 社** 出版
北京东黄城根北街 16 号
邮政编码:100717
http://www.sciencep.com

南京展望文化发展有限公司排版
苏州市越洋印刷有限公司印刷
科学出版社发行 各地新华书店经销

\*

2023 年 11 月第 一 版 开本:787×1092 1/16
2023 年 11 月第一次印刷 印张:16 1/2
字数:381 000

**定价:75.00 元**

# 民用飞机维修工程系列教材
## 专家委员会

# 丛书序

　　20 世纪 50 年代,随着波音和麦道系列喷气客机开始进入民航运输市场,全球民航业蓬勃兴起,民机制造业逐步形成波音一家独大的局面,此时中国民航主要引进苏式伊尔和安系列飞机,并由空军管理。1987 年,空客 A320 首飞,全球民航快速发展,波音和空客成为航空制造业两大巨头,中国民航购置波音和空客等先进机型,系统地引进欧美规章和标准,实施企业化管理,2005 年航空运输周转量升至世界第二。2010 年以来,全球民航载客量持续快速增长,但全球市场受世界经济格局影响,旅客增长率下降,但亚太地区增长强劲,同时,ARJ21 进入商业运营,C919 首飞成功并启动适航取证工作,国产民机制造业开始崭露头角。今后,世界民航安全水平、管理水平、技术水平将全面提升,尤其在信息化和智能化方面,通用航空快速发展,民航成为旅客长途旅行首选交通工具,全球民机制造业将形成三足鼎立的格局,ARJ21、C919 和 CR929 将逐步成为我国民航市场的主力运输工具,后发优势将突显,航空运输总周转量将超越美国成为世界第一,全面实现民航强国战略目标。

　　新型国产民机的研制完全遵循国际行业标准,中国航空维修业能够利用自身多年保障欧美飞机运行的丰富经验,为国产民机相关领域提供宝贵经验,为国产民机的设计、制造和运行提供全面支持。然而,我国民航运输工具长期处于波音和空客两强格局下发展,使中国航空维修业严重依赖欧美,尤其是关键核心技术遭到了长期封锁。因此,在贸易战的背景下,中国航空维修业必须快速适应三足鼎立格局,构建独立自主的民机运维支持和设计改进体系,这是推动我国民航产业完全自主发展的迫切需求。

　　在自主的民机运维支持和设计改进体系中,最为紧迫的工作是高级工程技术人才的培养。一方面,以国产民机设计与制造业为基础,形成具有运维思维的民机设计高级工程人才培养体系,面向民机的设计改进,提升国产民机的安全性和市场竞争力;另一方面,以国产民机维修业为基础,形成具有设计视角的高级维护工程师培养体系,扎根民机运维支持与持续改进,保障国产民机安全、可靠、高效运行。

　　民航强国现已上升为国家战略,民航业成为促进我国经济创新驱动与转型升级、构建现代化经济体系的重要引擎。为加快建设创新型民航行业,进一步发挥高等院校对人才培养的支撑作用,民航局提出直属院校要发挥民航专业人才培养的主渠道作用,立足特色优势,拓展新兴领域,坚持内涵发展,夯实学科专业基础。针对新的培养要求和目标,直属院校把"双一流"建设和特色发展引导相结合,实施民航特色学科核心课程体系建设工程,加强以航空器维修工程为主的民航特有专业群建设。

为了不断提高民航专业教学质量,推动民航特色学科核心课程体系和特有专业群建设工程,培养具有扎实理论基础的专业技术人才,引导技术创新,形成一套完善的民用航空运维知识培养体系,为民航事业不断发展奠定坚实基础,并结合中国民航大学飞机维修工程人才培养观念的更新,中国民航大学航空工程学院于2019年上半年提出了集中出版"民用飞机维修工程系列教材"的计划,该系列教材包括:飞机系统基础教材、飞机结构基础教材、发动机基础教材、发动机专业教材、飞机与发动机共用教材,基本覆盖我校飞行器动力工程和飞行器制造工程两个专业所涉及的主要课程。

同时,为了完善国产民机的运营维修人才的培养体系,助力国产民机市场拓展,系列教材的飞机系统与结构方面的编写工作与中国商用飞机有限责任公司携手合作,共同出资编写,实现国产民用飞机入教材、进课堂,为培养国产飞机维修高级技术人才打下坚实基础。

在此,对在民用飞机运维行业默默奉献的从业者和开拓者表示敬意,对为此系列教材的出版奉献时间和汗水的专家、学者表示谢意。

孙毅刚

2021年秋于中国民航大学

# 前　　言

航空发动机原理是航空发动机的技术基础,又是飞行器动力工程、飞行器设计等专业的核心课程。本书根据中国民航大学飞行器动力工程专业的"航空发动机原理教学大纲"和课程组多年来从事民用航空发动机科研和教学经验编写而成。

编者在成书过程中总结国内外航空发动机领域的相关研究成果,不仅继承国内外使用教材的经典内容,也结合民用航空发动机的工程实际。本书着重阐明航空发动机基本概念、基本知识和理论,力求深入浅出、循序渐进、逻辑严密。通过对本书的学习,读者能掌握航空燃气涡轮发动机的工作原理、特性和主要性能指标,对各部件的工作原理、共同工作以及各种类型发动机特性有较深入的了解,为后续课程和今后从事民航发动机运行、管理和维修工作打下较坚实的理论基础。

全书共有 11 章,第 1 章介绍工程热力学和气体动力学的基础知识,具备这方面基础的读者可跳过这一章;第 2 章介绍航空发动机的总体工作原理和性能指标;第 3~7 章详细阐述民航发动机各部件的工作原理和性能部件;第 8 章讨论燃气涡轮发动机总体性能,即各部件共同工作、调节规律和总体特性等;第 9 章、第 10 章介绍双转子涡喷发动机、涡桨和涡扇发动机工作原理和特性;第 11 章分析涡喷和涡扇发动机的热力计算过程。

本书由瞿红春统稿,第 1~3 及第 8 章由瞿红春编写,第 5、7 章由张银波编写,第 4 章由曲春刚编写,第 6、10 章由孙爽编写,第 9、11 章由陶源编写。

在本书的成书过程中得到中国民航大学航空工程学院的大力支持,北京航空航天大学朱行健教授和中国民航大学曹惠玲教授对本书进行审阅,提出了许多中肯的修改建议。对此,作者表示衷心的感谢。

由于编者理论水平和实践经验有限,书中的错误和不妥之处在所难免,恳请读者批评指正。

瞿红春

2023 年 4 月

# 常用符号表

| | | | | |
|---|---|---|---|---|
| $A$ | 截面面积 | | $u$ | 圆周速度 |
| $a$ | 声速 | | $V$ | 气流速度、体积 |
| $B$ | 涵道比 | | $v$ | 比容 |
| $c$ | 绝对速度、比热容 | | $W$ | 功 |
| $c_p$、$c_v$ | 比定压热容、比定容热容 | | $w$ | 比功 |
| $D$ | 直径 | | $\alpha$ | 余气系数、攻角 |
| EGT | 发动机排气温度 | | $\beta$ | 相对气流角度 |
| EPR | 发动机压比 | | $\eta$ | 效率 |
| $F$、$F_s$ | 推力、单位推力 | | $\gamma$ | 定熵指数 |
| $f$ | 油气比 | | $\lambda$ | 速度系数 |
| $H$ | 焓、飞行高度 | | $\pi$ | 增压比 |
| $H_u$ | 燃油低热值 | | $\Delta$ | 加热比 |
| $h$ | 比焓 | | $\rho$ | 密度 |
| $m$ | 质量 | | $\xi$ | 燃烧系数 |
| $Ma$ | 马赫数 | | $\sigma$ | 总压恢复系数 |
| $n$ | 转速、多变指数 | | $\omega$ | 角速度 |
| $N$ | 功率、转速 | | 下标 | |
| $p$、$p_b$ | 压力、反压 | | a | 空气、轴向 |
| $Q$ | 热量 | | b | 燃烧室 |
| $q$ | 比热量 | | c | 压气机 |
| $q_m$ | 流量 | | cor | 换算参数 |
| $R$ | 气体常数 | | col | 冷却 |
| $S$ | 熵 | | cr | 临界 |
| $s$ | 比熵 | | d | 设计点 |
| sfc | 燃油消耗率 | | e | 喷管 |
| $T$ | 温度,涡轮 | | f | 燃油 |
| $U$ | 内能 | | g | 燃气 |

| H、HP | 高压 | T、t | 涡轮 |
| i | 进气道 | *s* | 等熵 |
| L、LP | 低压 | u | 圆周 |
| m | 机械 | **上标** | |
| p | 膨胀 | * | 气流总参数 |

# 目　录

# 第1章
# 基础知识

　　航空燃气涡轮发动机作为一种热机,将燃油燃烧所释放出的热能转变为机械能,而且在工质连续不断的流动过程中实现。为了能全面地学习航空燃气涡轮发动机的工作原理、性能分析及其规律,必须具备工程热力学和气体动力学方面的基础知识。如果读者已经具备这方面的知识,本章可以略过。

　　工程热力学是研究热能与其他形式的能量(尤其是机械能)之间相互转换规律的一门学科,气体动力学主要研究气体在流动过程中的流动规律以及与相对运动物体之间相互作用的学科。

## 1.1　基　本　概　念

### 1.1.1　热力系

　　热力系指热力学研究对象的物质及其所在的空间,正确地选取热力系是进行热力学分析的前提。

　　能够以某种方式与热力系发生相互作用的局部区域内的物质称为外界或环境。热力系与外界之间的相互作用是指能量(包括热量和功)交换和质量交换。

　　热力系与外界之间的分界面称为界面。

　　根据热力系与外界之间相互作用情况的不同,热力系可以分为:

　　闭口系:热力系与外界无质量交换;

　　开口系:热力系与外界有质量交换;

　　绝热系:热力系与外界无热量交换;

　　孤立系:热力系与外界既无质量交换也无能量交换。

### 1.1.2　热力状态和状态参数

1. 热力状态

　　在某一瞬间热力系所呈现的一切宏观性质的综合表现称为热力系的状态,简称为状态。具有特别重要意义的状态是平衡状态。

　　平衡状态是热力系宏观性质不随时间而变化的状态。平衡状态是一个理想的概念。但在许多情况下,热力系的实际状态偏离平衡状态并不远,可将它作为平衡状态处理。

2. 状态参数

用来描述热力系平衡状态的宏观物理量称为状态参数。常用的状态参数有比容、压力(压强)、温度、内能、焓和熵。

处于平衡状态的热力系其状态参数都具有确定的数值,而不平衡热力系其状态参数一般是不确定的。因此,状态参数是热力系状态的单值函数,一般都能用连续函数来描述。

可以直接测量的状态参数称为基本状态参数,例如比容、温度、压力。

(1)比容:单位质量的物质所占有的容积称为比容。其表达式为

$$v = V/m$$

式中,$V$ 为容积;$v$ 为比容;$m$ 为质量。比容的法定计量单位是 $m^3/kg$。

(2)温度:温度是描写处于热平衡状态的热力系宏观特性的物理量。对于气体,温度可以用分子平均移动动能的大小来表示。

温度的数值表示法称为温标,分为热力学温标、摄氏温标、华氏温标等。

热力学温标是与测温物质的性质无关的温标,单位为 K(开尔文),以水的三相点为唯一的基准点,并规定水的三相点的温度为 273. 16 K,1 K 为水的三相点温度的 1/273. 16。

摄氏温标选用标准大气压下水的两相点(冰水混合物)为 0℃,沸点为 100℃,并将温度视为测温物某一物性的线性函数的温标。

热力学温度与摄氏温度之间的关系:

$$T(K) = t(℃) + 273. 15$$

(3)压力(压强):单位面积上所承受的垂直方向的作用力称为压力。

压力恒为正值,其方向恒指向作用面。表达式为

$$p = F/A$$

式中,$A$ 为面积;$F$ 为垂直方向的作用力;压力的法定计量单位是 $Pa(帕,N/m^2)$。

由于 Pa(帕)这个单位太小,工程上常用 MPa(兆帕)或 bar(巴)作为压力的单位:

$$1\ MPa = 1 \times 10^6\ Pa, \quad 1\ bar = 1 \times 10^5\ Pa$$

热力系的真实压力是绝对压力,用符号 $p$ 表示。热力系的真实压力超出当地大气压力的部分称作表压,用符号 $p_g$ 表示:

$$p_g = p - p_0$$

式中,$p_0$ 为当地大气压。

热力系的真实压力低于当地大气压力的部分称作真空度,用符号 $p_v$ 表示:

$$p_v = p_0 - p$$

注意:表压和真空度都不是状态参数,因为它们的数值不但与热力系的真实压力有关,而且与当地的大气压力有关。所以**绝对压力才是状态参数**。

### 1.1.3 状态方程和状态坐标系

1. 状态方程

平衡状态下基本状态参数压力 $p$、温度 $T$ 和比容 $v$ 之间的关系式称为状态方程,即

$$F(p, v, T) = 0$$

2. 完全气体状态方程

将气体分子自身体积和分子间作用力忽略不计的气体称为完全气体。实验和理论都表明:当压力不太高,温度不太低时,各种气体都可按完全气体来处理。

对于 1 kg 完全气体其状态方程为

$$pv = RT$$

式中,$R$ 为气体常数。气体常数 $R$ 只决定于气体的种类,不随气体的状态而变化。气体常数 $R$ 的法定计量单位为 $J/(kg \cdot K)$。空气的气体常数为 287.06 $J/(kg \cdot K)$。

3. 状态坐标系

热力系的平衡状态可以由两个相互独立的状态参数单值确定。它可以表示为任意两个独立的状态参数所构成的平面坐标系中的一个点,这对分析气体的工作过程十分方便,例如 $p-v$ 图、$T-s$ 图等(其中 $s$ 为状态参数熵)。

### 1.1.4 热力过程和热力循环

1. 热力过程

热力系从一个平衡状态向另一个平衡状态变化时所经历的全部状态的总和称为热力过程。热力过程按其性质分为准静态过程、可逆过程和不可逆过程等。

准静态过程是由一系列无限接近于内部平衡的状态所组成,而且以几乎趋近于零的速度进行的热力过程,也称作准平衡过程或内部平衡过程。实现准静态过程的条件是:热力系内各部分之间及热力系与外界之间的各种不平衡势差为无限小。准静态过程是一个理想化的过程,但在适当的条件下,实际过程可以近似地当作准静态过程来处理。

只有准静态过程才可以用确定的状态参数来描述。需要注意的是:准静态过程中可能存在耗散(如摩擦等)。在保持过程路线不变的条件下,使热力系少输出一部分功同时也少吸收相应的热量的现象称为耗散。引起耗散的因素有摩擦、电阻、磁滞和非弹性变形等。

热力系在经历某一热力过程后,能够简单地逆转,使热力系和外界可以同时完全复原的过程称为可逆过程,否则是不可逆过程。导致过程不可逆的因素称为不可逆因素,不可逆因素包括有温度差、浓度差、化学势差、耗散等。

实现可逆过程的条件是:**热力系内部及热力系与外界之间的各不平衡势差为无限小,同时不存在耗散。**

可逆过程是一个理想的极限过程,在热力学的理论和实践中都具有重要的意义。

2. 热力循环

封闭的热力过程称为热力循环,简称为循环。此时热力系从一个平衡状态经过一系

列的状态又回到原来的平衡状态。热力循环可分为正向循环(动力循环)、逆向循环(制冷循环)、可逆循环和不可逆循环等。

一般来说,能够持续做功的热力机械均视作热力循环处理,如航空发动机中的布雷顿循环、内燃机的奥托循环、汽轮机中的兰金循环等。

### 1.1.5 功和热

1. 功 $W$

热力系通过边界与外界依靠除温差以外的任何势差所传递的能量称为功。我们不能说在某状态下热力系具有多少功,而只能说热力系与外界交换了多少功。所以功是过程量,不是状态参数。

热力系内单位质量的物质与外界所交换的功称为比功,用符号 $w$ 表示。

热力学中规定:热力系对外界做功,则功为正;外界对热力系做功,则功为负。

单位时间内所完成的功称为功率。用符号 $N$ 表示。

功的法定计量单位为 J,比功的单位为 J/kg。

热力过程中由于热力系容积变化与外界交换的功称为容积功。

在无耗散准静态过程中,热力系与外界交换的容积功为

$$\delta W = p\mathrm{d}V$$

在任意的无耗散准静态过程中,热力系由状态 1 变化到状态 2 与外界交换的容积功为

$$W_{12} = \int_1^2 p\mathrm{d}V$$

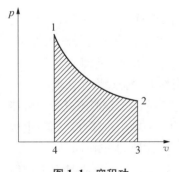

无耗散准静态过程中容积功在 $p$-$v$ 图上的表示为过程线下与横坐标之间所包围的面积,如图 1.1 中所示的 12341 的面积。该面积周边走向为顺时针时,功量为正。

2. 热量 $Q$

热力系在过程中通过边界与外界之间依靠温差所传递的能量称为热量。和功一样,热量也是过程量。

热力系内单位质量的物质与外界交换的热量称为比热量,用符号 $q$ 表示。

图 1.1 容积功

热力学中规定:外界对热力系加热,则热量为正;热力系向外界放热,则热量为负。

热量的法定单位为"焦耳"(J),比热量的单位为"焦耳/千克"(J/kg)。

## 1.2 热力学第一定律

热力学第一定律是能量守恒与转换定律在热力学中的应用。它确定了热能与其他形式的能量在相互转换过程中的数量关系,是热力学的基本定律,是进行热力分析的基础。

工程热力学主要研究热能和机械能(功)之间的转换。故能量守恒与转换定律可表述为：在热能和机械能的相互转换过程中,能量的总和保持不变。

### 1.2.1　热力系的储存能

热力系储存的能量分为两部分,一部分只取决于热力系本身的状态,称为内能;另一部分与热力系整体运动及外界力场有关,称为外部储存能。

1. 内部储存能：内能

内能是热力系内部储存的各种能量的总和,用符号 $U$ 表示。在热力学范围内,内能包括分子运动的动能(即内动能)和分子间作用力所形成的位能(即内位能)。

内能是状态参数,是热力系的温度和比容的函数,即

$$U = U(T, v)$$

对于完全气体内能只是温度的函数,即

$$U = U(T)$$

单位质量的物质内能称为比内能,用 $u$ 表示,即

$$u = U/m$$

内能的法定计量单位为 J(焦耳),比内能的单位为 J/kg(焦耳/千克)。

2. 外部储存能

外部储存能包括宏观运动动能 $E_k$ 和重力位能 $E_p$,它们分别为

$$E_k = mc^2/2, \quad E_p = mgz$$

3. 总能

热力系的总储存能称为总能,用符号 $E$ 表示,它是内能、动能与位能之和,即

$$E = U + E_k + E_p$$

1 kg 工质的总能量称为比总能量,用符号 $e$ 表示,即

$$e = u + e_p + e_k = u + gz + \frac{c^2}{2}$$

### 1.2.2　闭口系的热力学第一定律

图 1.2 所示的由气缸活塞组成的闭口热力系,在初始平衡状态 1 时,热力系的内能为

**图 1.2　闭口系的热力学第一定律**

$U_1$,当外界对热力系加入 $Q$ 的热量时,热力系对外界作了 $W$ 的功,使热力系达到平衡状态2,这时热力系的内能为 $U_2$。

根据能量守恒和转换定律式,在此过程中进入热力系的能量为 $Q$,离开热力系的能量为 $W$,热力系中储存能量的变化为

$$\Delta U = U_2 - U_1$$

于是有

$$Q = U_2 - U_1 + W = \Delta U + W$$

对于微元过程有

$$\delta Q = \mathrm{d}U + \delta W \quad 或 \quad \delta q = \mathrm{d}u + \delta w$$

上述各式表明:闭口热力系与外界交换的热量等于热力系内能的变化与热力系与外界所交换的功之和。它们适用于任何过程,也适用于任何工质,是一个普遍适用的关系式。

对于简单可压缩热力系内进行的无耗散的准静态过程,热力学第一定律表示为

$$\delta q = \mathrm{d}u + p\mathrm{d}v$$

热力系在经过循环后,热力系与外界交换的循环功等于热力系与外界交换的循环热。所以循环过程中的热力学第一定律表达式为

$$\oint \delta q = \oint \delta w$$

### 1.2.3 焓

在开口系中,气体是流动的,进出热力系时要计入流动功,于是引入焓($H$)的定义:

$$H = U + pV$$

可以看出:焓 $H$ 是状态参数,对于完全气体焓也只是温度的函数,即

$$H = H(T)$$

单位质量物质的焓称为比焓,用 $h$ 表示,即

$$h = H/m = u + pv$$

其中,焓的法定计量单位为 J(焦耳),比焓的单位为 J/kg(焦耳/千克)。

考虑到内能与焓的关系,对于简单可压缩热力系的无耗散的准静态过程,热力学第一定律表达式为

$$\delta Q = \mathrm{d}H - V\mathrm{d}p \quad 或 \quad \delta q = \mathrm{d}h - v\mathrm{d}p$$

其中,$-V\mathrm{d}p(-v\mathrm{d}p)$ 称为技术功,指技术上可以利用的功,包括动能、势能和轴功,用符号

$\delta W_{\mathrm{t}}(\delta W_{\mathrm{t}})$ 表示,即

$$\delta W_{\mathrm{t}} = - V\mathrm{d}p \quad \text{或} \quad \delta w_{\mathrm{t}} = - v\mathrm{d}p$$

利用技术功,热力学第一定律可以表示为

$$Q = \Delta H + W_{\mathrm{t}} \quad \text{或} \quad q = \Delta h + w_{\mathrm{t}}$$

由技术功的定义可知:对于无耗散的准静态过程中技术功在压容图中可以用过程线与纵坐标所包围的面积来表示,如图 1.3 所示。

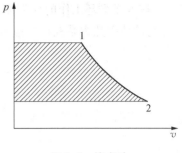

图 1.3 技术功

# 1.3 热力学第二定律

热力学第一定律研究热力系中能量的转换,而热力学第二定律的任务是研究热力过程进行的方向、条件和限度,更具有工程实用性。

## 1.3.1 热力学第二定律表述

人们从大量的热现象中发现:一切实际的宏观热力过程都具有方向性、不可逆性。热力学第二定律揭示了热力过程的这一基本事实和基本规律。由于热力过程的多样性,人们从不同的方面阐明此规律,从而形成了热力学第二定律常见的两种表述,其本质是一致的:

(1)开尔文说法:"不可能制造出从单一热源吸热并使之全部转变为功的循环发动机"。

(2)克劳修斯说法:"不可能由低温物体向高温物体传送热量而不引起其他变化"。

## 1.3.2 卡诺循环

卡诺循环是一种工作于两个定温热源之间的可逆循环,由四个可逆过程组成,分别是两个定熵过程和两个定温过程。

卡诺循环的 $p\text{-}v$ 图和 $T\text{-}s$ 图如图 1.4 所示,其中,1-2 为可逆的绝热压缩过程;2-3 为可逆的定温加热过程;3-4 为可逆的绝热膨胀过程;4-1 为可逆的定温放热过程。

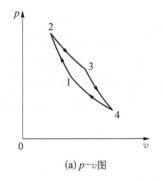

(a) $p\text{-}v$ 图

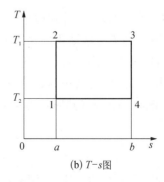

(b) $T\text{-}s$ 图

图 1.4 卡诺循环

按卡诺循环工作的热机称为卡诺机。热机的热效率是循环中热力系向外输出的净功 $W_0$ 与循环中热力系获得热量 $Q_1$ 之比,即

$$\eta_{t} = \frac{W_0}{|Q_1|} = 1 - \frac{|Q_2|}{|Q_1|}$$

$$Q_1 = 面积\ 23ba2 = T_1(S_3 - S_2)$$

$$Q_2 = 面积\ 41ab4 = T_2(S_4 - S_1)$$

因此,

$$\eta_{t} = 1 - \frac{T_2}{T_1}$$

式中,$T_1$ 为高温热源的温度;$T_2$ 为低温热源的温度。

从上述卡诺循环的热效率公式中可得:

(1)卡诺循环的热效率取决于高温热源的温度和低温热源的温度;

(2)卡诺循环的热效率总小于1,在任何循环中不可能将从高温热源吸取的热量全部转变为功,而必须有部分热量转移给低温热源;

(3)当 $T_2 = T_1$ 时,卡诺循环的热效率等于0;

(4)卡诺循环的热效率与工质的种类无关。

卡诺循环的热效率是在同样温度极限范围内一切其他循环的最大值,实际热机的热效率比这个最大值低得多:

$$\eta_{t,\ max} = 1 - \frac{T_{min}}{T_{max}}$$

式中,$T_{min}$ 为热力循环中的最低温度;$T_{max}$ 为热力循环中的最高温度。

### 1.3.3 熵和熵方程

在任何循环过程中,存在克劳修斯积分式:

$$\oint \frac{\delta Q}{T} \leqslant 0$$

其中,等式适用于可逆循环,不等式适用于不可逆循环。该式反映了一切可能实现的循环所具有的共同特征,即克劳修斯积分永远小于零,极限情况(可逆循环)时等于零,而绝不可能大于零。可以来判断循环是否可逆、不可逆或不可能,即判断循环的方向性。

克劳修斯积分等式中的被积函数是一个状态参数,称为熵,即在微元可逆过程中热力系与外界交换的热量 $\delta Q$ 与换热时热力系的温度 $T$ 的比值,下标 re 表示可逆过程:

$$dS = \left(\frac{\delta Q}{T}\right)_{re}$$

单位质量的物质的熵称为比熵,用 $s$ 表示,即

$$s = S/m \quad 或 \quad ds = \left(\frac{\delta q}{T}\right)_{re}$$

其中,熵的法定计量单位为 J/K;比熵的单位为 J/(K·kg)。

在任意不可逆过程中,热力系与外界交换的热量 $\delta Q$ 与换热时热力系的温度 $T$ 的比值 $\delta Q/T$ 小于过程中热力系熵的变化量,即

$$\left(\frac{\delta Q}{T}\right)_{ir} < dS$$

这是一切不可逆过程的特征,而且也可将它作为过程是否可逆的判据。下标 ir 表示不可逆过程。

对有耗散的热力过程中,熵方程可表示为

$$dS = \frac{\delta Q}{T} + \delta S_g = \delta S_f + \delta S_g$$

$$ds = \frac{\delta q}{T} + \delta s_g = \delta s_f + \delta s_g$$

式中,$\delta S_f$、$\delta s_f$ 称为熵流和比熵流;$\delta S_g$、$\delta s_g$ 称为熵产和比熵产。

由熵方程可以看出:熵变 $dS$ 是由熵流 $\delta S_f$ 和熵产 $\delta S_g$ 两种因素引起。

由于热力系与外界换热而产生的熵的变化量称为熵流,即

$$\delta S_f = \frac{\delta Q}{T} \quad 或 \quad \delta s_f = \frac{\delta q}{T}$$

熵流不是状态量而是过程量。熵流可以为正,也可以为负,还可以为零。

由不可逆因素引起的热力系的熵的变化量称为**熵产**。耗散也是一种不可逆因素,对于只存在耗散这一不可逆因素时,熵产可表示为

$$\delta S_g = \frac{\delta W_f}{T} \quad 或 \quad \delta s_g = \frac{\delta w_f}{T}$$

熵产不是状态量而是过程量。熵产恒为正值或等于零,即 $\delta S_g \geqslant 0$。

熵产是热力学第二定律的实质内容。由于能量在转换和转移过程中总是有其他形式的能量转变成热能,而热量又总是由高温传向低温,这些都会引起熵产。这正是热能区别于其他形式能量的特征,也正是一切热力过程的自发性、方向性、不可逆性的根源。

综上分析,热力系的熵变可以是正,也可以是负,还可以为零;可逆的绝热过程必为定熵过程。

## 1.4　完全气体的热力性质

### 1.4.1　比热容

1 kg 质量的物质在无耗散的准静态过程中,温度升高(或降低)1 K 所需加入(或放

出)的热量称为比热容,用符号 $c$ 表示:

$$c = \frac{\delta q}{\mathrm{d}T}$$

比热容与物质的种类、聚集态、温度、过程的性质有关。根据过程性质的不同,比热容分为比定压热容和比定容热容。比热容的法定计量单位是 $\mathrm{J/(kg \cdot K)}$。

1. 比定容热容

1 kg 的气体在容积不变的无耗散准静态过程中,温度升高(或降低)1 K 所需加入(或放出)的热量称为该种气体的比定容热容,用符号 $c_v$ 表示,比定容热容表达式为

$$c_v = \left(\frac{\partial u}{\partial T}\right)_v$$

比定容热容是在比容保持不变时,内能对温度的偏导数,为 1 kg 的气体在定容过程中,温度变化 1 K 时,内能的变化的数值。比定容热容与气体的种类和温度有关。

2. 比定压热容

1 kg 的气体在压力不变的无耗散准静态过程中,温度升高(或降低)1 K 所需加入(或放出)的热量称为该种气体的比定压热容。用符号 $c_p$ 表示。比定压热容表达式为

$$c_p = \left(\frac{\partial h}{\partial T}\right)_p$$

比定压热容可以理解为 1 kg 的气体在定压过程中,温度变化 1 K 时,焓的变化值。比定压热容与气体的种类和温度有关。

3. 比定压热容与比定容热容的关系

1)迈耶关系式

由比定压热容的定义、完全气体状态方程和热力学第一定律表达式可以得到:

$$c_p = c_v + R$$

该式称为迈耶关系式。因为气体常数 $R > 0$,所以 $c_p > c_v$。

2)比热比 $\gamma$(定熵指数)

比定压热容与比定容热容的比值称为比热比,又称作绝热指数或定熵指数,用符号 $\gamma$ 表示,即

$$\gamma = \frac{c_p}{c_v}$$

比热比 $\gamma$ 不但与气体的种类有关,而且与温度有关。在要求不太严格情况下,当将比热比作为常数处理时:对于空气 $\gamma = 1.40$;对于燃气 $\gamma = 1.33$。

3)比定压热容与气体常数和比热比之间的关系

根据比热比的定义和梅耶关系式可以得到:

$$c_p = \frac{\gamma}{\gamma - 1}R, \quad c_v = \frac{R}{\gamma - 1}$$

### 1.4.2 完全气体的内能,焓和熵

1. 内能

完全气体的内能中只有分子的动能,而没有分子力形成的位能,由于分子的动能仅取决于温度,所以完全气体的内能也仅是温度的函数,即

$$u = u(T)$$

完全气体的内能与温度的关系可通过比定容热容来确定:

$$\mathrm{d}u = c_v \mathrm{d}T$$

2. 焓

根据焓的表达式,完全气体的焓只是温度的函数:

$$h = h(T)$$

完全气体的焓与温度的关系可通过比定压热容来确定:

$$\mathrm{d}h = c_p \mathrm{d}T$$

3. 熵

根据熵的定义和热力学第一定律有

$$\mathrm{d}s = c_v \frac{\mathrm{d}T}{T} + R \frac{\mathrm{d}v}{v}$$

$$\mathrm{d}s = c_p \frac{\mathrm{d}T}{T} - R \frac{\mathrm{d}p}{p}$$

可以看出完全气体的熵是两个独立的状态参数的函数,与过程无关。

对于定比热容的完全气体,熵的变化量为

$$\Delta s = c_v \ln \frac{T_2}{T_1} + R \ln \frac{v_2}{v_1}$$

$$\Delta s = c_p \ln \frac{T_2}{T_1} - R \ln \frac{p_2}{p_1}$$

### 1.4.3 热量的计算

热量是过程量,热力系与外界所交换的热量不但与起始和终了状态有关,而且与所经历的路径有关。

对于定容过程有

$$\delta q = \mathrm{d}u = c_v \mathrm{d}T$$

若将 $c_v$ 视为常数,则在定容过程中热力系与外界交换的热量为

$$q = c_v(T_2 - T_1)$$

对于定压过程有

$$\delta q = \mathrm{d}h = c_p \mathrm{d}T$$

若将 $c_p$ 视为常数,则在定压过程中热力系与外界交换的热量为

$$q = c_p(T_2 - T_1)$$

根据熵的定义可知,在可逆过程中,热力系与外界所交换的热量为

$$q_{12} = \int_1^2 T\mathrm{d}s$$

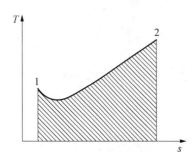

**图 1.5 可逆过程中所交换的热量**

与 $p-v$ 图类似,可以用绝对温度 $T$ 为纵坐标,熵 $s$ 为横坐标构成 $T-s$ 图,称为温熵图,如图 1.5 所示。

在可逆过程中热力系由平衡状态 1,变化到平衡状态 2 与外界所交换的热量,可以用 $T-s$ 图上的过程线 $1-2$ 与横坐标所包围的面积来表示。

## 1.5 热力过程

热力系进行的基本热力过程有定容过程、定压过程、定温过程、定熵过程和多变过程等,在此重点讨论定熵过程和多变过程,并假定工质为定比热容的完全气体。

### 定熵过程(可逆绝热过程)

热力系在熵保持不变的情况下进行的热力过程称为定熵过程。其过程方程为

$$pv^\gamma = 常数$$

基本状态参数的关系:

$$\frac{p_2}{p_1} = \left(\frac{v_1}{v_2}\right)^\gamma, \quad \frac{T_2}{T_1} = \left(\frac{v_1}{v_2}\right)^{\gamma-1} = \left(\frac{p_2}{p_1}\right)^{\frac{\gamma-1}{\gamma}}$$

定熵过程中,热力系内能、焓、熵的变化量分别为

$$\Delta u = c_v(T_2 - T_1), \quad \Delta h = c_p(T_2 - T_1), \quad \Delta s = 0$$

容积功:

$$w_{12} = \int_1^2 p\mathrm{d}v = \frac{R}{\gamma-1}T_1\left[1 - \left(\frac{p_2}{p_1}\right)^{\frac{\gamma-1}{\gamma}}\right]$$

技术功:

$$w_t = \int_1^2 - v\mathrm{d}p = \frac{\gamma R}{\gamma - 1} T_1 \left[ 1 - \left( \frac{p_2}{p_1} \right)^{\frac{\gamma-1}{\gamma}} \right]$$

由热力学第一定律有

$$w = -\Delta u = u_1 - u_2 = c_v(T_1 - T_2)$$

该式表明：在定熵过程中热力系与外界交换的容积功等于热力系内能的减少量。

$$w_t = -\Delta h = h_1 - h_2 = c_p(T_1 - T_2)$$

该式表明：在定熵过程中热力系所做的技术功等于热力系焓的减少量。

定熵过程在 $p$-$v$ 图中为一条高次双曲线,如图 1.6 所示。定熵膨胀过程如图 1.6 中 1-2 曲线;定熵压缩过程如图 1.6 中 1-2′ 曲线;定熵过程在 $T$-$s$ 图中为一条垂直线。

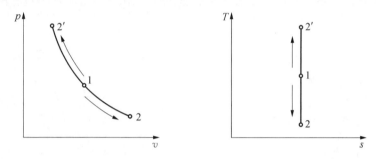

图 1.6 定熵过程

凡遵守方程 $pv^n$ = 常数的过程称为多变过程,式中,$n$ 为多变指数。对于复杂的实际过程可将它分为几段不同多变指数的多变过程来描述,每一段的多变指数 $n$ 保持不变。多变指数为

$$n = \frac{\ln\left(\dfrac{p_2}{p_1}\right)}{\ln\left(\dfrac{v_1}{v_2}\right)}$$

当 $n = 0$ 时,多变过程的过程方程变为 $p$ = 常数,是定压过程。
当 $n = 1$ 时,多变过程的过程方程变为 $pv$ = 常数,是定温过程。
当 $n = \gamma$ 时,多变过程的过程方程变为 $pv^\gamma$ = 常数,是定熵过程。
当 $n = \pm\infty$ ,多变过程的过程方程变为 $v$ = 常数,是定容过程。
基本状态参数的关系：

$$\frac{T_2}{T_1} = \left( \frac{v_1}{v_2} \right)^{n-1} = \left( \frac{p_2}{p_1} \right)^{\frac{n-1}{n}}$$

容积功:

$$w_{12} = \frac{R}{n-1}T_1\left[1-\left(\frac{p_2}{p_1}\right)^{\frac{n-1}{n}}\right]$$

技术功：

$$w_t = \frac{nR}{n-1}T_1\left[1-\left(\frac{p_2}{p_1}\right)^{\frac{n-1}{n}}\right]$$

热量：

$$q = \Delta u + w = \frac{n-\gamma}{n-1}c_v(T_2-T_1)$$

多变过程在 $p-v$ 图和 $T-s$ 图上的过程线的形状和位置,依据多变指数 $n$ 的数值和初始状态参数的数值而定。现以 1 点为初始状态,分别画出四种基本热力过程的过程线,如图 1.7 所示。

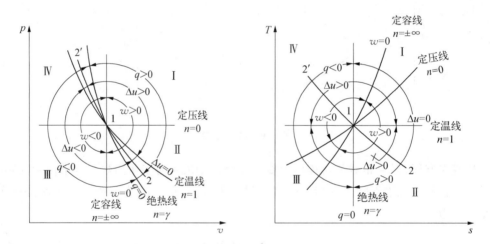

图 1.7　多变过程

# 1.6　一维定常流的基本方程

一维定常流动是指在流动中描写流体运动的参数,如速度、压力、密度、温度等都是一个坐标的函数。

气体在流动过程中遵守质量守恒定律、能量守恒与转换定律、牛顿运动定律及热力学第二定律。

## 1.6.1　连续方程

将质量守恒定律应用于运动流体所得到的数学关系式称为连续方程。在一维定常流中,控制体内气体的质量保持不变。

单位时间内流入或流出控制体的流体的质量称为质量流量。用符号 $q_m$ 表示。

一维定常流积分形式的连续方程为

$$\rho_1 A_1 V_1 = \rho_2 A_2 V_2 = q_m = \rho A V = 常数$$

在一维定常流中,通过同一流管任意截面上流体的质量流量保持不变。对于不可压流,由于$\rho = $常数,故有

$$A_1 V_1 = A_2 V_2 \quad 或 \quad q_v = AV = 常数$$

式中,$q_v$为体积流量,即单位时间内流入或流出控制体流体的体积。

一维定常流连续方程的微分表达式得出,因为$\mathrm{d}(\rho A V) = 0$,可得

$$\frac{\mathrm{d}V}{V} + \frac{\mathrm{d}A}{A} + \frac{\mathrm{d}\rho}{\rho} = 0$$

该式说明:在一维定常流中,管道横截面积的相对变化量、密度的相对变化量与速度的相对变化量之和等于零。

### 1.6.2 动量方程

动量方程是将牛顿第二定律应用于运动流体。

**1. 牛顿第二定律**

对于一个确定的体系,牛顿第二定律可表述为:在某一瞬间,体系的动量对时间的变化率等于该瞬间作用在该体系上的所有外力的合力,而且动量对的时间变化率的方向与合力的方向相同,即

$$\sum F = \frac{\Delta M}{\Delta t}$$

式中,$M = mV$,是该体系的动量。

**2. 积分形式的动量方程**

在瞬时$t$取一维定常流任一流管由虚线1122界面所围成的空间内的流体为体系。经过$\mathrm{d}t$时间后,此体系运动到新位置$1'1'2'2'$处,如图1.8所示。

选取流管的中心线$s$为坐标系。设进口截面1-1处的截面积为$A_1$,流速为$V_1$,密度为$\rho_1$;出口截面2-2处的截面积为$A_2$,流速为$V_2$,密度为$\rho_2$。

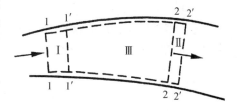

**图1.8 积分形式的动量方程**

体系的动量对时间的变化率为

$$\frac{(\rho_2 A_2 V_2 \mathrm{d}t)V_2 - (\rho_1 A_1 V_1 \mathrm{d}t)V_1}{\mathrm{d}t} = (\rho_2 A_2 V_2)V_2 - (\rho_1 A_1 V_1)V_1 = q_{m2}V_2 - q_{m1}V_1$$

在瞬时$t$,外界对体系内流体的作用力的合力为$\sum F$,则根据牛顿第二运动定律有

$$\sum F = q_{m2}V_2 - q_{m1}V_1$$

该式是积分形式的动量方程式。在定常流中,作用在控制体内流体上的全部外力的合力等于单位时间流出和流入该控制体的流体在该方向的动量之差。

3. 微分形式的动量方程

在一维定常流中,气体流过一段内装有叶片机的管道,如图1.9所示。在轴线 $s$ 方向上取截面1-1和2-2间距离为无限小量 $ds$ 的空间为控制体。

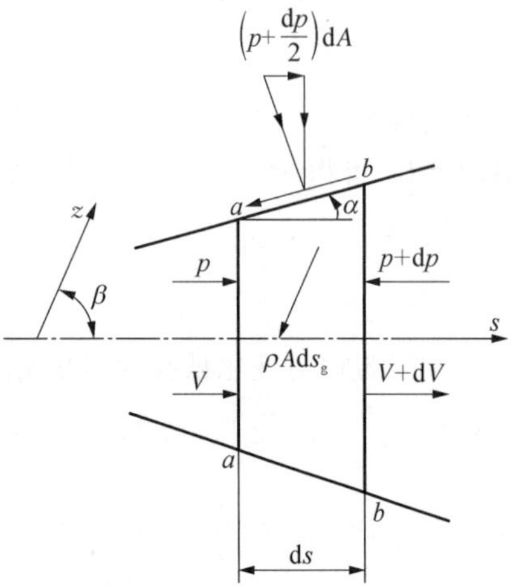

选取流管中心线 $s$ 为坐标系。

由于是一维定常流,所以进出口截面上的流动参数是均匀一致的,设进口截面1-1处的横截面积为 $A$,流速为 $V$,密度为 $\rho$,压力为 $p$。

出口截面2-2处的横截面积为 $A+dA$,流速为 $V+dV$,密度为 $\rho+d\rho$,压力为 $p+dp$。

沿 $s$ 方向对控制体使用动量方程可得

$$Adp + dF + dF_\mathrm{f} + \rho Agdz + q_m dV = 0$$

图1.9 微分形式的动量方程

此式是微分形式的动量方程。作用于控制体上的质量力、机械力、摩擦力、压力在 $s$ 轴方向的分力之与流体的惯性力之和等于零。

对于无黏性流体,无叶片机交换功,忽略质量力时,则有

$$dp + \rho VdV = 0$$

此式说明:当气流压力的增量 $dp$ 为正时,气流速度的增量 $dV$ 一定为负;当气流压力的增量 $dp$ 为负时,气流速度的增量 $dV$ 一定为正。

## 1.6.3 能量方程

能量方程是运动流体的能量守恒和转换定律。

在一维定常流中,选取如图1.10所示的控制体。根据能量守恒和转换定律,进入控制体的能量等于控制体输出的能量。可得出能量方程:

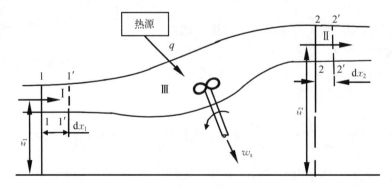

图1.10 能量方程

$$q = h_2 - h_1 + \frac{V_2^2 - V_1^2}{2} + g(z_2 - z_1) + w_s$$

式中，$q$ 为控制体内单位质量的流体与外界所交换的热量；$h$ 为比焓；$w_s$ 为控制体内单位质量的流体通过转轴与外界所交换的功。

对于一个无限小的控制体，能量方程可以写成：

$$\delta q = \mathrm{d}h + \mathrm{d}\left(\frac{V^2}{2}\right) + g\mathrm{d}z + \delta w_s$$

这就是一维定常流微分形式的能量方程式。对于气体来说，可略去重力位能的变化，这时上式可以写成：

$$\delta q = \mathrm{d}h + \mathrm{d}\left(\frac{V^2}{2}\right) + \delta w_s$$

定义 $h^* = h + \frac{V^2}{2}$ 为总焓，则能量方程可以用总焓表示为

$$q = \Delta h^* + w_s \quad \text{或} \quad \delta q = \mathrm{d}h^* + \delta w_s$$

在一维定常流中，控制体与外界交换的热量等于热力系总焓的变化量与热力系通过旋转轴与外界交换的轴功之和。

### 1.6.4 伯努利方程

1. 伯努利方程

由工程热力学可知：

$$\mathrm{d}s = \frac{\delta q}{T} + \frac{\delta w_f}{T}$$

因此有

$$\delta q = T\mathrm{d}s - \delta w_f$$

将此式代入能量方程，则有

$$T\mathrm{d}s - \delta w_f = \mathrm{d}h + \mathrm{d}\left(\frac{V^2}{2}\right) + g\mathrm{d}z + \delta w_s$$

考虑到：

$$\mathrm{d}h = T\mathrm{d}s + \frac{\mathrm{d}p}{\rho}$$

代入上式，则有

$$\frac{\mathrm{d}p}{\rho} + \mathrm{d}\left(\frac{V^2}{2}\right) + g\mathrm{d}z + \delta w_s + \delta w_f = 0$$

这就是伯努利方程。式中，$\dfrac{\mathrm{d}p}{\rho}$ 为单位质量的流体所具有的压力位能；$\mathrm{d}\left(\dfrac{V^2}{2}\right)$ 为单位质量的流体由于速度变化而造成的动能增量；$g\mathrm{d}z$ 为单位质量的流体在 $z$ 方向上因 $z$ 变化克服重力所做的功，即重力位能；$\delta W_s$ 为单位质量的流体推动叶轮机所做的功；$\delta W_f$ 为单位质量的流体在过程中由于不可逆因素引起的耗散功。上述各项均是机械能，因此伯努利方程又称为机械能形式的能量方程。

积分形式的伯努利方程为

$$\int \frac{\mathrm{d}p}{\rho} + \frac{V_2^2 - V_1^2}{2} + g(z_2 - z_1) + w_s + w_f = 0$$

式中第一项须在知道 $\rho$ 和 $p$ 的关系后方能积出。

对于忽略重力位能的定熵绝能不可压流，伯努利方程变为

$$p + \frac{1}{2}\rho V^2 = 常数$$

该式表明：对于定熵绝能不可压流，流体的静压与动压 $\dfrac{1}{2}\rho V^2$ 之和保持不变。

2. 用文氏管测量流速和流量

文丘里管，又称作文氏管，是装在管道中用来测量流体流速和流量的常用仪器。它是一个先渐缩后渐扩的管道，如图 1.11 所示。1 - 1 为收缩前通道的截面，2 - 2 为收缩后最小流通截面，称为喉部。已知 1 - 1 截面和 2 - 2 截面的面积分别为 $A_1$ 和 $A_2$，流体流过文氏管时从 U 形管压差计测量出 1、2 截面之间的压差 $\Delta p = p_1 - p_2$，求流体在 2 - 2 截面处的流速 $V_2$、体积流量 $q_v$ 和质量流量 $q_m$。

设流体为不可压的，又因为文氏管很短，可以忽略 1 - 1 到 2 - 2 间的流动损失，则 1 - 1 到 2 - 2 间的伯努利方程为

$$p_1 + \frac{1}{2}\rho V_1^2 = p_2 + \frac{1}{2}\rho V_2^2$$

根据连续方程有

$$V_1 A_1 = V_2 A_2$$

故

$$p_1 - p_2 = \frac{1}{2}\rho V_2^2 \left[1 - \left(\frac{A_2}{A_1}\right)^2\right]$$

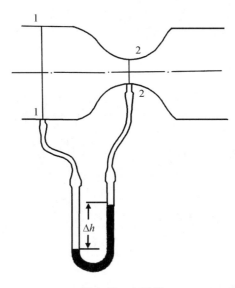

图 1.11 文氏管

则文氏管 2 - 2 截面处的流速为

$$V_2 = \sqrt{\frac{2\Delta P}{\rho\left[1-\left(\frac{A_2}{A_1}\right)^2\right]}}$$

该处的体积流量为

$$q_v = A_2\sqrt{\frac{2\Delta p}{\rho\left[1-\left(\frac{A_2}{A_1}\right)^2\right]}}$$

质量流量为

$$q_m = A_2\sqrt{\frac{2\rho\Delta p}{\left[1-\left(\frac{A_2}{A_1}\right)^2\right]}}$$

## 1.7　声速和马赫数

### 1.7.1　声速

研究可压缩流体尤其是气体运动时，声速是一个非常重要的参数。声速是微弱扰动压缩波和微弱扰动膨胀波在流体介质中的传播速度，用符号 $a$ 表示。利用基本方程可以得到声速的计算公式为

$$a = \sqrt{\frac{\mathrm{d}p}{\mathrm{d}\rho}}$$

按该式计算声速时，必须知道在扰动的传播过程中压力 $p$ 和密度 $\rho$ 之间的关系。因为在微弱扰动的传播过程中，气体的压力和密度及温度的变化均是无限小量。若忽略黏性作用，故整个过程接近于可逆的过程。此外，由于过程进行得相当迅速，来不及和外界交换热量，这就使得此过程接近于绝热过程。这样，在扰动波的强度无限微弱的极限条件下，可认为该传播过程是定熵过程。上式可以写成：

$$a = \sqrt{\left(\frac{\mathrm{d}p}{\mathrm{d}\rho}\right)_s}$$

对于完全气体有

$$a = \sqrt{\gamma R T}$$

### 1.7.2　马赫数

流场中任一点处的流速 $V$ 与该点处气体的声速 $a$ 的比值，称作该点处气流的马赫数，

用符号 $Ma$ 表示,即

$$Ma = \frac{V}{a}$$

对于完全气体:

$$Ma^2 = \frac{V^2}{\gamma RT}$$

可以看出马赫数 $Ma$ 的物理意义是:气体宏观运动的动能与气体分子的微观平均移动动能之比。

根据马赫数的大小可以把流动分为:

亚声速流动 $Ma < 1.0$;

声速流动 $Ma = 1.0$;

超声速流动 $Ma > 1.0$。

马赫数 $Ma$ 不但是一个流动分类的一个标准,也表征流体压缩性影响的无量纲准则;同时还是唯一用来判别无黏性和绝热的定常可压缩流动发生动力相似的条件。

# 1.8 滞止参数

## 1.8.1 滞止状态

通过定熵绝能的过程将气流速度滞止为零时的状态称为滞止状态。滞止状态时的气流参数称为滞止参数。滞止参数可以是流场中实际存在的参数,也可以是人为假想将本来流动着的气流速度通过定熵绝能的过程滞止到零而得到的参数,如图 1.12 所示。

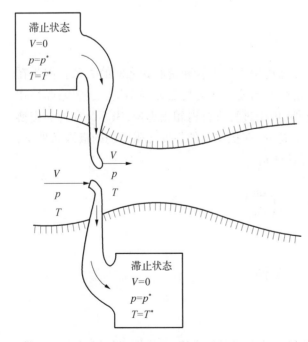

图 1.12 滞止状态和滞止参数

滞止参数又称作总参数,其中包括滞止焓(总焓)、滞止温度(总温)、滞止压力(总压)、滞止密度(总密度)和滞止声速等。分别用符号 $h^*$、$T^*$、$p^*$、$a^*$ 表示。

和滞止参数相对应的是气体流动过程中任何一点的静参数:$h$、$T$、$p$ 和 $\rho$,是观察者和气流微团一起运动时测得的热力参数。滞止参数的变化与流动中气体与外界的热量交换、功的交换以及摩擦等因素有关。

应该指出:引出滞止状态的概念

是把滞止状态作为一个参考状态,它与所研究气体的实际流动过程无关。在流场中的每一点都对应一个当地的滞止状态,都有确定的滞止参数的数值。所以滞止参数是状态参数。

### 1.8.2 滞止焓和滞止温度

根据一维定常绝能流的能量方程:

$$h_1 + \frac{V_1^2}{2} = h_2 + \frac{V_2^2}{2}$$

可知,在绝能流中气体的焓随流速的减小而增大。若将流速 $V_1 = V$(焓 $h_1 = h$)绝能地滞止到零($V_2 = 0$),此时对应的焓值就是滞止焓,即 $h_2 = h^*$。因此有

$$h^* = h + \frac{V^2}{2}$$

流场内任一点的滞止焓 $h^*$ 就是该点的静焓 $h$ 动能 $\frac{V^2}{2}$ 之和。当气流速度经历绝能的过程滞止到零时,动能转变为焓。所以滞止焓又称作总焓,它代表了气流所具有的总能量的大小。

对于定比热容的完全气体,$h = c_p T$,则有

$$T^* = T + \frac{V^2}{2c_p}$$

式中,$T^*$ 称作气流的滞止温度,又称作总温。它是在绝能的条件下把气流速度滞止到零时气体的温度。

由工程热力学知道:

$$c_p = \frac{\gamma}{\gamma - 1} R$$

而

$$Ma^2 = \frac{V^2}{a^2}, \quad \alpha^2 = \gamma R T$$

可得

$$\frac{T^*}{T} = 1 + \frac{\gamma - 1}{2} Ma^2$$

可以看出:总温和静温之比取决于气流的马赫数 $Ma$。当气流马赫数 $Ma$ 很小时,$T^*/T$ 接近于 1;当气流马赫数 $Ma$ 较大时,$T^*$ 与 $T$ 有显著的差别。

### 1.8.3 滞止压力

滞止压力是在定熵绝能的条件下,使气流速度滞止为零时气流的压力。

由工程热力学知道：在定熵过程中有

$$\frac{p_2}{p_1} = \left(\frac{T_2}{T_1}\right)^{\frac{\gamma}{\gamma-1}}$$

因此有

$$\frac{p^*}{p} = \left(\frac{T^*}{T}\right)^{\frac{\gamma}{\gamma-1}}$$

或

$$\frac{p^*}{p} = \left(1 + \frac{\gamma-1}{2}Ma^2\right)^{\frac{\gamma}{\gamma-1}}$$

这就是滞止压力（总压）$p^*$、静压 $p$ 和马赫数 $Ma$ 之间的关系。根据此式，只要测出 $p^*$ 和 $p$ 就可以知道 $Ma$。飞机上的飞行马赫数表就是根据这个原理来测量马赫数。

### 1.8.4　滞止密度

在定熵绝能的条件下，将气流速度滞止为零时气流的气流密度就是滞止密度，又称作总密度，用符号 $\rho^*$ 表示。

由工程热力学知道：在定熵过程中有

$$\frac{\rho_2}{\rho_1} = \left(\frac{T_2}{T_1}\right)^{\frac{1}{\gamma-1}}$$

因此有

$$\frac{\rho^*}{\rho} = \left(\frac{T^*}{T}\right)^{\frac{1}{\gamma-1}}$$

或

$$\frac{\rho^*}{\rho} = \left(1 + \frac{\gamma-1}{2}Ma^2\right)^{\frac{1}{\gamma-1}}$$

这就是滞止密度（总密度）$\rho^*$、静密度 $\rho$ 和马赫数 $Ma$ 之间的关系。可以看出：当定熵指数一定时，总压和静压之比取决于气流的马赫数 $Ma$。

### 1.8.5　滞止参数在流动中的变化规律

流动中气体与外界交换的热量、功及摩擦会影响滞止参数变化。

1. 滞止焓和滞止温度在流动中的变化规律

总焓形式的能量方程 $q = h_2^* - h_1^* + w_s$ 是研究滞止焓和滞止温度在流动中的变化规律的依据。

1) 绝能流动

当气体做绝能流动时：

$$q = 0, \quad w_s = 0$$

所以有

$$h_2^* = h_1^*$$

对于定比热容的完全气体有

$$T_2^* = T_1^*$$

完全气体在做绝能流动时,不论过程是否可逆,总焓和总温均保持不变。

2) 无机械功交换的换热流动

若气体在流动过程中与外界无机械功的交换,即

$$w_s = 0$$

则有

$$q = h_2^* - h_1^*$$

对于定比热容的完全气体有

$$q = c_p(T_2^* - T_1^*)$$

此式表明：加给气体的热量用来增大气流的总焓(总温),如发动机燃烧室中所进行的过程。气流向外界放出的热量,来自气流总焓(总温)的下降。

3) 绝热流动

对于绝热流动, $q = 0$ ,则有

$$w_s = h_1^* - h_2^*$$

对于定比热容的完全气体有

$$w_s = c_p(T_1^* - T_2^*)$$

气体在绝热流动过程中,若对外界做功,则气流的总焓减少,总温下降,如喷气发动机中涡轮所进行的过程;若外界对气流做功,则气流的总焓增大,总温上升,如喷气发动机中压气机所进行的过程。

2. 滞止压力在流动中的变化规律

用总压表示能量方程。

由工程热力学知道,熵方程为

$$ds = \frac{\delta q}{T} + \delta s_g$$

即

$$T ds = \delta q + T \delta s_g$$

对于完全气体：

$$ds = c_p \frac{dT^*}{T^*} - R \frac{dp^*}{p^*}$$

所以有

$$T \left( c_p \frac{dT^*}{T^*} - R \frac{dp^*}{p^*} \right) = \delta q + T \delta s_g$$

考虑到用总焓表示的能量方程：

$$\delta q = dh^* + w_s, \quad dh^* = c_p dT^*$$

代入熵的表达式，整理后有

$$- RT^* \frac{dp^*}{p^*} = \frac{\gamma - 1}{2} Ma^2 \delta q + \delta w_s + T^* \delta s_g$$

这就是用总压表示的能量方程。该方程表明：在一维定常流中，总压的相对变化是由热交换，功的交换和不可逆三个因素引起的。

1）定熵绝能流动

在定熵绝能流中，由于

$$\delta q = 0, \quad \delta w_s = 0, \quad \delta s_g = 0$$

则总压形式的能量方程变为

$$\frac{dp^*}{p^*} = 0$$

该式表明：在定熵绝能流中气流的总压保持不变。也就是说在定熵绝能流中气流的总温和总压等总参数均保持不变，这是定熵绝能流的重要性质。

2）不可逆的绝能流动

在不可逆的绝能流动，由于

$$\delta q = 0, \quad \delta w_s = 0$$

总压形式的能量方程变为

$$- R \frac{dp^*}{p^*} = \delta s_g$$

在不可逆过程中熵产 $\delta s_g$ 恒为正，所以 $dp^* < 0$，这表明在不可逆的绝能流动中，总压将下降，即 $p_2^* < p_1^*$。而且气流熵产越大，过程不可逆程度越严重。

综上所述，在定常绝能流动中气流总压的变化规律是

$$p_1^* \geqslant p_2^*$$

式中，">"号适用于不可逆的绝能流动过程；"="号适用于可逆的绝能流动过程。

3）有功交换的定熵流动

在定熵流动中,由于

$$\delta q = 0, \quad \delta s_{\mathrm{g}} = 0$$

则总压形式的能量方程变为

$$- RT^* \frac{\mathrm{d}p^*}{p^*} = \delta w_{\mathrm{s}}$$

当外界对气体做功时, $\delta w_{\mathrm{s}} < 0$ ,如空气流过压气机的情况,则流的总压升高( $p_2^* > p_1^*$ );当气流向外界输出功时, $\delta w_{\mathrm{s}} > 0$ ,如燃气流过涡轮的情况,则气流的总压下降( $p_2^* < p_1^*$ )。

4）无功交换的可逆换热流动

在无功交换的可逆换热流动中:

$$\delta w_{\mathrm{s}} = 0, \quad \delta s_{\mathrm{g}} = 0$$

总压形式的能量方程变为

$$- RT^* \frac{\mathrm{d}p^*}{p^*} = \frac{\gamma - 1}{2} Ma^2 \delta q$$

当外界对气流加热时, $\delta q > 0$ ,则 $\mathrm{d}p^* < 0$ ,气流的总压下降, $p_2^* < p_1^*$ 。

对气流加热使气流总压下降的现象称为热阻。热阻是加热流动的普遍现象,与流动的不可逆性无关,与气流马赫数和加热量有关。

当加热量一定时,气流马赫数越大,则热阻损失也越大;当气流马赫数一定时,对气流的加热量越多,则热阻损失也越大。

当气流向外界放热时, $\delta q < 0$ ,则 $\mathrm{d}p^* > 0$ ,气流的总压上升,即 $p_2^* > p_1^*$ 。

将上述滞止参数的变化规律可以总结成表1.1。

**表 1.1　滞止参数的变化规律**

| 气流特征 | | 参 数 变 化 规 律 | | |
| --- | --- | --- | --- | --- |
| | | 总　压 | 总　温 | 总　焓 |
| 定熵绝能流 | | — | — | — |
| 绝能流 | | ↓ | — | — |
| 无功交换的可逆换热流 | 加热 | ↓ | ↑ | ↑ |
| | 放热 | ↑ | ↓ | ↓ |
| 定熵流动 | 输出功 | ↓ | ↓ | ↓ |
| | 输入功 | ↑ | ↑ | ↑ |

表中:“↑”表示上升;“↓”表示下降;“—”表示不变。

## 1.9　临界参数和速度系数

### 1.9.1　临界参数

气流速度等于当地声速,即 $Ma=1$ 时的状态称作临界状态。

同滞止状态一样,临界状态也是一个参考状态。而且气流中的每一点都有它自己假想的临界状态,它与实际流动过程是什么样的过程,是否达到 $Ma=1$ 无关。

通过定熵绝能过程使气流达到临界状态时的参数称为临界参数,临界参数用下标 cr 表示。

1. 临界参数与滞止参数之间的关系

根据临界参数的定义,可以得到临界参数与滞止参数之间的关系为

$$\frac{T^*}{T_{cr}} = \frac{\gamma+1}{2}$$

$$\frac{p^*}{p_{cr}} = \left(\frac{\gamma+1}{2}\right)^{\frac{\gamma}{\gamma-1}}$$

$$\frac{\rho^*}{\rho_{cr}} = \left(\frac{\gamma+1}{2}\right)^{\frac{1}{\gamma-1}}$$

$$\frac{a^*}{a_{cr}} = \left(\frac{\gamma+1}{2}\right)^{\frac{1}{2}}$$

上述各式说明临界参数与滞止参数的比值只与气体的比热比 $\gamma$ 有关。临界压力与滞止压力之比称为临界压比,用符号 $\beta_{cr}$ 表示。

对于空气 $\gamma=1.4$,则

$$\beta_{cr} = \frac{p_{cr}}{p^*} = 0.528\,3$$

对于燃气 $\gamma'=1.33$,则

$$\beta_{cr} = \frac{p_{cr}}{p^*} = 0.540\,4$$

2. 临界声速

根据临界温度与滞止温度间的关系,临界状态声速 $a_{cr}$ 可表示为

$$a_{cr} = \sqrt{\frac{2}{\gamma+1}\gamma R T^*}$$

在绝能流动中,由于总温 $T^*$ =常数,所以临界声速 $a_{cr}$ =常数。正因为这样,在气体动

力学中,临界声速也是一个方便的参考速度。

对于空气:

$$a_{cr} = 18.3\sqrt{T^*}$$

对于燃气:

$$a_{cr} = 18.1\sqrt{T^*}$$

### 1.9.2 速度系数

**1. 速度系数**

除了马赫数可以表征气流速度的无量纲参数外,还可以用气流速度与临界声速的比值作为表征气流速度的无量纲参数。这个比值称为速度系数,用符号 $\lambda$ 表示:

$$\lambda = \frac{V}{a_{cr}}$$

**2. 速度参数与马赫数之间的关系**

速度参数 $\lambda$ 与马赫数 $Ma$ 之间有确定的对应关系,这种关系可以从它们的定义中得到:

$$\lambda^2 = \frac{\dfrac{\gamma+1}{2}Ma^2}{1+\dfrac{\gamma-1}{2}Ma^2}$$

上述关系式可以绘成 $\lambda \sim Ma$ 曲线图,如图 1.13 所示。可以看出:

当 $Ma = 0$ 时,$\lambda = 0$;
当 $Ma < 1$ 时,$\lambda < 1$;
当 $Ma = 1$ 时,$\lambda = 1$;
当 $Ma > 1$ 时,$\lambda > 1$;
当 $Ma = \infty$ 时,

$$\lambda = \lambda_{max} = \sqrt{\frac{\gamma+1}{\gamma-1}}$$

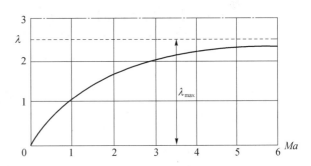

因此,$\lambda$ 和 $Ma$ 一样,也是表示亚声速或超声速气流的一个标志。

**图 1.13 速度参数与马赫数之间的关系**

### 1.9.3 用 $\lambda$ 表示的总静参数之比的关系式

根据总静参数之比与 $Ma$ 的关系式和 $\lambda$ 与 $Ma$ 的关系式有

$$\frac{T}{T^*} = 1 - \frac{\gamma-1}{\gamma+1}\lambda^2$$

$$\frac{p}{p^*} = \left(1 - \frac{\gamma - 1}{\gamma + 1}\lambda^2\right)^{\frac{\gamma}{\gamma - 1}}$$

$$\frac{\rho}{\rho^*} = \left(1 - \frac{\gamma - 1}{\gamma + 1}\lambda^2\right)^{\frac{1}{\gamma - 1}}$$

# 1.10 气体动力学函数

气流的总压和静压之比可以表示为气流的 $Ma$ 或 $\lambda$ 的函数,流量公式也可以表示成 $Ma$ 和 $\lambda$ 的函数,这些 $Ma$ 和 $\lambda$ 的函数称作气体动力学函数。

## 1.10.1 函数 $\tau(\lambda)$、$\pi(\lambda)$ 和 $\varepsilon(\lambda)$

气流的静参数与总参数之比是速度系数 $\lambda$ 的函数,分别用 $\tau(\lambda)$、$\pi(\lambda)$ 和 $\varepsilon(\lambda)$ 来表示,即

$$\tau(\lambda) = \frac{T}{T^*} = 1 - \frac{\gamma - 1}{\gamma + 1}\lambda^2$$

$$\pi(\lambda) = \frac{p}{p^*} = \left(1 - \frac{\gamma - 1}{\gamma + 1}\lambda^2\right)^{\frac{\gamma}{\gamma - 1}}$$

$$\varepsilon(\lambda) = \frac{\rho}{\rho^*} = \left(1 - \frac{\gamma - 1}{\gamma + 1}\lambda^2\right)^{\frac{1}{\gamma - 1}}$$

对于空气来说,$\gamma = 1.40$,函数 $\tau(\lambda)$、$\pi(\lambda)$ 和 $\varepsilon(\lambda)$ 随 $\lambda$ 的变化如图 1.14 所示。从图 1.14 中可以看出:

(1) 当 $\lambda = 0$ 时,$\tau(\lambda) = \pi(\lambda) = \varepsilon(\lambda) = 1$;

(2) 当 $\lambda$ 增大时,$\tau(\lambda)$、$\pi(\lambda)$ 和 $\varepsilon(\lambda)$ 都减小;

(3) $\lambda = \lambda_{max}$ 时,$\tau(\lambda) = \pi(\lambda) = \varepsilon(\lambda) = 0$。

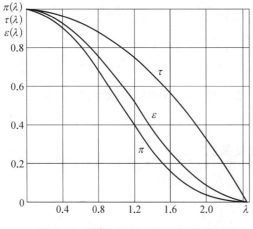

图 1.14 函数 $\tau(\lambda)$、$\pi(\lambda)$ 和 $\varepsilon(\lambda)$

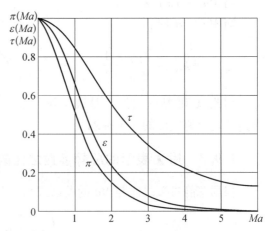

图 1.15 函数 $\tau(Ma)$、$\pi(Ma)$ 和 $\varepsilon(Ma)$

气流的静参数与总参数之比可表示为马赫数 $Ma$ 的函数,可用 $\tau(Ma)$、$\pi(Ma)$ 和 $\varepsilon(Ma)$ 来表示,如图 1.15 所示。

### 1.10.2 流量函数

用流量公式 $q_m = \rho A V$ 直接计算通过某给定截面的流量,必须先根据给定的总参数和速度系数 $\lambda$ 求出该截面处气流的速度和密度,这样计算是很麻烦的,如果能将流量公式表示成总参数和速度系数 $\lambda$ 的函数,则会使计算简化。

**1. 流量函数**

密流是指单位时间流过单位面积的流体质量,表示为

$$j = \rho V$$

现引入无量纲的密流函数 $q(\lambda)$ 或 $q(Ma)$,其定义为

$$q(\lambda) = \frac{\rho V}{\rho_{cr} V_{cr}}$$

无量纲密流只是定熵指数 $\gamma$ 和速度系数 $\lambda$ 的函数,即

$$\frac{\rho V}{\rho_{cr} V_{cr}} = \lambda \frac{\rho}{\rho_{cr}} = \frac{\rho/\rho^*}{\rho_{cr}/\rho^*} = \lambda \left[ \left( \frac{\gamma+1}{2} \right) \times \left( 1 - \frac{\gamma-1}{\gamma+1} \lambda^2 \right) \right]^{\frac{1}{\gamma-1}}$$

于是得出流量函数的表达式,即

$$q(\lambda) = \frac{\rho V}{\rho_{cr} V_{cr}} = \lambda \left[ \left( \frac{\gamma+1}{2} \right) \times \left( 1 - \frac{\gamma-1}{\gamma+1} \lambda^2 \right) \right]^{\frac{1}{\gamma-1}}$$

当 $\gamma = 1.40$ 时,$q(\lambda)$ 随 $\lambda$ 的变化如图 1.16 所示。从图 1.16 中可以看出以下两方面。

(1) 当 $\lambda = 0$ 时,$q(\lambda) = 0$;当 $\lambda < 1$ 时,随着 $\lambda$ 的增大,$q(\lambda)$ 也增加;当 $\lambda = 1$ 时,$q(\lambda) = 1$;当 $\lambda > 1$ 时,随着 $\lambda$ 的增大,$q(\lambda)$ 减小;当 $\lambda = \lambda_{\max}$ 时,$q(\lambda) = 0$。

可知:在 $\lambda = 1$ 的截面(即临界截面)上,密流值最大,即单位面积通过的流量最大。

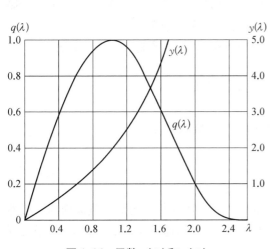

图 1.16　函数 $q(\lambda)$ 和 $y(\lambda)$

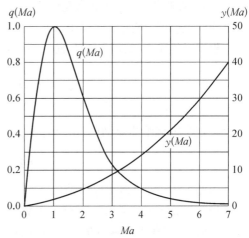

图 1.17　函数 $q(Ma)$ 和 $y(Ma)$

（2）对于一个给定的 $\lambda$ 值只有一个 $q(\lambda)$ 值与之对应；但对于一个给定的 $q(\lambda)$ 值，有两个 $\lambda$ 值与之对应，其中一个是亚声速的 $\lambda$ 值，另一个是超声速的 $\lambda$ 值。究竟选取哪一个数值，由来流的情况决定。

由于 $Ma$ 和 $\lambda$ 存在对应关系，也可推导出以 $Ma$ 为自变量的流量函数 $q(Ma)$，如图 1.17 所示。

2. 流量公式

应用 $q(\lambda)$ 就可以直接根据总参数和密流函数来计算流量。因为

$$q_m = \rho AV = \frac{\rho V}{\rho_{cr} V_{cr}} \rho_{cr} V_{cr} A$$

式中，

$$\rho_{cr} = \rho^* \left( \frac{2}{\gamma + 1} \right)^{\frac{1}{\gamma - 1}} = \frac{p^*}{RT^*} \left( \frac{2}{\gamma + 1} \right)^{\frac{1}{\gamma - 1}}, \quad V_{cr} = a_{cr} = \sqrt{\frac{2\gamma}{\gamma + 1} RT^*}$$

所以有

$$q_m = K \frac{p^*}{\sqrt{T^*}} Aq(\lambda)$$

式中，

$$K = \sqrt{\frac{\gamma}{R} \left( \frac{2}{\gamma + 1} \right)^{\frac{\gamma + 1}{\gamma - 1}}}$$

对于空气，$\gamma = 1.40$，$R = 287.06\ \mathrm{J/(kg \cdot K)}$，则 $K = 0.040\ 4\ \mathrm{s}\sqrt{\mathrm{K}}/\mathrm{m}$；

对于燃气，$\gamma = 1.33$，$R = 287.4\ \mathrm{J/(kg \cdot K)}$，则 $K = 0.039\ 7\ \mathrm{s}\sqrt{\mathrm{K}}/\mathrm{m}$。

可以看出：在给定的 $\lambda$ 下，密流 $q_m/A$ 与总压 $p^*$ 成正比，与总温的平方根 $\sqrt{T^*}$ 成反比。因此，在喷管、压气机和涡轮的实验数据中，常常把 $q_m\sqrt{T^*}/p^*$ 作为相似流量来绘制特性曲线，这样能够应用总压和总温表示不同原始实验条件的情况。

根据一维定常流连续方程，通过同一管道中不同截面的质量流量是一个常数，即

$$q_m = K \frac{p^*}{\sqrt{T^*}} Aq(\lambda) = 常数$$

在定常等熵绝能流动中，由于总压 $p^*$ 和总温 $T^*$ 保持不变，故

$$Aq(\lambda) = 常数$$

由图 1.16，可以得出以下结论。

（1）当 $\lambda < 1$ 时，可知，随着 $\lambda$ 的增大，$q(\lambda)$ 也增大，因此相应的流管截面面积 $A$ 必然减小。所以，对于亚声速气流，管道截面积 $A$ 减小时，气流的速度 $V$ 增大，静压 $p$ 和静温 $T$ 下降；管道截面积 $A$ 增大时，气流速度 $V$ 减小，静压 $p$ 和静温 $T$ 上升。

（2）当 $\lambda > 1$ 时，随着 $\lambda$ 的增大，$q(\lambda)$ 减小，因此，相应的流管截面面积 $A$ 必然增大。所以，对于超声速气流，管道截面积 $A$ 增大时，气流的速度 $V$ 增大，静压 $p$ 和静温 $T$ 下降；管道截面积 $A$ 减小时，气流速度 $V$ 减小，静压 $p$ 和静温 $T$ 上升。

（3）当 $\lambda = 1$ 时，$q(\lambda)$ 达到最大值，因此，相应的流管截面面积 $A$ 应该是管道的最小截面积，即临界截面必然是管道中的最小截面。但是需要注意的是：管道的最小截面并不一定是临界截面。

由于在临界截面上 $q(\lambda) = 1$，所以有

$$Aq(\lambda) = A_{cr} \quad \text{或} \quad q(\lambda) = \frac{A_{cr}}{A}$$

可见：在定熵绝能流动中，任一截面上的 $q(\lambda)$ 值等于临界截面面积与该截面面积之比。图 1.18 表示了上述各种流动情况。

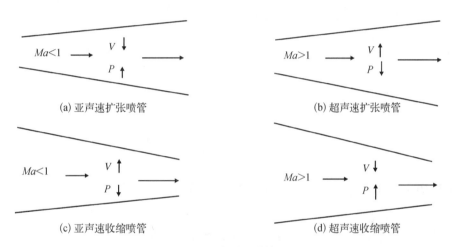

(a) 亚声速扩张喷管      (b) 超声速扩张喷管

(c) 亚声速收缩喷管      (d) 超声速收缩喷管

**图 1.18　各种流动情况**

（4）要将气流定熵绝能地由亚声速加速到超声速，管道必须制作成先收缩后扩张的形状，即**拉瓦尔喷管**，如图 1.19 所示。

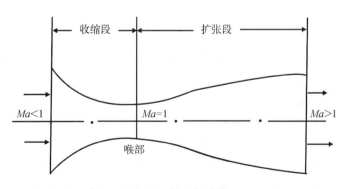

**图 1.19　拉瓦尔喷管**

由于 $Ma$ 与 $\lambda$ 存在一定的关系，因此可以推导出以 $Ma$ 为自变量的流量函数 $q(Ma)$：

$$q(Ma) = Ma\left[\frac{2}{\gamma+1}\left(1 + \frac{\gamma-1}{2}Ma^2\right)\right]^{\frac{-(\gamma+1)}{2(\gamma-1)}}$$

图 1.17 是 $q(Ma)$ 随 $Ma$ 的变化曲线。可以看出：当 $Ma=0$ 时，$q(Ma)=0$；当 $Ma<1$ 时，随着 $Ma$ 的增大 $q(Ma)$ 也增加；当 $Ma=1$ 时，$q(Ma)=1$；当 $Ma>1$ 时，随着 $Ma$ 的增大 $q(Ma)$ 减小。

流量公式可以写成：

$$q_m = K\frac{p^*}{\sqrt{T^*}}Aq(Ma)$$

3. 流量函数 $y(\lambda)$ 和 $y(Ma)$

根据气流总、静压之间的关系式，可以将流量公式写成：

$$q_m = K\frac{p}{\sqrt{T^*}}Ay(\lambda)$$

$$q_m = K\frac{p}{\sqrt{T^*}}Ay(Ma)$$

式中，

$$y(\lambda) = \frac{q(\lambda)}{\pi(\lambda)}, \quad y(Ma) = \frac{q(Ma)}{\pi(Ma)}$$

图 1.16 和图 1.17 是 $y(\lambda)$ 和 $y(Ma)$ 随 $\lambda$ 和 $Ma$ 的变化曲线。

# 1.11　膨胀波与激波

## 1.11.1　微弱扰动在气流中的传播

1.7 节中讨论过微弱扰动相对于气体以声速传播，现在来讨论它在气流中，特别是在超声速气流中的传播情况。

1. 微弱扰动在静止气体中的传播

图 1.20(a)所示的是微弱扰动在静止气体中的传播情况。微弱扰动在静止的气体中，是以球面波的形式向四周传播的，受扰动与没受扰动的气体的分界面是一个球面，其传播速度在各方向上都等于该气体中的声速 $a$。如果不考虑气体的黏性损耗，随着时间的推移，微弱扰动可以传遍整个流场。

2. 微弱扰动在亚声速气流中的传播

图 1.20(b)所示的是微弱扰动在亚声速气流中的传播情况。微弱扰动在亚声速气流中，仍是以球面波的形式向四周传播的，受扰动与没受扰动的气体的分界面是一个球面，相对流动着的气体其传播速度仍为声速。但绝对传播速度在各方向上是不同的。在顺流方向，绝对传播速度为 $a+V$；而在逆流方向，绝对传播速度为 $a-V$，在其他方向上绝对传播

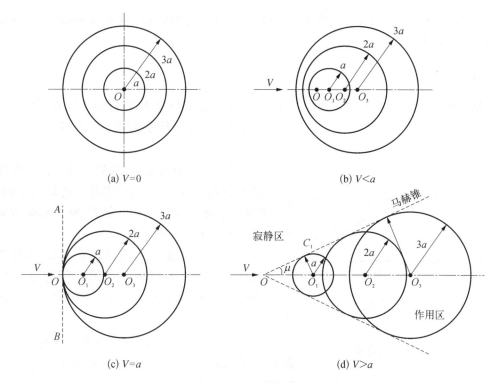

(a) $V=0$      (b) $V<a$

(c) $V=a$      (d) $V>a$

**图1.20 微弱扰动在气体中的传播**

速度在这两速度之间。

如果不考虑气体的黏性损耗,随着时间的推移,在亚声速气流微弱扰动亦可传遍整个流场。在亚声速气流中,微弱扰动不但影响下游的气流参数,而且影响上游的气流参数。

**3. 微弱扰动在声速气流中的传播**

图1.20(c)所示的是微弱扰动在声速气流中的传播情况。微弱扰动在声速气流中扰动所及的范围存在一个左边界,即扰动源上游的气流已不受扰动的影响,只有下游的流场才受扰动的影响。

**4. 微弱扰动在超声速气流中的传播**

图1.20(d)所示的是微弱扰动在超声速气流中的传播情况。微弱扰动不仅不能向上游传播,就是向下游传播也被限制在一定的区域内,此区域是以扰动源 $O$ 为顶点的一系列球面的公切圆锥,扰动永远不能传到圆锥之外。这个圆锥称作马赫锥,圆锥面称作马赫波。

圆锥的母线与来流速度方向之间的夹角称作马赫角,用符号 $\mu$ 来表示。马赫角的大小,反映了受扰动区域的大小,$\mu$ 越小,受扰动的区域越小。从图1.20(d)所示的几何关系中可以看出:

$$\sin\mu = \frac{O_1 C_1}{OO_1} = \frac{a}{V} = \frac{1}{Ma}$$

$$\mu = \arcsin\frac{1}{Ma}$$

因此,马赫角 $\mu$ 的大小取决于气流的马赫数 $Ma$。气流马赫数 $Ma$ 越小,$\mu$ 角越大,受扰动的范围也就越大。

## 1.11.2 膨胀波

超声速气流流过如图 1.21 所示的向外折转 $\delta$ 角的固体壁面时,在折转处将产生一扇形膨胀波束,此扇形膨胀波束由无限多的马赫波组成。

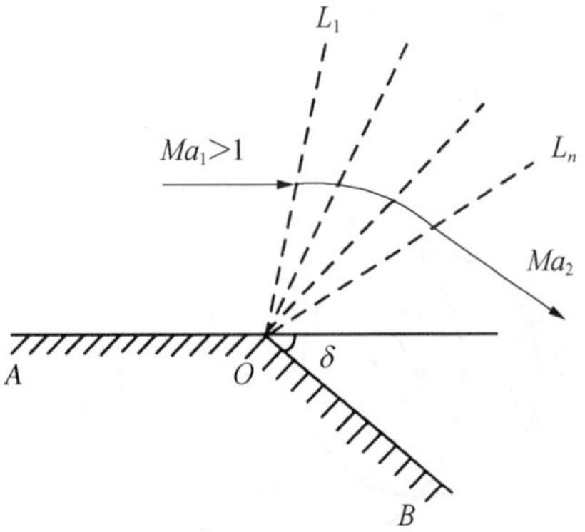

气流每经过一道马赫波,参数只发生微小的变化,因而经过膨胀波束时,气流参数是连续变化的,变化趋势是:速度增大,压力、温度、密度相应地减小,气流方向折转了一个 $\delta$ 角。

气流穿过膨胀波束的流动过程是定熵绝能的膨胀过程。波后的气流参数取决于波前气流参数和壁面总折转角的大小,而与折转的方式无关。

一般将这种超声速气流绕外钝角的流动称为普朗特-迈耶流动。当超声速气流流向低压区时,也要产生膨胀波,例如平面超声速喷管射出的超声速直匀流。

**图 1.21　普朗特-迈耶流动**

## 1.11.3 激波

超声速气流被压缩时,一般都会产生激波,气流流过激波后,速度突然降低,马赫数突然减小,而压力、温度、密度突然增大。气流的这些变化是在非常小的距离内完成,即激波本身的厚度极小,只有气体分子自由行程的数倍。显然,气流流过激波经历一个熵增过程,使一部分机械能不可逆地转变为热,造成气流总压的下降,这就是激波损失。激波损失的大小用总压恢复系数来表示。

激波后与激波前气流的压力比 $p_2/p_1$ 称为激波强度。$p_2/p_1$ 越大,则激波越强,当 $p_2/p_1$ 趋于 1 时,激波成为微弱压缩波。

按照激波的形状,可以把激波分为正激波、斜激波和曲线(弓形)激波,如图 1.22 所示。

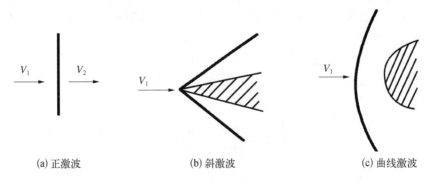

(a) 正激波　　　　　　(b) 斜激波　　　　　　(c) 曲线激波

**图 1.22　激波类型**

#### 1. 正激波

激波波面与来流方向相垂直的激波称为正激波。

图 1.23 表示运动气体中静止的正激波。选取包含正激波在内的虚线包围的空间为控制体。此控制体的基本方程为

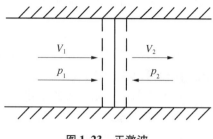

**图 1.23　正激波**

连续方程：

$$\rho_1 V_1 = \rho_2 V_2$$

动量方程：

$$p_1 A + q_m V_1 = p_2 A + q_m V_2$$

能量方程：

$$h_1 + \frac{V_1^2}{2} = h_2 + \frac{V_2^2}{2}$$

由动量方程有

$$J_2 = J_1$$

对于完全气体，根据气动函数：

$$J = \frac{\gamma + 1}{2\gamma} q_m a_{cr} z(\lambda)$$

连续方程：

$$q_{m2} = q_{m1}$$

能量方程：

$$T_2^* = T_1^*, \quad a_{cr2} = a_{cr1}$$

可得

$$z(\lambda_2) = z(\lambda_1)$$

即

$$\lambda_2 + \frac{1}{\lambda_2} = \lambda_1 + \frac{1}{\lambda_1}$$

此方程的解有两个，即

$$\lambda_2 = \lambda_1 \quad 或 \quad \lambda_2 = \frac{1}{\lambda_1}$$

其中第一个解对于正激波来说没有意义,第二个解才是正激波的解。该解可以改写成:

$$\lambda_2\lambda_1 = 1$$

这就是著名的普朗特方程。普朗特方程表明:超声速气流经过正激波后,必然变为亚声速气流;而且正激波前气流速度越大,激波越强,则激波后的气流速度越小。

正激波前后气流参数的变化可根据普朗特方程和气动函数进行计算。

2. 平面斜激波

1)斜激波产生和特点

超声速气流流过内折壁或楔形体时,会形成一道斜激波,如图 1.24(a)所示。

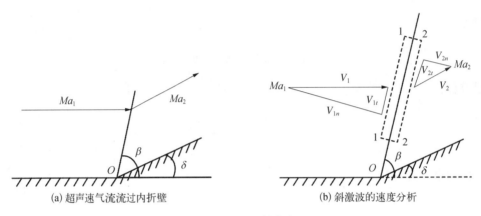

(a) 超声速气流流过内折壁    (b) 斜激波的速度分析

图 1.24　平面斜激波

气流经过斜激波后折转 $\delta$ 角,其压力突然提高,速度突然降低;斜激波与正激波一样,是个不可逆的过程。**气流通过斜激波后,熵值突然增加,总压突然下降,但总焓保持不变。**

此外,超声速气流流向高压区也可以产生斜激波,如超声速气流在拉瓦尔喷管出口形成的斜激波。

斜激波的波面与来流方向的夹角称作激波角,用符号 $\beta$ 表示。它的变化范围是:

(1)当 $\beta = \pi/2$ 时,为正激波,强度最大;

(2)当 $\beta = \arcsin(1/Ma_1)$ 时,为马赫波,强度最弱;

(3)当 $\pi/2 > \beta > \arcsin(1/Ma_1)$ 时,为斜激波。

图 1.24(b)表示超声速气流流过楔形体时产生的斜激波,沿斜激波取控制体 1122,将斜激波波前波后的气流速度分解为平行于波面的分量 $V_{1t}$、$V_{2t}$ 和垂直于波面的分量 $V_{1n}$、$V_{2n}$。超声速气流经过斜激波气流平行于波面的速度分量保持不变,只有垂直于波面的速度分量发生变化。

斜激波可看作是法向方向的正激波,对于正激波的结论都适用于斜激波,只要把 $V_{2}$、$V_{1}$ 换成 $V_{2n}$、$V_{1n}$ 即可。详细计算过程可参考气体动力学教材。

2)激波图线

反映激波前后气流参数关系的曲线,称为激波图线。通过分析这些图线,可以比较直观地认识激波前后气流参数关系变化的趋势和规律。下面重点分析激波角 $\beta$ 与来流马赫数 $Ma_1$ 和壁面折转角 $\delta$ 之间的关系,如图 1.25 所示。

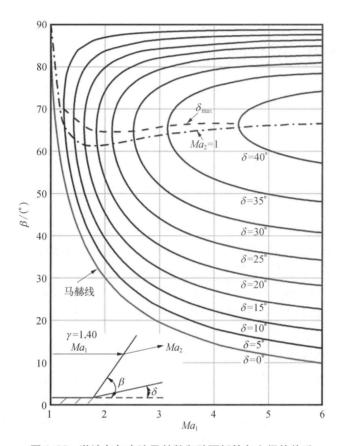

**图 1.25　激波角与来流马赫数和壁面折转角之间的关系**

a. 强斜激波与弱斜激波

在相同的来流马赫数 $Ma_1$ 下,对于同一个气流折转角 $\delta$,有两个不同的激波角 $\beta$ 的值与之对应,对应 $\beta$ 角较大的斜激波,称为强斜激波;对应 $\beta$ 角较小的斜激波,称为弱斜激波。

连接各 $Ma_1$ 下的 $\delta_{max}$ 点得到图 1.25 中的虚线,此虚线将 $\beta = f(Ma_1, \delta)$ 曲线分为两支,下支对应弱斜激波,上支对应强斜激波。

实际观察表明:超声速气流绕物体流动,所产生的附体斜激波总是弱斜激波。

b. 激波角变化趋势

在确定的来流马赫数 $Ma_1$ 下,气流通过弱斜激波时,激波角 $\beta$ 随气流折转角 $\delta$ 的减小而减小,对于确定的气流折转角 $\delta$,弱斜激波的激波角 $\beta$ 随来流马赫数 $Ma_1$ 的增大而减小。

c. 最大折转角与最小来流马赫数

对应一个来流马赫数 $Ma_1$ 有一个最大值 $\delta_{max}$。超出这个折转角,此时激波就成为脱体激波。若想使脱体激波重新附体,只有增大来流马赫数 $Ma_1$ 才有可能。

对于给定的折转角 $\delta$,存在一个最小的来流马赫数 $(Ma_1)_{min}$,当 $Ma_1 < (Ma_1)_{min}$ 时,激波也将脱体。

# 第2章
# 燃气涡轮发动机概述

## 2.1 引 言

航空发动机既是飞机的"心脏",又是推动飞机快速发展的源动力。人类在航空领域的每一次重大的革命性进展,无不与航空发动机技术的突破和进步密切相关。而发动机发展过程中的每一次突破,又是采用了当时科学研究、工业生产与航空发动机有关领域中所取得的最新成果而获得的。航空发动机的研制水平,充分体现了一个国家工业基础、经济实力和科技水平等综合国力。

1903年,美国人莱特兄弟制造出一架装有两个推进式螺旋桨的双翼飞机,这架飞机采用了由他们自制的功率约为9 kW的活塞式发动机。虽然今天看来,这台发动机的性能并不先进,但它却是世界上第一台能上天的航空发动机。活塞式发动机具有耗油低、成本低、工作可靠等特点,在喷气式发动机发明之前的近半个世纪内,是唯一可用的航空飞行器的动力。在莱特兄弟首次飞行后的四十多年中,活塞发动机的功率从9 kW增加到2 237 kW,增加了200多倍,并使飞机飞行速度超过700 km/h,飞行高度超过10 000 m。

由于活塞式发动机功率与飞机飞行速度的三次方成正比,随着飞行速度的提高,要求发动机功率大大增加,使其重量也随之迅速增加;另一方面,在接近声速时,螺旋桨的效率会急剧下降,也限制了飞行速度的提高。要进一步提高飞行速度,尤其要达到或超过声速,必须采用新的动力装置。

喷气式发动机可以产生很大的推力,而自身重量又较轻,从而大大提高了飞机的飞行速度。世界上第一架以喷气发动机为动力的德国亨克尔He178飞机在1939年首次试飞时就达到了700.37 km/h的飞行速度,已接近活塞发动机飞机的极限速度,宣告了一个新的航空时代的到来。二战结束后,随着工业技术水平的提高和冷战的需要,美、俄(苏联)、英、法等国家纷纷研制发展喷气式发动机,首先用于战斗机上,随后用于轰炸机、运输机和民航客机上,引发了一场航空工业的"喷气革命"。

经过半个多世纪的发展,喷气发动机的推力已经由最初的200~300 kg增加到54 620 kg,几乎增加了200倍,耗油率由大于0.1 kg/(N·h)降到0.035 kg/(N·h),降低了约2/3,发动推重比由不到1.0增大到10以上,增加了十余倍,发动机寿命由最初几小时增加到2万~3万小时,增加了近万倍,而且发展出涡喷、涡扇、涡轴、涡桨、桨扇等不同用途和性能的发动机。正是由于航空动力技术的发展,飞机飞行速度才突破了声障,实现了超声速飞行,并实现了宽体民用客机的不着陆越洋飞行,从而推动了整个航空技术的进步。

燃气涡轮喷气发动机是将燃油燃烧释放出的热能转变为机械能的装置。它既是热机,又是推进器,因为它是由高速流过发动机的气体对发动机产生反作用力来推动飞机运动的一种热机,不需要像航空活塞式发动机那样,还需用螺旋桨作为推进器。

喷气发动机根据燃料燃烧时所需的氧化剂的来源不同,可分为火箭发动机(图 2.1)和空气喷气发动机。火箭发动机根据燃料和自身携带的氧化剂形态不同,分为液体燃料火箭发动机和固体燃料火箭发动机;而空气喷气发动机根据有无压气机分为冲压式喷气发动机(图 2.2)和燃气涡轮喷气发动机(图 2.3);燃气涡轮发动机分为涡轮喷气发动机(涡喷)、涡轮螺旋桨发动机(涡桨)(图 2.4)、涡轮轴发动机(涡轴)和涡轮风扇发动机(涡扇)。目前民航广泛使用的涡轮风扇发动机均为前风扇发动机,包括长外涵、短外涵、低涵道比、高涵道比(图 2.5)等几种。

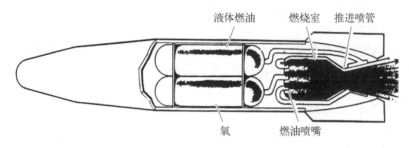

图 2.1　火箭发动机

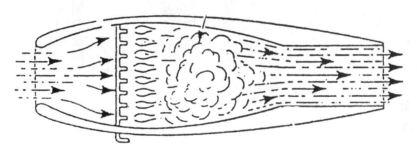

图 2.2　冲压式喷气发动机

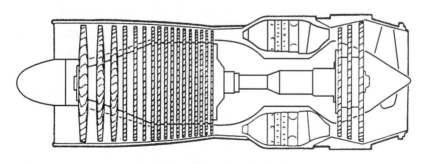

图 2.3　燃气涡轮喷气发动机

1. 燃气涡轮喷气发动机

图 2.3 是燃气涡轮喷气发动机的示意图。燃气涡轮喷气发动机以空气作为工质,进气道将所需的外界空气以最小的流动损失顺利地引入压气机,压气机通过高速旋转的叶

片对空气做功压缩空气,提高空气的压力,高压空气在燃烧室内和燃油混合、燃烧,将化学能转变为热能,形成高温高压的燃气,高温高压的燃气首先在涡轮内膨胀,将燃气的部分焓转变为机械能,推动涡轮旋转,去带动压气机,然后燃气在喷管内继续膨胀,提高燃气的速度,使燃气以较高的速度喷出,产生反作用推力。

航空燃气涡轮喷气发动机是一种热机,将燃油燃烧释放出的热能转变为流经发动机气流的动能。由于气流速度的增加而直接产生反作用推力,因此这种发动机既是热机又是推进器。

与航空活塞发动机相比,航空燃气涡轮喷气发动机结构简单、重量轻、推力大、推进效率高,而且在很大的飞行速度范围内,发动机的推力随飞行速度的增加而增加。

加力式燃气涡轮喷气发动机是在涡轮和喷管之间具有加力燃烧室,用来提高喷管前的燃气温度,增大排气速度,从而加大发动机的推力。

2. 涡轮螺旋桨发动机

图2.4是涡轮螺旋桨发动机的示意图。涡轮螺旋桨发动机由燃气轮机和螺旋桨组成,为了保证循环和推进效率,在两者之间设置减速器。

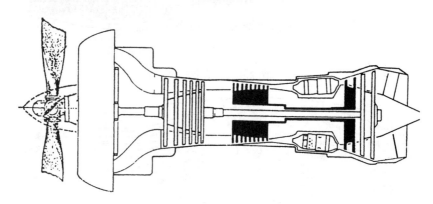

图2.4 涡轮螺旋桨发动机

涡轮螺旋桨发动气机的工作原理:空气通过进气道进入压气机;压气机以高速旋转的叶片对空气做功压缩空气,提高空气的压力;高压空气在燃烧室内和燃油混合,燃烧,将化学能转变为热能,形成高温高压的燃气;高温高压的燃气在涡轮内膨胀,推动涡轮旋转输出轴功去带动压气机和螺旋桨,大量的空气流过旋转的螺旋桨,其速度有一定的增加,使螺旋桨产生相当大的拉力;气体流过燃气涡轮,产生一定的反作用推力。

涡轮螺旋桨发动机综合了涡轮喷气发动机和螺旋桨的优点,而且在较低的飞行速度下,具有较高的推进效率,所以它在低亚声速飞行时的经济性较好。

如果燃气发生器后的燃气可用能全部用于驱动动力涡轮产生轴功输出,则燃气涡轮发动机成为涡轮轴发动机,动力涡轮轴上输出的功率可以用来带动直升机的旋翼。

3. 涡轮风扇发动机

涡轮风扇发动机是民航广泛使用的一种发动机,是由进气道、风扇、低压压气机、高压压气机、燃烧室、高压涡轮、低压涡轮和喷管组成,如图2.5所示。

涡轮风扇发动机有内外两个涵道,空气流过风扇后被分为两股,一股进入内涵道,其

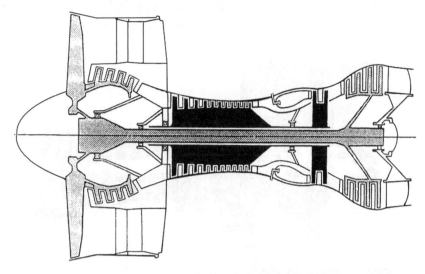

图 2.5　涡轮风扇发动机

质量流量 $q_{m,\,\mathrm{I}}$ 为核心发动机质量流量;另一股进入外涵道,为外涵流量(即 $q_{m,\,\mathrm{II}}$),又称为附加的推进流量。外涵流量与内涵流量的比值,称为涵道比,用符号 $B$ 表示,即

$$B = \frac{q_{m,\,\mathrm{II}}}{q_{m,\,\mathrm{I}}} \tag{2.1}$$

涡扇发动机内路的工作情形与涡喷发动机相同,即流入内涵的空气通过高速旋转的风扇、低压压气机和高压压气机对空气做功,压缩空气,提高空气的压力。高压空气在燃烧室内和燃油混合,燃烧,将化学能转变为热能,形成高温高压的燃气。高温高压的燃气首先在高压涡轮内膨胀,推动高压涡轮旋转,去带动高压压气机,然后在低压涡轮内膨胀,推动低压涡轮旋转,去带动低压压气机和风扇,最后燃气通过喷管排入大气产生反作用推力。

流过外涵的空气通过高速旋转的风扇叶片对空气做功,压缩空气,提高空气的压力和温度,接着空气在通道内膨胀加速,排入大气,也产生反作用推力。

与涡喷发动机相比,涡扇发动机具有推力大,推进效率高,噪声低等特点,由于这些优点,涡扇发动机在国内外民航市场占据主要份额,如 CFM56、PW4000、LEAP、GE90、遄达等。

涡轮风扇发动机作为军机的动力装置时,也可以带加力燃烧室,称为加力式涡轮风扇发动机,它可以是在外涵中喷油燃烧,也可以在内涵涡轮后喷油燃烧,还可以在涡轮后内、外涵气流混合后再喷油燃烧。

4. 齿轮传动涡扇发动机

为了满足现代飞机经济性和环保要求,目前有发动机制造商推出了齿轮传动风扇发动机(图 2.6),它是在传统的双转子涡轮风扇发动机基础上,在低压转子的风扇和增压级之间增加了一个行星减速齿轮箱,使得风扇在较低的转速下工作,而增压级和低压涡轮可以在较高的转速下工作,因而在相对少的压气机级数和低压涡轮级数基础上,获得发动机的高增压比和高涵道比(一般在 10 以上),达到在发动机重量不显著增加的条件下,降低燃油耗油率和排放噪声。普惠公司生产的 PW1000G 就属于齿轮传动涡扇发动机。

图 2.6　齿轮传动涡扇发动机

5. 桨扇发动机

在 20 世纪 70 年代,一场石油危机刺激航空业对低燃油消耗率发动机的渴求,当时设计出一种经济性更好的动力装置: 桨扇发动机,如图 2.7 所示。

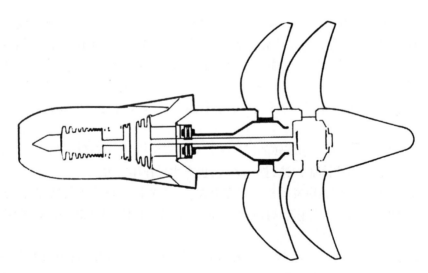

图 2.7　桨扇发动机

桨扇发动机是由螺旋桨与高涵道比涡扇衍生的推进器,也被称为无涵道涡扇发动机或开式转子发动机。

标准型桨扇发动机与涡轮螺旋桨发动机类似,由桨扇、减速器和核心机三部分组成,它兼具涡桨的低耗油率和涡扇发动机高速飞行的优点。

目前,我国民航使用的运输机装备不同种类的发动机。例如:早期运-7 型飞机使用的 WJ5A-1 发动机是单转子的涡轮螺旋桨发动机;直升机贝尔-212 使用的 PT-6T 发动机是涡轮轴发动机;波音公司和空中客车公司飞机所使用 CFM56、LEAP、GE90、PW1100G、遄达等发动机都是大涵道比涡轮风扇发动机。需要指出的是:我国正在研制的国产发动机 CJ1000(国产大飞机 C919 的国产动力装置)也属于大涵道比的涡轮风扇发动机。

## 2.2　燃气涡轮发动机的工作原理

### 2.2.1　燃气涡轮喷气发动机基本组成

本章以单转子涡喷发动机为例进行分析,基本的燃气涡轮发动机是由进气道、压气机、燃烧室、涡轮、喷管五大部件组成,如图 2.8 所示。

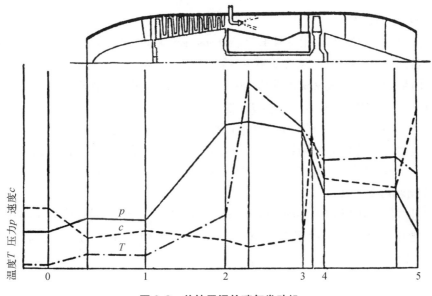

**图 2.8　单转子涡轮喷气发动机**

燃气涡轮喷气发动机的工作原理:通过进气道把足够量的空气以最小的流动损失引入发动机,压气机以高速旋转的叶片对空气做功压缩空气,提高空气的压力;高压空气在燃烧室内和燃油混合,燃烧,将化学能转变为热能,形成高温高压的燃气;高温高压的燃气首先在涡轮内膨胀,推动涡轮旋转带动压气机,然后燃气在喷管内继续膨胀,加速燃气,提高燃气的速度,使燃气以较高的速度喷出,产生反作用推力。

在燃气涡轮发动机主要部件中,通常把压气机、燃烧室、涡轮称为**燃气发生器**。

燃气发生器是各种发动机的核心,这是因为燃气发生器后燃气膨胀可以实现发动机将热能转变为机械能的工作,即燃油在燃烧室内燃烧,将化学能转变为热能,涡轮将部分热能转变为机械能。热能转变为机械能需要在高压下进行,压气机就是来提高压力的主要部件。

燃气发生器后燃气膨胀所获得的机械能按其分配方式不同可形成了不同类型的燃气涡轮发动机。涡扇发动机的风扇、涡桨发动机的螺旋桨和直升机的旋翼所需的功率、涡喷发动机喷气的动能,均来自燃气发生器后燃气膨胀做功。

为了讨论方便,在图 2.8 上还表示了单转子涡喷发动机的站位(截面)规定。气体流过单转子涡喷发动机时,气流参数的变化情况也在图中示出。

### 2.2.2　燃气涡轮发动机的重要参数

1. 涡轮前燃气总温

涡轮前燃气总温在单转子发动机中用符号 $T_3^*$ 表示,它是燃气涡轮发动机中最重要、最关键的一个参数,也是受到限制的一个参数。因为涡轮前燃气总温的高低表示了发动机性能的高低,在使用过程中不应超过允许的最高值,否则应对发动机进行检查和维修。由于该温度不易准确测量,实际使用的发动机一般不直接测量涡轮前燃气总温,而是间接表征该参数。

2. 发动机排气温度

发动机的排气温度 $T_4^*$,用符号 EGT(exhaust gas temperature)表示,一般它是涡轮后燃气的总温,比涡轮前燃气总温要低不少,通常作为航空发动机运行中一个重要的监控参数。其原因是 EGT 的高低反映了发动机中最重要、最关键的参数涡轮前总温 $T_3^*$ 的高低。一般来说,EGT 高,则涡轮前燃气总温 $T_3^*$ 就高。

另外,EGT 的变化也反映发动机性能的变化。例如:发动机在同样的工作状态下,EGT 升高表明发动机的性能下降。而且 EGT 的变化可以反映发动机的气路故障,例如:压气机叶片污染、涡轮叶片烧蚀、放气活门漏气等故障都可能使 EGT 升高。

3. 发动机的压力比

发动机的压力比用 EPR(engine pressure ratio)表示,通常为涡轮后总压与压气机进口处总压之比。对双转子涡扇发动机(如 PW4000 系列),定义为低压涡轮后的总压 $P_{t4.95}$ 与风扇进口处的总压 $p_{t2}$ 之比(涡扇发动机的站位和单转子发动机站位定义不同),即

$$EPR = \frac{p_{t4.95}}{p_{t2}} \tag{2.2}$$

EPR 是表征发动机推力的参数之一,用来表征发动机的工作状态。这是因为,对同一台发动机来说,EPR 高,表明涡轮后燃气的总压高,燃气具有较高的做功能力,发动机产生的推力就越大。普惠和罗罗公司的一些发动机就采用发动机压比作为推力的指标参数。

需要指出的是:由于在飞行中的发动机推力不能直接测量,不同的发动机采用不同的推力表征参数。由于发动机转子的转速测量比较方便,越来越多的发动机机型把转速作为推力的表征参数。某些双转子涡扇发动机(如 CFM56)表征发动机推力的参数是风扇的转速 $N_1$。

## 2.3　燃气涡轮喷气发动机热力循环

### 2.3.1　燃气涡轮喷气发动机循环的理想化条件

在涡轮喷气发动机中,工质并没有完成闭合的循环。为了便于对燃气涡轮喷气发动机的工作过程进行热力分析,作如下假设。

(1) 假设工质完成的是一个封闭的热力循环。认为废气排入大气的过程是向冷源放热的过程,而且排出的废气和进入发动机进气道的空气的压力都接近大气压,故将放热过程视为定压的放热过程。

(2) 略去压缩与膨胀过程中工质与各部件之间的热量交换,且忽略实际过程中的摩擦,用定熵过程代替之。

(3) 假设在燃烧室中进行的燃油燃烧释放热能的化学反应过程为外部热源对工质加热的过程,并且忽略由流动阻力和加热所引起的压力降低,从而用定压加热过程代替之。

(4) 喷入燃油的质量忽略不计,而且假定工质是定比热容的完全气体。

### 2.3.2　燃气涡轮喷气发动机的理想循环

经过上述假设得到燃气涡轮喷气发动机的理想循环称为布雷顿循环或定压加热循环。

布雷顿循环由四个热力过程组成,它们是:

(1) $0-2^*$ 定熵压缩过程(在进气道和压气机进行);

(2) $2^*-3^*$ 定压加热过程(在燃烧室中进行);

(3) $3^*-5$ 定熵膨胀过程(在涡轮和喷管中进行);

(4) $5-0$ 定压放热过程(在大气中进行)。

如图 2.9 所示。

**1. 布雷顿循环的 $p-v$ 图和 $T-s$ 图**

布雷顿循环的 $p-v$ 图,如图 2.9 所示。从图中可以看出:工质在进气道和压气机中被压缩,图中的 $0-1^*$ 线是在进气道中进行的, $1^*-2^*$ 线是在压气机中进行的。在这个过程中工质的压力和温度提高而比容减小;在定压加热过程中,工质的温度和比容提高而压力保持不变,如图中的 $2^*-3^*$ 线所示。在涡轮和喷管中进行的过程中,工质的压力和温度下降,而比容增大,如图中的 $3^*-5$ 线所示。其中 $3^*-4^*$ 线是在涡轮中进行的膨胀过程, $4^*-5$ 线是在喷管中进行的膨胀过程。最后在大气中进行定压的放热过程,使工质的温度和比容减小而压力保持不变,恢复到初始状态,完成一个热力循环。

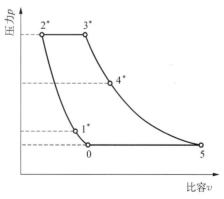

**图 2.9　布雷顿循环**

2. 理想循环的热效率

热效率是循环功与加热量之比,即

$$\eta_t = \frac{w_0}{q_1} = 1 - \frac{q_2}{q_1}$$

它表明在循环中加入的热量有多少转变为机械功。

在定压加热过程中自热源吸收的热量 $q_1$ 为

$$q_1 = c_p(T_3^* - T_2^*)$$

在定压放热过程中向冷源放出的热量 $q_2$ 为

$$q_2 = c_p(T_5 - T_0)$$

代入热效率的公式,对于定比热容的完全气体有

$$\eta_t = 1 - \frac{T_5 - T_0}{T_3^* - T_2^*}$$

对于定熵过程 $0$-$2^*$ 有

$$\frac{T_2^*}{T_0} = \left(\frac{p_2^*}{p_0}\right)^{\frac{\gamma-1}{\gamma}}$$

对于定熵过程 $3^*$-$5$ 有

$$\frac{T_3^*}{T_5} = \left(\frac{p_3^*}{p_5}\right)^{\frac{\gamma-1}{\gamma}}$$

因为

$$p_3^* = p_2^*, \quad p_5 = p_0$$

故有

$$\frac{T_3^*}{T_5} = \left(\frac{p_2^*}{p_0}\right)^{\frac{\gamma-1}{\gamma}}$$

引入反映循环特性的参数增压比 $\pi$:

$$\pi = \frac{p_2^*}{p_0}$$

令 $\pi_i = \dfrac{p_1^*}{p_0}$ 为进气道的冲压比,$\pi_c^* = \dfrac{p_2^*}{p_1^*}$ 为压气机的增压比;所以有

$$\pi = \pi_i^* \pi_c^*$$

即热力循环的增压比等于进气道的冲压比与压气机的增压比的乘积,可得

$$\frac{T_3^*}{T_5} = \frac{T_2^*}{T_0} = \frac{T_3^* - T_2^*}{T_5 - T_0} = \pi^{\frac{\gamma-1}{\gamma}}$$

将此关系式代入热效率的关系式,则有

$$\eta_t = 1 - \frac{1}{\pi^{\frac{\gamma-1}{\gamma}}} \tag{2.3}$$

式(2.3)表明:燃气涡轮喷气发动机理想循环的热效率取决于发动机的增压比和工质的比热比。也就是说,在 $\gamma$ 一定的情况下,热效率仅取决于空气在压缩过程中压力提高的程度,发动机的增压比 $\pi$ 越大,则热效率 $\eta_t$ 越高。热效率与增压比的关系如图 2.10 所示。

图 2.10　热效率随发动机增压比的变化

3. 理想循环功

布雷顿循环的理想循环功 $w_0$ 可以用图 2.9 中面积 $01^*2^*3^*4^*50$ 来表示。

根据热力学第一定律有

$$\begin{aligned}
w_0 &= q_1 - q_2 = c_p(T_3^* - T_2^*) - c_p(T_5 - T_0) \\
&= c_p T_0 \left[ \frac{T_3^*}{T_0} \left( 1 - \frac{1}{\pi^{\frac{\gamma-1}{\gamma}}} \right) - \left( \pi^{\frac{\gamma-1}{\gamma}} - 1 \right) \right] \\
&= c_p T_0 \left[ \Delta \left( 1 - \frac{1}{e} \right) - (e - 1) \right]
\end{aligned} \tag{2.4}$$

式中, $\Delta = \dfrac{T_3^*}{T_0}$ ,称为加热比; $e = \pi^{\frac{\gamma-1}{\gamma}}$ 。式(2.4)表明:理想循环功 $w_0$ 取决于加热比 $\Delta$ 和增压比 $\pi$ 。

图 2.11 是理想循环功与加热比和增压比的关系图,可以看出以下几点。

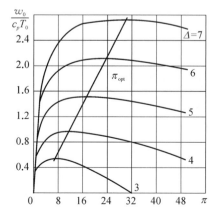

图 2.11　理想循环功与增压比的关系

(1)增压比 $\pi$ 一定时,加热比 $\Delta$ 越大,循环功越大。因为加热比越大,加入的热量就越多,如果循环的热效率一定,则转变为机械能的部分也就越多,但 $T_3^*$ 的增加受涡轮叶片和冷却条件的限制。

(2)加热比 $\Delta$ 一定时,循环功随增压比变化的曲线有一个最大值。使循环功达到最大值时所对应的增压比称为**最佳增压比**,用符号 $\pi_{\text{opt}}$ 表示。当增压比低于最佳增压比时,循环功随增压比的增高而增大;超过最佳增压比后,继续加大增压比,循环功反而减小。

现在推导最大循环功 $w_{0,\max}$ 以及对应的最佳增

压比 $\pi_{opt}$：

$$\frac{\mathrm{d}w_0}{\mathrm{d}e} = c_p T_0 \left( \frac{\Delta}{e^2} - 1 \right) = 0$$

所以有

$$\pi_{opt} = \Delta^{\frac{\gamma}{2(\gamma-1)}} = \left( \frac{T_3^*}{T_0} \right)^{\frac{\gamma}{2(\gamma-1)}} \tag{2.5}$$

当实际加热比为 5~6 时，$\pi_{opt} \approx 16 \sim 30$。

（3）把 $\pi_{opt}$ 代入循环功表达式，可得最大理想循环功为 $\frac{w_{0,max}}{c_p T_0} = (\sqrt{\Delta} - 1)^2$，所以最大理想循环功仅取决于加热比，加热比越大，最大理想循环功也越大。

（4）存在最大增压比 $\pi_{max}$，使 $T_2^* = T_3^*$，则加热量为零，理想循环功也为零。

需要指出的是：以上 4 点结论同样适用于其他几种类型燃气涡轮发动机的理想循环。

### 2.3.3 燃气涡轮喷气发动机实际循环

1. 实际循环分析

在理想循环中，认为压缩与膨胀过程都是定熵过程，没有考虑流动损失，并且认为在整个循环过程中，气体的成分和比热比均不变。实际上发动机工作过程中，气体的成分发生变化，比热比也随着气体成分和温度而发生变化，还存在着流动损失。为此，我们在分析发动机中的实际循环时，要考虑流动损失和比热比的变化，在理想循环的基础上作如下处理：

（1）在整个压缩过程（0-2）中，认为是绝热的多变过程；

（2）在整个膨胀过程（3-5）中，也认为是绝热的多变过程；

（3）燃烧室中由于流动损失和加热热阻存在，加热伴随气流总压损失，该损失可折算到膨胀过程中。

在上述假设条件下，实际热力循环的 $p-v$ 图和 $T-s$ 图在图 2.12 用实线表示。

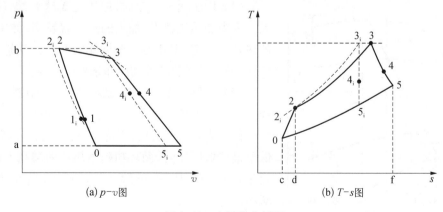

图 2.12　实际热力循环

2. 实际循环的指示功和有效功

实际循环由于存在损失,循环曲线所包围的面积将不等于实际循环功,而用指示功 $L_i$ 表示,下面用伯努利方程来分析指示功的组成。

对压缩过程有

$$- \int_0^2 v \mathrm{d}p = V_2^2/2 - V^2/2 + w_c + L_{rc}$$

对膨胀过程有

$$- \int_2^5 v \mathrm{d}p = V_5^2/2 - V_2^2/2 + w_T + L_{net} + L_{rp}$$

式中,$w_c$ 为压气机所消耗功;$w_T$ 为带动压气机的涡轮功;$L_{net}$ 为循环输出的轴功;$L_{rp}$、$L_{rc}$ 为膨胀和压缩过程中的损失。

将上面两式相加,并注意涡轮功和压气机功相互抵消,有

$$L_i = (V_5^2 - V^2)/2 + L_{net} + L_{rp} + L_{rc}$$

上式右边前两项定义为实际循环的有效功,用 $L_e$ 表示,即

$$L_e = (V_5^2 - V^2)/2 + L_{net} = L_i - L_{rp} - L_{rc} \tag{2.6}$$

对涡喷发动机,对外输出功 $L_{net} = 0$,有效功完全用来增加流过发动机气体的动能;对涡扇发动机一部分有效功用来驱动外涵风扇;对涡轮螺桨发动机的有效功大部分用来驱动螺旋桨,小部分用于增加气体动能;而对涡轮轴发动机,实际循环的全部有效功绝大部分用来驱动直升机的旋翼。

下面具体求实际循环的有效功和热效率。

循环功等于绝热膨胀过程中的膨胀功 $w_{p,t}$ 减去绝热压缩过程中的压缩功 $w_{c,t}$,即

$$w_0 = w_{p,t} - w_{c,t}$$

燃气由 $p_3^*$ 经绝热多变膨胀过程到 $p_5$ 所做的功为

$$w_{p,t} = w_{p,s}\eta_p = c_p' T_3^* \left( 1 - \frac{1}{\pi^{\frac{\gamma'-1}{\gamma'}}} \right) \eta_p$$

式中,$\eta_p$ 为膨胀效率;$w_{p,s}$ 为理想膨胀功。

将空气由 $p_0$ 经绝热多变压缩过程到 $p_2^*$ 所需的功为

$$w_{c,t} = \frac{w_{c,s}}{\eta_c} = c_p T_0 \frac{\pi^{\frac{\gamma-1}{\gamma}} - 1}{\eta_c}$$

其中,$\eta_c$ 为压缩效率;$w_{c,s}$ 为理想压缩功。

$$w_0 = c_p' T_3^* \left( 1 - \frac{1}{\pi^{\frac{\gamma'-1}{\gamma'}}} \right) \eta_p - c_p T_0 \frac{\pi^{\frac{\gamma-1}{\gamma}} - 1}{\eta_c}$$

$$w_0 = c_p T_0 \frac{\pi^{\frac{\gamma-1}{\gamma}} - 1}{\eta_c} \left( \frac{a\Delta\eta_c\eta_p}{\pi^{\frac{\gamma-1}{\gamma}}} - 1 \right) \tag{2.7}$$

式中，

$$\Delta = \frac{T_3^*}{T_0}, \quad a = \frac{c_p' \left( 1 - \dfrac{1}{\pi^{\frac{\gamma'-1}{\gamma'}}} \right)}{c_p \left( 1 - \dfrac{1}{\pi^{\frac{\gamma-1}{\gamma}}} \right)}$$

$a$ 取决于增压比和涡轮前燃气总温。对目前常用的 $\pi$ 和 $T_3^*$ 的值，$a = 1.02 \sim 1.05$，分析时可将 $a$ 视为常数。

由式(2.7)可以看出：影响实际循环功的因素有加热比 $\Delta$(或是 $T_3^*$)，增压比 $\pi$，压缩效率和膨胀效率等，如图 2.13 所示。

从图 2.13 可以看出：在 $\Delta$ 不变的情况下，实际循环功 $w_0$ 随增压比 $\pi$ 的变化规律与理想循环功相类似，即随着增压比 $\pi$ 从 1 开始提高，实际循环功 $w_0$ 从零开始增大，$w_0$ 达到最大值后又下降。实际循环的最佳增压比为

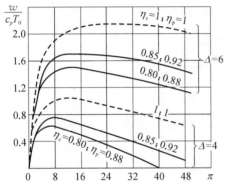

图 2.13 实际循环功随增压比的变化曲线（实线），理想循环（虚线）

$$\pi_{\text{opt}} = (a\Delta\eta_c\eta_p)^{\frac{\gamma}{2(\gamma-1)}} \tag{2.8}$$

可以看出：实际循环的最佳增压比与加热比 $\Delta$ 和压缩及膨胀效率 $\eta_c$、$\eta_p$ 有关。

由于 $\pi = \pi_i\pi_c$，所以压气机的最佳增压比也不难求出：

$$\pi_{c,\text{opt}}^* = \frac{\pi_{\text{opt}}}{\pi_i} = \frac{1}{\sigma_i} \left( \frac{\sqrt{a\Delta\eta_c\eta_p}}{1 + 0.2Ma^2} \right)^{\frac{7}{2}} \tag{2.9}$$

在地面条件下，当 $T_3^* = 1\,400 \sim 1\,800$ K，以及目前所达到的膨胀和压缩效率下，压气机的最佳增压比 $\pi_{c,\text{opt}}^* = 11 \sim 18$。

3. 实际循环热效率

$$\eta_t = \frac{w_0}{q_1} = \frac{w_0}{\overline{c_p}(T_3^* - T_2^*)}$$

$$T_3^* - T_2^* = T_0\left( \frac{T_3^*}{T_0} - \frac{T_2^*}{T_0} \right), \quad 且 \quad \frac{T_2^*}{T_0} = \frac{\pi^{\frac{\gamma-1}{\gamma}} - 1}{\eta_c} + 1$$

$$T_3^* - T_2^* = T_0\left( \Delta - \frac{\pi^{\frac{\gamma-1}{\gamma}} - 1}{\eta_c} - 1 \right)$$

代入热效率表达式,得出燃气涡轮喷气发动机实际循环热效率

$$\eta_t = \frac{c_p \dfrac{\pi^{\frac{\gamma-1}{\gamma}} - 1}{\eta_c} \left( \dfrac{a\Delta\eta_c\eta_p}{\pi^{\frac{\gamma-1}{\gamma}}} - 1 \right)}{\bar{c}_p \left( \Delta - \dfrac{\pi^{\frac{\gamma-1}{\gamma}} - 1}{\eta_c} - 1 \right)} \tag{2.10}$$

从式(2.10)中可以看出,影响发动机实际循环热效率的因素有如下三个。

(1) 加热比 $\Delta$(或涡轮前燃气总温 $T_3^*$): 随着加热比 $\Delta$ 或涡轮前温度 $T_3^*$ 的提高,加热量越大,发动机部件损失所占的比例越小,故热效率 $\eta_t$ 增大,如图 2.14 所示。

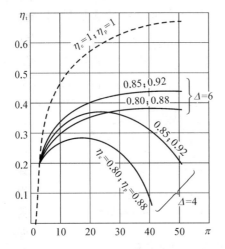

图 2.14　热效率实线(实际),虚线(理想)
曲线(实线),理想循环(虚线)

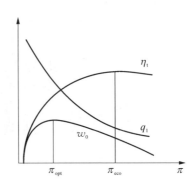

图 2.15　循环功和吸热量随
增压比变化

(2) 增压比 $\pi$: 增压比 $\pi$ 的提高,实际循环的热效率 $\eta_t$ 增大,当增压比 $\pi$ 等于最经济增压比 $\pi_{eco}$ 时,实际循环热效率 $\eta_t$ 达到最大,以后再提高增压比,实际循环的热效率 $\eta_t$ 反而下降;如图 2.15 所示。

最经济增压比 $\pi_{eco}$ 大于最佳增压比 $\pi_{opt}$,即 $\pi_{eco} > \pi_{opt}$。原因分析如图 2.15,根据热效率的定义,影响热效率的是加热量 $q_1$ 和输出功 $w_0$,当 $\pi > \pi_{opt}$ 后,随着 $\pi$ 的增大,加热量 $q_1$ 和输出功 $w_0$ 都下降,但加热量 $q_1$ 比输出功 $w_0$ 下降得更快,所以随着 $\pi$ 的增大,热效率 $\eta_t$ 仍缓慢上升,直到 $\pi > \pi_{eco}$ 后,随着 $\pi$ 的增大,由于 $T_3^*$ 很高,损失增大较多,热效率 $\eta_t$ 才下降,所以最经济增压比 $\pi_{eco}$ 大于最佳增压比 $\pi_{opt}$。

(3) 压气机效率 $\eta_c$ 和涡轮效率 $\eta_T$: 压气机效率 $\eta_c$ 和涡轮效率 $\eta_T$ 增大,热效率 $\eta_t$ 也提高,而且部件效率越高,实际循环就越接近理想循环。

还有一点需要指出:发动机的实际循环存在最小加热比。因为对于一定增压比来说,如果加热量全部用来克服部件损失和对外界散热,这时循环功和热效率均为零。

## 2.4 燃气涡轮喷气发动机的推力

### 2.4.1 推力的产生

气体流过发动机时,对发动机内外部件产生作用力的合力在发动机轴线方向的分力称为推力。空气以速度 $V$ 流入发动机,燃气以速度 $V_5$ 流出发动机,$V_5 > V$,说明气体流经发动机时被加速,由牛顿第二定律知,气体被加速,一定有力作用于气体,而且加速度越大,作用力越大,这些作用力是发动机壳体及内部部件作用于气体的。由牛顿第三定律知,有作用力就有反作用力,此反作用力就是气体流过涡喷发动机时产生的推力。

某涡轮喷气发动机推力的分布情况如图 2.16 所示,均通过动量方程可以求出。

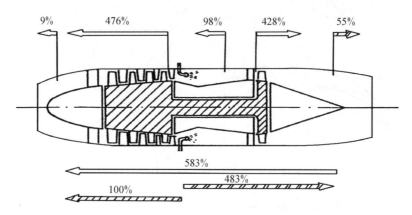

**图 2.16 涡轮喷气发动机推力的分布**

### 2.4.2 推力的计算公式

涡轮喷气发动机的推力计算公式可以运用动量方程推得。推导喷气发动机推力计算公式时,作如下三点假设:

(1)进气道的流量系数 $\phi_i$ 等于1,即

$$\phi_i = \frac{A_0}{A_i} = 1$$

(2)发动机外表面的压力均等于外界大气压;

(3)气体流经发动机外表面时没有摩擦阻力。

推导所选的控制体如图 2.17 所示。

根据动量方程可知,作用在控制体上所有外力的合力等于动量的变化率,即

$$\sum F = q_{m,g} V_5 - q_{m,a} V$$

作用力有:01-01 截面上的作用力 $A_{01}p_{01}$;5-5 截面上的作用力 $-A_5 p_5$;01-5 内壁对气体的作用力为 $f_{in}$。所以有

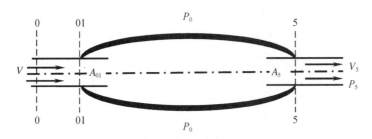

**图 2.17　喷气发动机控制体**

$$f_{in} + A_{01}p_{01} - A_5p_5 = q_{m, g}V_5 - q_{m, a}V_1$$

根据假设(1)可知:

$$A_{01} = A_0, \quad V_{01} = V, \quad p_{01} = p_0$$

于是上式可改写为

$$f_{in} + A_0p_0 - A_5p_5 = q_{m, g}V_5 - q_{m, a}V$$

发动机内壁对气体向后的作用力为

$$f_{in} = -A_0p_0 + A_5p_5 + q_{m, g}V_5 - q_{m, a}V$$

气体作用在发动机内壁上的力 $F_{in}$ 与 $f_{in}$ 大小相等,方向相反,即

$$F_{in} = -A_0p_0 + A_5p_5 + q_{m, g}V_5 - q_{m, a}V$$

作用在发动机外表面上的轴向力 $F_{out}$,根据假设(2)可知:

$$F_{out} = (A_5 - A_0)p_0$$

其方向向后。发动机的推力 $F$ 为 $F_{in}$ 与 $F_{out}$ 之差,即

$$F = q_{m, g}V_5 - q_{m, a}V + A_5(p_5 - p_0) \tag{2.11}$$

若假设 $q_{m, g} = q_{m, a} = q_m$,则推力公式变为

$$F = q_m(V_5 - V) + A_5(p_5 - p_0) \tag{2.12}$$

如果发动机尾喷管处于完全膨胀,即 $p_5 = p_0$ 时,则有

$$F = q_m(V_5 - V)$$

在地面工作时,$V = 0$,则有

$$F = q_mV_5$$

### 2.4.3　用气动函数表示的推力公式

在气体动力学中,与冲量 $J$ 有关的气动函数为 $f(\lambda)$,可得

$$J = q_mV + Ap = p^*Af(\lambda)$$

将上式代入推力公式(2.12),则有

$$F = A_5 [ p_5^* f( \lambda_5 ) - p_0 ] - q_m V \tag{2.13}$$

在地面工作时,$V=0$,上式变为

$$F = A_5 [ p_5^* f( \lambda_5 ) - p_0 ] \tag{2.14}$$

当喷管处于临界或超临界时,$\lambda_5 = 1$,$f( \lambda_5 ) = 1.259\,1$,只要测量出涡轮后燃气的总压 $p_4^* ( p_5^* = \sigma_e p_4^*$,其中 $\sigma_e$ 为喷管的总压恢复系数),就可以计算出发动机的推力。

### 2.4.4　有效推力

在推导推力公式时,我们曾作了三点假设。在发动机实际工作时,这些假设条件有时不能成立,使得推力计算的结果与实际不相符合。为了修正这些误差,针对三个假设条件,考虑相应的三种阻力,分别是附加阻力 $X_d$、摩擦阻力 $X_f$ 和波阻 $X_p$,从上述推力公式中减去这三种阻力,便得到发动机的实际推力,称为发动机的有效推力,用符号 $F_{ef}$ 表示,即

$$F_{ef} = F - X_d - X_f - X_p$$

# 2.5　燃气涡轮喷气发动机的效率

### 2.5.1　热效率

在发动机的热力循环中,首先是发动机前方温度为 $T_0$,流速为 $V$ 的空气流入进气道,压气机对空气作了 $w_c$ 的功,在燃烧室内由于燃油燃烧获得了 $q_1$ 的热量,高温高压的燃气在涡轮内膨胀,输出了 $w_T$ 的功,最后温度为 $T_5$ 的燃气以 $V_5$ 的速度喷入大气。在整个过程中,通过发动机壁面向外传出 $q_{out}$ 的热量,因此,发动机中的能量方程可以写成:

$$c_p T_0 + \frac{V^2}{2} + w_c + q_1 - w_T - q_{out} = c_p' T_5 + \frac{V_5^2}{2}$$

考虑到 $w_c \approx w_T$,并略去空气的比定压热容 $c_p$ 与燃气的比定压热容 $c_p'$ 的差别,则有

$$q_1 - q_{out} = c_p( T_5 - T_0 ) + \frac{V_5^2 - V^2}{2}$$

$c_p( T_5 - T_0 )$ 等于燃气在大气中放出的热量 $q_2$,即

$$q_2 = c_p( T_5 - T_0 )$$

因此循环功 $w_0$ 为

$$w_0 = q_1 - q_{out} - q_2 = \frac{V_5^2 - V^2}{2}$$

发动机的热效率 $\eta_t$ 是循环中输出的循环功 $w_0$ 与燃油完全燃烧释放的热量 $q_0$ 之

比，即

$$\eta_t = \frac{w_0}{q_0}$$

在燃烧室中加给每千克空气的热量 $q_1$ 为

$$q_1 = \xi_b q_0$$

$\xi_b$ 为燃烧室的完全燃烧系数。因此，涡轮喷气发动机的热效率为

$$\eta_t = \frac{V_5^2 - V^2}{2q_0}$$

由热效率的定义可以看出：热效率考虑了热能转变为机械能的过程中的全部损失，这些损失分别是：

（1）发动机排出的燃气对大气散热 $c_p(T_5 - T_0)$，为 $q_0$ 的 55%～75%；

（2）燃油在燃烧室中不完全燃烧的损失 $(1 - \xi_b)q_0$；

（3）通过发动机壁面向外散失的热量 $q_{out}$。

后两项为 $q_0$ 的 3%～4%。目前航空燃气涡轮发动机的热效率为 25%～40%。

### 2.5.2　推进效率

推进效率是发动机完成的推进功率与单位时间发动机从热力循环中获得的可用动能的比值，用 $\eta_p$ 表示。

流过发动机的空气所做的推进功率是推力与飞行速度的乘积，即

$$FV = Vq_m(V_5 - V)$$

单位时间发动机从热力循环中获得的可用动能为

$$q_m \frac{V_5^2 - V^2}{2}$$

所以，推进效率 $\eta_p$ 为

$$\eta_p = \frac{2FV}{q_m(V_5^2 - V^2)} = \frac{2}{1 + \dfrac{V_5}{V}} \tag{2.15}$$

由式(2.15)可以看出，推进效率取决于发动机的排气速度与飞行速度的比值。这个比值越大，推进效率越低。当 $V_5 = V$ 时，$\eta_p = 1.0$，但这时发动机的推力为零；当 $V = 0$ 时，$\eta_p = 0$。

因此，在飞行中，只要发动机的推力不为零，推进效率总小于1，总要损失一部分能量，能量损失到哪里去了呢？由气流的动能增量和推进功率之差有

$$\frac{V_5^2 - V^2}{2} - V(V_5 - V) = \frac{(V_5 - V)^2}{2}$$

如果将飞行中的发动机看成静止,空气以 $V$ 流入发动机,燃气以 $V_5$ 流出发动机,相对于地面的观察者来说,大气是静止的,而从发动机排出的气体,以 $V_5 - V$ 速度离开发动机,这部分消耗在空中的动能损失为 $\dfrac{(V_5 - V)^2}{2}$,称为离速损失。

可以看出,排气速度和飞行速度差别越大,动能损失越多。推进效率是随飞行速度改变的,通常不高于 0.50~0.75。

### 2.5.3 总效率

推进功率与单位时间进入燃烧室的燃油完全燃烧所释放出的热量的比值称为总效率,用 $\eta_0$ 表示:

$$\eta_0 = \frac{FV}{q_0} = \frac{FV}{H_u q_{m,\,f}} \tag{2.16}$$

式中,$H_u$ 是燃油的低热值(42 900 kJ/kg),即 1 kg 燃油完全燃烧所释放出的热量(燃烧产物中的水蒸气是气体状态)。

总效率是发动机的经济性能指标,涡轮喷气发动机在飞行中的总效率为 0.20~0.40。

由定义可知,热效率、推进效率与总效率之间的关系为表示:

$$\eta_0 = \eta_t \eta_p \tag{2.17}$$

根据上述分析讨论,把燃料可释放的热能 $q_0$ 转变为推进功率 $FV$ 的过程用如图 2.18 来表示。该图清晰表明涡喷发动机是如何把热能转变为推进功率的,并且标出在此过程中的各项损失和效率;该图进一步说明涡喷发动机既是热机又是推进器,是两者的统一。

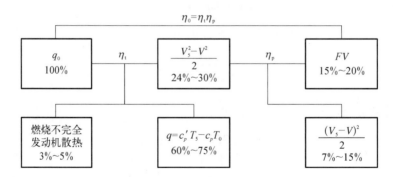

图 2.18 涡喷发动机能量分配

# 2.6 燃气涡轮发动机的性能指标

## 2.6.1 推力指标

1. 推力

推力是发动机最主要的性能指标,当飞机空气动力特性相同时,发动机推力越大,飞机飞得越快越高。推力的国际单位是 N(牛顿),工程上常用 daN(1 daN = 10 N)来表示。我们不能只以推力的大小来衡量发动机的性能,因为它并不能表明发动机有多大尺寸,有多少重量,也不知道消耗多少燃油才产生这样大的推力,因此,引入单位推力等参数。

2. 单位推力

发动机的推力与流过发动机空气的质量流量的比值,称为单位推力,用 $F_s$ 表示,即

$$F_s = \frac{F}{q_{m,a}} \tag{2.18}$$

单位推力是发动机最重要的性能指标之一。在给定飞行条件,发动机尺寸和重量的情况下,单位推力越大,则发动机的推力也越大。目前,涡轮喷气发动机在地面最大状态工作时单位推力为 600~750 N·s/kg。

单位推力的物理意义是每流过发动机单位质量流量的空气所产生的推力。

影响推力的因素有通过发动机的空气的质量流量 $q_m$ 和单位推力 $F_s$。通过发动机的空气的质量流量 $q_m$ 越多,发动机的推力越大;发动机单位推力 $F_s$ 越大,发动机的推力也越大。

3. 推质比 $F_m$

发动机的推力与发动机质量的比值,称为推质比,为单位 daN/kg,即

$$F_m = \frac{F}{M} \tag{2.19}$$

它对飞机的最大平飞速度、升限、爬升速度等性能及有效载重量等都有直接影响。

它表明每千克发动机质量能产生多大的推力,发动机的推质比越大,说明推力一定时,发动机质量越轻;如果发动机的质量一定,则产生的推力越大,所以推质比越大越好。

目前,涡轮喷气发动机在地面最大状态工作时推质比为 3.5~4.0 daN/kg,先进的军用歼击机甚至达到 10 左右。

4. 迎面推力 $F_A$

发动机的推力与发动机最大迎风面积的比值,称为迎面推力,即

$$F_A = \frac{F}{A} \tag{2.20}$$

迎风面积的大小,决定了发动机短舱外部阻力的大小。迎面推力越大,说明推力一定时,发动机最大横截面积越小,发动机短舱外部阻力越小。所以,迎面推力越大越好。目前,涡轮喷气发动机的迎面推力为 80 000~100 000 N/m²。

## 2.6.2　经济指标

1. 燃油消耗量 $q_{m,f}$

单位时间进入燃烧室的燃油质量,称为燃油消耗量。但是,燃油消耗量大并不能说明发动机的经济性能差,因为这时并不知道发动机产生了多大的推力。

当然,对于同一台发动机燃油消耗量是一个重要的监控参数,因为随着发动机性能的下降及故障的出现,燃油消耗量将增加。故可根据燃油消耗量和其他气路的变化,判别发动机性能衰退的情况和是否出现故障。

2. 燃油消耗率 sfc

在一小时内产生单位推力所消耗的燃油质量称为燃油消耗率 sfc(specific fuel consumption),它是发动机重要的经济性指标。

$$\text{sfc} = \frac{3\,600 q_{m,\,f}}{F} \qquad (2.21)$$

因为

$$\eta_0 = \frac{FV}{H_u q_{m,\,f}}$$

式中,$H_u$ 为燃油的低热值。它是 1 kg 燃油完全燃烧时所释放出的热量,这时燃烧产物中的水蒸气为气态。所以有

$$\frac{q_{m,\,f}}{F} = \frac{V}{H_u \eta_0}$$

考虑到:

$$Ma = \frac{V}{a_0}$$

将上述两式代入 sfc 公式(2.21),则有

$$\text{sfc} = \frac{3\,600 a_0}{H_u} \frac{Ma}{\eta_0} \qquad (2.22)$$

式中,$a_0$ 为当地声速;$Ma$ 为飞行马赫数。

式(2.22)表明:在一定的飞行马赫数下,燃油消耗率与发动机的总效率成反比,即燃油消耗率反映了发动机的经济性是有条件的:**只有在相同的飞行速度下比较两台发动机的经济性时,采用燃油消耗率才是合适的。**

目前,涡轮喷气发动机在地面工作时燃油消耗率为 0.8~1.0 kg/(daN · h),大涵道涡轮风扇发动机的燃油消耗率小于 0.4 kg/(daN · h)。

由于

$$\text{sfc} = \frac{3\,600 q_{m,\,f}}{q_{m,\,a} F_s}$$

可得

$$\text{sfc} = \frac{3\,600 f}{F_s} \qquad (2.23)$$

此式表明,影响燃油消耗率的因素有两个：单位推力和油气比。

当单位推力不变时,油气比越大,燃油消耗率越高；当油气比不变时,单位推力越大,燃油消耗率越低。

又根据燃烧室能量守恒,可知：

$$\eta_b q_{m,f} H_u = q_{m,a} c'_p (T_3^* - T_2^*)$$

考虑到：

$$f = \frac{q_{m,f}}{q_{m,a}} = \frac{c'_p(T_3 - T_2^*)}{H_u \eta_b}$$

代入式(2.23),则有

$$\mathrm{sfc} = \frac{3\,600 c'_p}{H_u} \frac{(T_3^* - T_2^*)}{\eta_b F_s} \tag{2.24}$$

此式表明,影响燃油消耗率的因素有两个,它们是单位推力和燃烧室出、进口的总温之差。在燃烧室出、进口的总温之差不变时,单位推力越大,燃油消耗率越低；在单位推力不变时,燃烧室出、进口的总温之差越大,燃油消耗率越高。

### 2.6.3　使用性能要求

除上述各项主要性能指标外,在实际使用中还要求发动机起动迅速可靠,加速性能好,工作可靠性高,寿命长,噪声低,空气污染小,维护方便,易于加工制造和生产成本低等性能要求。

对民航发动机来说,反映发动机机队使用性能有两个重要指标：空中停车率和提前换发率。前者指在一定飞行时间内(每一千或每百万飞行小时),发动机空中停车的次数；后者指在该时段内发动机提前换发的次数。这两个指标可反映发动机的使用可靠性,对航空公司的安全和经济运行有重要的指导意义。

## 习　　题

1. 为什么说燃气涡轮发动机既是热机又是推进器？
2. 什么是燃气发生器？为什么说燃气发生器是各种发动机的核心？
3. 试用伯努利方程证明涡喷发动机的理想循环功 $w_0$ 为

$$w_0 = \frac{V_5^2 - V^2}{2}$$

4. 在一个实际循环中为什么总是膨胀过程的效率 $\eta_p$ 大于压缩过程的效率 $\eta_c$？
5. 某发动机加热比 $\Delta = 7$,增压比 $\pi = 25$,膨胀效率 $\eta_p = 0.85$,压缩效率 $\eta_c = 0.83$,大气温度 $T_0 = 246.8\,K$,气体比定压热容 $= 1.005\,kJ/(kg \cdot K)$,试求循环功。
6. 什么是涡轮喷气发动机的最佳增压比和最经济增压比？在涡喷发动机的实际循环

中,当加热比一定时,最经济增压比和最佳增压比谁大谁小? 为什么?

7. 试证明涡喷发动机理想循环最佳增压比 $\pi_{opt}$ 为

$$\pi_{opt} = \left(\frac{T_3}{T_0}\right)^{\frac{\gamma}{2(\gamma-1)}}$$

式中,$T_0$ 为大气温度;$T_3$ 为涡轮前燃气温度;$\gamma$ 为比热比。

8. 燃气涡轮喷气发动机的推力是如何分布的? 并解释原因。

9. 作了哪些简化假设条件后,下述推力公式成立?

$$F = q_m(V_5 - V)$$

式中,$F$ 为推力; $q_m$ 为空气流量;$V_5$ 为喷气速度;$V$ 为飞行速度。

10. 某具有收缩喷管的涡轮喷气发动机在地面试车时,已知:$p_5^* = 2.5 \times 10^5$ Pa, $T_5^* = 887$ K, $q_m = 50.7$ kg/s,周围大气压 $p_0 = 1.013\ 25 \times 10^5$ Pa, 试求发动机的推力。

11. 当飞机在 11 000 m 高空以 $Ma = 0.8$ 飞行时,测得 $q_m = 16.78$ kg/s, $p_5 = 0.757 \times 10^5$ Pa, 求发动机的推力。 (已知:$p_0 = 0.227 \times 10^5$ Pa, $a_0 = 295.1$ m/s, $A_5 = 0.15$ m²)

12. 发动机的排气速度 $V_5$ 等于飞机飞行速度 $V$ 的 2 倍时,发动机的推进效率多大?

13. 已知涡喷发动机喷管的排气速度等于飞机飞行速度的 2 倍,而加入发动机的总热量中的 25% 用来变成气流动能的增量,试求发动机的总效率。

14. 什么是燃油消耗率? 燃油消耗率与发动机的总效率有什么关系? 在什么情况下可以用燃油消耗率来表征发动机的经济性?

15. 飞机以速度 $V = 900$ km/h 飞行时,已知涡轮喷气发动机的推力 $F = 17\ 000$ N,通过发动机的空气质量流量 $q_{m,a} = 45$ kg/s,燃油的质量流量 $q_{m,f} = 2\ 600$ kg/h,求发动机的热效率、推进效率、总效率和燃油消耗率各等于多少? (假设喷管为完全膨胀,燃油的低热值 $H_u = 42\ 900$ kJ/kg)

16. 装有涡轮喷气发动机的飞机以马赫数 0.8 飞行在 10 668 m,这时流入发动机的空气流量为 16.78 kg/s,收缩喷管出口的总压为 79 477 Pa,求发动机的推力。 (已知喷管出口面积为 0.15 m²,大气压为 23 840 Pa)

# 第 3 章
# 进气道

进气道的作用是在各种工作状态下,能将足够量的空气,以最小的流动损失,顺利地引入压气机。当压气机进口处的气流马赫数小于飞行马赫数时,产生冲压压缩,提高空气的压力,在超声速飞行中表现特别明显。

涡轮喷气发动机的进气道可分为亚声速进气道和超声速进气道两大类,而超声速进气道又可分为内压式、外压式和混合式三种。目前,民航业主要使用亚声速运输飞机,其发动机的进气道大多采用扩张形的亚声速进气道,所以这一章主要介绍亚声速进气道的原理。

## 3.1　亚声速进气道

### 3.1.1　亚声速进气道的组成

亚声速进气道是扩张形的管道,它由壳体和前整流锥组成,如图 3.1 所示。

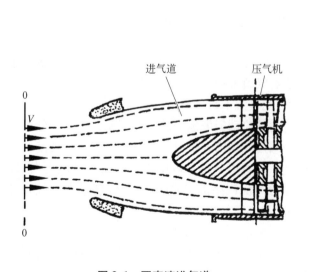

图 3.1　亚声速进气道

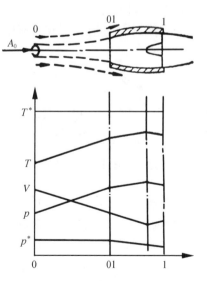

图 3.2　气流参数沿流程的变化

进气道远前方气流未受扰动处的截面为 0-0 截面,气流速度与飞行速度大小相等,方向相反,进气道的进口和出口分别为 01-01 和 1-1 截面。图 3.2 表示在设计条件下的流动模型和气流参数沿流程的变化情况。

进气道前段是扩张形的管道,而前整流锥后的管道稍有收缩。所以在前一段气流参数的变化规律是:速度 $V$ 下降,压力 $p$ 和温度 $T$ 升高,也就是空气受到压缩,由于空气本身速度降低而受到的压缩称作冲压压缩。

整流锥后气流速度稍有上升,压力和温度稍有下降,这样可以使气流比较均匀地流入压气机保证压气机的正常工作。进气道内所进行的能量转换是空气动能转变为压力位能和热能。

### 3.1.2 性能参数

1. 空气流量

单位时间流入进气道的空气质量称为空气流量,用符号 $q_{m,a}$ 表示,单位:kg/s。由气体动力学可知:

$$q_{m,a} = \rho A V = K \frac{P_0^*}{\sqrt{T_0^*}} A_0 q(Ma)$$

影响流量的因素有大气密度 $\rho$、飞行速度 $V$ 和压气机的转速 $n$:大气密度 $\rho$ 越高,进入发动机的空气流量 $q_{m,a}$ 越多,而大气密度受大气温度 $T_0$ 和飞行高度 $H$ 的影响,大气温度越高,则空气的密度越低;飞行高度越高,空气的密度也越低;飞行速度 $V$ 越大,则进入发动机的空气流量也越大;由于压气机的转速 $n$ 将影响压气机进口处气流参数及进气道前方气流的流动状况,故它也会影响进入发动机的空气流量,可以证明压气机转速 $n$ 越高,进入发动机的空气流量越多。

2. 流动损失

空气流过进气道时,存在着唇口损失和内部流动损失,如图 3.3 所示。

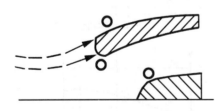

图 3.3 进气道黏性摩擦和分离损失

唇口损失是由于气流在唇口突然改变流动方向和撞击壳体而引起的,有时气流还会分离。通常亚声速进气道采用圆头较厚的唇口,使之适应不同的流谱,使气流不易分离。

内部流动损失包括黏性摩擦损失和气流分离损失。黏性摩擦损失是由于进气道内壁面与气流之间的摩擦力所引起的。内壁面应做得尽可能光滑,以减小摩擦损失。分离损失是由气流附面层分离而产生的,当通道内扩张度过大时就容易产生,因而它取决于通道内气流的压力梯度和通道的扩张角。

气流流过进气道外壁面时,也有黏性摩擦损失和分离损失。

为了减小流动损失,在维修过程中特别注意不要损坏进气道的型面,保持壁面的光滑。同时必须强调指出:**发动机维修后进气道内不准有任何多余物。**

进气道的流动损失用总压恢复系数来描述。进气道的总压恢复系数是进气道出口处气流的总压 $p_1^*$ 与来流的总压 $p_0^*$ 之比,用符号 $\sigma_i$ 表示,即

$$\sigma_{\mathrm{i}} = \frac{p_1^*}{P_0^*} \tag{3.1}$$

总压恢复系数 $\sigma_{\mathrm{i}}$ 是小于 1 的系数，$\sigma_{\mathrm{i}}$ 大，说明流动损失小；民航发动机在亚声速飞行中，进气道的总压恢复系数通常为 $0.94\sim0.98$。

3. 出口流场的畸变指数 $\overline{D}$

进气道出口气流流场不均匀对发动机的稳定工作有很大的影响，会使压气机喘振和燃烧室熄火，因此要求进气道出口气流流场尽量均匀，描述流场均匀度的参数是畸变指数，其定义为

$$\overline{D} = \frac{p_{1,\,\mathrm{max}}^* - p_{1,\,\mathrm{min}}^*}{\overline{p_1^*}} \tag{3.2}$$

式中，$p_{1,\,\mathrm{max}}^*$、$p_{1,\,\mathrm{min}}^*$ 和 $\overline{p_1^*}$ 分别为进气道出口气流总压的最大值、最小值和平均值。

4. 冲压比 $\pi_{\mathrm{i}}^*$

进气道的冲压比是进气道出口处的总压与远前方气流静压的比值，用符号 $\pi_{\mathrm{i}}^*$ 表示为

$$\pi_{\mathrm{i}}^* = \frac{p_1^*}{p_0} \tag{3.3}$$

冲压比越大，表示空气在压气机前的冲压压缩的程度越大。根据气体动力学中总静压之间的关系，马赫数的定义和完全气体中声速的计算关系式，可以得到：

$$\pi_{\mathrm{i}}^* = \sigma_{\mathrm{i}}\left(1 + \frac{\gamma-1}{2}Ma^2\right)^{\frac{\gamma}{\gamma-1}} = \sigma_{\mathrm{i}}\left(1 + \frac{\gamma-1}{2}\frac{V^2}{\gamma R T_0}\right)^{\frac{\gamma}{\gamma-1}} \tag{3.4}$$

由此式可以看出，影响进气道冲压比的因素有流动损失、飞行速度和大气温度。

流动损失：当大气温度和飞行速度一定时，流动损失大，总压恢复系数小，则冲压比减小；另外，由于流动损失大，使压气机进口的空气压力低，还会引起进入发动机的空气流量减小。

飞行速度 $V$：当大气温度和流动损失一定时，飞行速度越大，则冲压比越高。

图 3.4 的曲线表示在没有流动损失的情况下，进气道的冲压比随飞行速度的变化规律，从图中可以看出，随着飞行速度的增大，冲压比变大，而且飞行速度越大，冲压比增加得越快。

大气温度 $T_0$：当飞行速度和流动损失一定时，大气温度越高，冲压比越低。由于大气温度 $T_0$ 是随着飞行高度而变化的。所以，当飞行速度和流动损失一定时，随着飞行高度的变化，冲压比也是变化

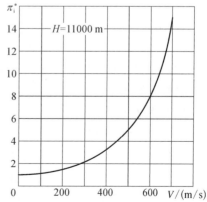

图 3.4　冲压比随飞行速度的变化

的,其变化规律是:在对流层内,随着飞行高度 $H$ 的增高,大气温度 $T_0$ 下降,所以冲压比 $\pi_i^*$ 上升;在同温层内,由于大气温度不再随高度而变化,这时进气道的冲压比也就不随高度而变化,保持常数。

5. 流量系数 $\phi_i$

对一定的进气道,它的进口流动模型取决于发动机的工作状态和飞行马赫数。

根据流量连续有

$$K\frac{p_0^*}{\sqrt{T_0^*}}A_0 q(Ma) = K\frac{p_i^*}{\sqrt{T_i^*}}A_i q(Ma_i)$$

考虑到从 0 截面到 01 截面的流动过程是定熵绝能的流动过程,有

$$p_0^* = p_{01}^*, \quad T_0^* = T_{01}^*$$

所以

$$\frac{A_0}{A_{01}} = \frac{q(Ma_{01})}{q(Ma)}$$

定义进气道远前方截面的面积 $A_0$ 与进气道唇口处的面积 $A_{01}$(又称作捕捉面积)的比值为流量系数,用符号 $\phi_i$ 表示,即

$$\phi_i = \frac{A_0}{A_{01}} = \frac{q(Ma_{01})}{q(Ma)} \tag{3.5}$$

$\phi_i$ 代表进气道流通能力的大小,即流过进气道的实际流量与捕捉流量的比值。

$q(Ma_{01})$ 或 $A_0$ 主要是决定于发动机的工作状态。所以,随着飞行马赫数 $Ma$ 的变化,流量系数是变化的,其变化规律如下。

当在地面工作时,$V=0$,$Ma=0$,$A_0=\infty$,$\phi_i=\infty$,这时进气道进口流动模型如图 3.5(a)所示,它表明气流从前面各方进入进气道。

当 $Ma_{01}>Ma$ 时,唇口处气流马赫数大于飞行马赫数,气流在管外应加速,亚声速气流要加速,流道形状必须收缩,所以 $A_0>A_{01}$,$\phi_i>1$,这时进气道进口流动模型(流线谱)如图 3.5(b)所示。

当 $Ma_{01}=Ma$ 时,唇口处气流马赫数等于飞行马赫数,气流速度在管外保持不变,所以 $A_0=A_{01}$,$\phi_i=1$;这时进气道进口流动模型(流线谱)如图 3.5(c)所示。

当 $Ma_{01}<Ma$ 时,唇口处气流马赫数小于飞行马赫数,气流在管外应减速。对亚声速气流,减速要求流道形状必须扩张,所以 $A_0<A_{01}$,$\phi_i<1$;这时进气道进口流动模型(流线谱)如图 3.5(d)所示。$\phi_i<1$ 时,进气道有附加阻力,$\phi_i$ 增加,附加阻力减小。

由上述分析可以看出:当涡轮喷气发动机在地面工作时,空气进入进气道前增速降压,使气流压力低于外界大气压,即进气道内存在负压。但是在飞行中,空气迅速进入进气道,冲压效应使压力上升以抵消负压,从而在进气道出口处气流压力恢复到外界大气压,这就发生了冲压恢复。大多数飞机在飞行马赫数为 0.2 以上就发生冲压恢复,从而提高空气压力,减少燃油消耗率。

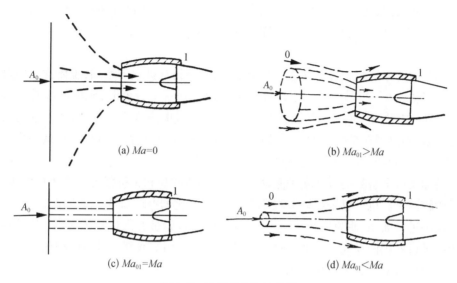

(a) $Ma=0$ 　　　　　　　　　　(b) $Ma_{01}>Ma$

(c) $Ma_{01}=Ma$ 　　　　　　　　(d) $Ma_{01}<Ma$

**图 3.5　流量系数和流线谱**

# 3.2　超声速进气道

超声速进气道常用在超声速的军用飞机上,根据减速扩压的过程不同分为内压式、外压式和混合式三种基本类型,如图 3.6 所示。

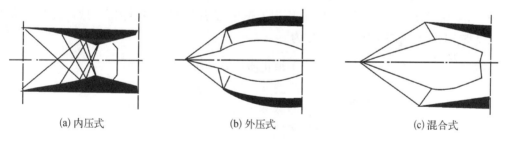

(a) 内压式　　　　　　　(b) 外压式　　　　　　　(c) 混合式

**图 3.6　超声速进气道的类型**

1. 内压式进气道

内压式超声速进气道,如图 3.6(a)所示,气流由超声速变为亚声速的扩张过程完全在进气道完成。内压式超声速进气道是一个由特殊型面构成的先收缩后扩张型的管道。在设计状态下不考虑黏性时,特殊型面可以保证超声速气流在管道的收缩段经过一系列微弱压缩波定熵地减速,在管道最小截面处达到声速,之后在扩张段气流继续减速扩压,这种内压式超声速进气道的气流为定熵绝能的流动过程,气流参数的变化是连续的,总压保持不变,即没有总压损失。

但由于内压式超声速进气道存在着所谓"起动"问题妨碍了它的实际应用。

所谓内压式超声速进气道的"起动"过程,就是进气道口前的脱体激波移动至喉部下游某一稳定位置的过程。对于几何面积一定的内压式超声速进气道,只能在设计马赫数时,才能出现没有激波的流动情况,当气流从大于声速而小于设计马赫数逐渐增大的过程中,在唇口前会有弓形激波,这种情况称为进气道未"起动",即进气道未建立起设计状态的流态。

实现起动的方法之一是增加飞行马赫数,随着飞行马赫数的增加,脱体激波向进气道进口方向移动,当飞行马赫数大于设计马赫数而达到一定数值时,脱体激波被吞入进气道,并停留在扩散段中面积与进口面积相等的地方,此时进气道已经"起动",这时再减小飞行马赫数,则出现在扩散段的正激波将向喉部方向移动,直到飞行马赫数减小到设计值时,正激波移动到喉部而消失,进气道处于设计状态。

用增加飞行马赫数的方法实现起动,由于发动机的功和飞机强度及热负荷的限制,实际采用比较困难。也可以采用调节喉部与进口面积比的办法解决起动问题,即增加喉部面积或减小进口面积,使脱体激波向进口方向移动,直到被吞入进气道之内,然后再使喉部面积或进口面积恢复到设计值。这种起动方法需要调节喉部—进口面积比的自动控制系统,结构复杂,实现起来也比较困难。

解决起动问题还可以采用壁面放气法,即在进气道收缩段的壁面上开设许多放气活门,起动过程中打开放气活门,放掉多余的空气,脱体激波便逐渐向进口靠近,直到完成起动过程。

2. 外压式进气道

外压式的超声速进气道,超声速气流的减速扩压过程完全发生在进口之外,进气道的内部是亚声速的扩压管道,如图3.6(b)所示。外压式超声速进气道是利用一道或多道斜激波再加上一道正激波使超声速气流变为亚声速气流而减速增压的。激波系中的激波数目越多,则在同样的飞行马赫数下,总压损失越小,总压恢复系数越大。例如,当飞行马赫数为3时,不同波系的总压恢复系数为

$$
激波系\begin{cases} 1\ 道正激波\ \sigma = 0.328 \\ 1\ 道斜激波 + 1\ 道正激波\ \sigma = 0.600 \\ 2\ 道斜激波 + 1\ 道正激波\ \sigma = 0.760 \\ 3\ 道斜激波 + 1\ 道正激波\ \sigma = 0.870 \end{cases}
$$

外压式超声速进气道由外罩和中心体组成,中心体是一个锥角或多个锥角的锥体,是三斜一正波系的外压式超声速进气道,如图3.7所示。超声速气流经过中心体产生的一

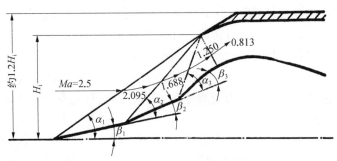

图3.7　外压式超声速进气道

道或多道斜激波,减速增压,但气流仍为超声速,再经过一道正激波变为亚声速气流,然后在扩张形的管道内继续减速增压。在设计状态下,正激波位于进口处,斜激波波系交于唇部。

外压式超声速进气道结构简单,工作稳定性好,飞行马赫数在 2.5 以下的飞机多采用这种形式的进气道。

3. 混合式进气道

混合式超声速进气道综合了内压式和外压式的特点,先进行一段外压,然后经过斜激波以超声速进入唇口,开始内压,最后在扩张段经过正激波变为亚声速,如图 3.8 所示。

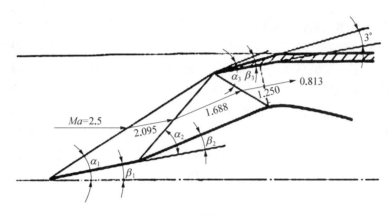

**图 3.8 混合式超声速进气道**

混合式超声速进气道外罩的折转角比较小,因此,外罩的波阻比外压式的小,而且波系中的斜激波数目较多,总压损失较小,总压恢复系数较高;另一方面,虽然有一段内压,但内压部分的气流马赫数较低,起动也比较容易。所以飞行马赫数大于 2 的飞机大都采用混合式的进气道。

# 习 题

1. 进气道的流量系数是如何定义的? 亚声速进气道的流量系数的变化规律如何?
2. 空气沿扩压器流动,进口处气流的速度系数 $\lambda_1 = 0.85$,总压 $p_1^* = 3 \times 10^5$ Pa,扩压器进出口截面的面积比 $A_1/A_2 = 1/1.75$,总压恢复系数 $\sigma = 0.9428$,求扩压器出口马赫数和静压。
3. 空气沿扩压器流动,进口截面处气流速度系数 $\lambda_1 = 0.90$,总压 $p_1^* = 4 \times 10^5$ Pa,扩压器出口截面处气流速度系数 $\lambda_2 = 0.20$,求扩压器进出口的压差。
4. 空气在流过扩压进气道前产生一道正激波,已知压气机进口处的气流速度为 261.43 m/s,总温为 400 K,求来流的气流马赫数、流速、静温和总压恢复系数。
5. 超声速进气道有哪几种? 它们的工作原理有什么不同?

# 第 4 章
# 压气机

　　压气机是航空燃气涡轮发动机中的一个重要的核心部件,它的主要作用是对流过它的空气进行压缩,提高空气压力,为燃气膨胀做功创造条件,以改善发动机的经济性,增大发动机的推力。压气机提高空气压力的方法是利用高速旋转的叶片对空气做功,依靠压缩功提高气体的压力位能。

　　根据压气机的结构形式和气流的流动特点,压气机可分为离心式压气机(图 4.1)和轴流式压气机(图 4.9)两种。离心式压气机是空气在工作叶轮内沿远离叶轮旋转中心的方向流动,而轴流式压气机是空气在工作叶轮内基本沿发动机的轴线方向流动。此外还有轴流式和离心式组合在一起的混合式压气机。

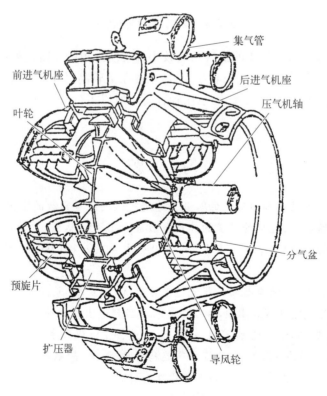

**图 4.1　离心式压气机**

# 4.1　离心式压气机

## 4.1.1　离心式压气机的结构

离心式压气机由进气装置、工作叶轮、扩压器、集气管等部分组成。其中叶轮和扩压器是离心式压气机的两个主要部件。

进气装置安装在叶轮的进口处,其通道是收缩形的,作用是使气流以一定的方向均匀地进入工作叶轮,以减小流动损失,空气在流过时速度增大,而压力和温度下降。

工作叶轮是高速旋转的部件,工作叶轮上相邻叶片间的通道是扩张形的,空气流过时,叶片对空气做功,增加空气流速,同时提高空气的压力。空气离开工作叶轮后,进入扩压器中进一步减速扩压。

从结构上叶轮分单面叶轮和双面叶轮两种。所谓单面叶轮是在轮盘的一侧安装有叶片,从单面进气;而双面叶轮是在轮盘的两侧都安装有叶片,从两面进气,这样可以增大进气量,而且对于平衡作用在轴承上的轴向力也有好处,如图 4.2 所示。

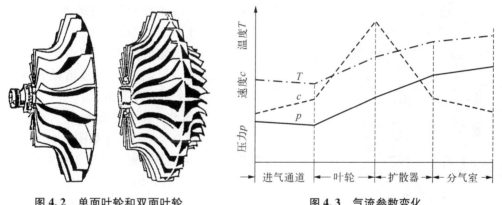

图 4.2　单面叶轮和双面叶轮　　　　图 4.3　气流参数变化

扩压器位于叶轮的出口处,其通道是扩张形的,空气在流过它时,速度下降,压力和温度都上升。

集气管的主要作用是使气流变为轴向,将空气引入燃烧室。

空气流过离心式压气机时,气流参数变化如图 4.3 所示。

离心式压气机的主要优点是:单级增压比高,一级的增压比可达 4~5,甚至更高;同时离心式压气机的稳定工作范围宽;结构简单可靠;重量轻,所需要的起动功率小,多用于小型燃气涡轮发动机。但它的流动损失大,尤其是级间损失更大,不适于用多级,最多两级,如图 4.4 所示。正因为这样,离心式压气机的效率较低。一般离心式压气机的效率最高只有 83%~85%,甚至不到 80%。另外离心式压气机单位面积的流通能力低,故迎风面积大,阻力也大。

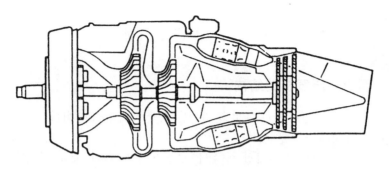

图 4.4　两级单面叶轮离心式压气机

## 4.1.2　空气在离心式压气机中的流动

**1. 空气在导流器中的流动**

单面进气的离心式压气机叶轮的进口直接与进气道的出口相接。图 4.5 所示是一个

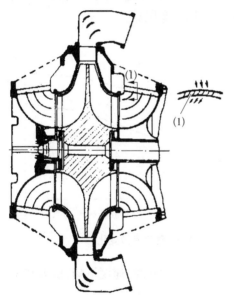

图 4.5　双面离心式压气机进气装置

双面进气的离心式压气机,它的进气装置一般由预旋片和分气盆构成。预旋片的作用在于造成工作轮进口有一定规律的气流切向速度分布。分气盆的作用则在于将经过预旋片的空气分为数层,以便将空气较均匀地充满工作轮叶片的进口。为了减少流动损失,进气装置中的流道做成略有收缩,使空气流过后,速度略有增大。

　　**2. 空气在工作叶轮中的流动**

　　工作叶轮的直径符号标注如图 4.6(a) 所示。如果用某直径 $D$ 的圆柱面去截取工作叶轮,并展为平面,即得如图 4.6(b) 所示的图形。

　　图示 $V_{1u} = 0$,这时进口截面上的绝对速度 $V_1$ 是均匀的,但是相对速度 $w_1$ 则随着半径的增加而增加。同时,相对速度与轮缘速度 $u_1$ 的夹角 $\beta_1$,则随半径的增加而减小,它们的关系可表示为

$$w_1 = \sqrt{V_1^2 + u_1^2} = \sqrt{V_1^2 + (r\omega)^2} \tag{4.1}$$

$$\tan\beta_1 = \frac{V_1}{u_1} = \frac{V_1}{r\omega} = \frac{1}{r} = 常数 \tag{4.2}$$

　　由此可见,如果工作轮叶片的前缘做成与轮缘速度 $u_1$ 相垂直,则空气微团势必和叶片相撞击因而引起过大的损失。因此,叶片的前缘要有扭转角 $\beta_{1k}$,其数值一般比相对速度的进口角 $\beta_1$ 大 2°~4°,也就是攻角 $\alpha$,如图 4.6(c) 所示。由于 $\beta_1$ 沿半径增大而减小,因此叶片前缘的扭转角也应沿半径增大而减小。为了便于制造和更换,常把前缘扭转部分

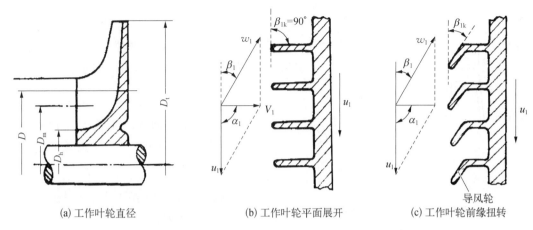

(a) 工作叶轮直径　　　　　　(b) 工作叶轮平面展开　　　　　(c) 工作叶轮前缘扭转

**图 4.6　工作叶轮前的速度三角形和导风轮扭转的作用**

的叶片与叶轮分开,前者称作导风轮,后者仍称作叶轮。

气流经过导风轮,相对速度从进口的 $w_1$ 转为轴向,进入叶轮后沿径向向外流动,并有一定的扩压作用。进入叶轮之后气流由轴向转为径向,向外流动,以相对速度 $w_2$ 离开叶轮。气流经过叶轮通道,假定为等熵条件,由公式:

$$\int_1^2 \frac{dp}{\rho} = \frac{w_1^2 - w_2^2}{2} + \frac{u_2^2 - u_1^2}{2}$$

可以看出,在离心式压气机中,静压的提高有两方面的原因,一是离心惯性力的作用,半径越大,静压越高;二是相对速度的变化,除了在导风轮中的变化之外,一般情况在叶轮中的变化不大。由此可知,增压的原因主要是轮缘速度 $u$ 的变化,也就是流体在叶轮旋转所产生的离心力作用下向外运动来完成主要压缩过程。

当气流在旋转着的通道中流动时,由于惯性的作用,通道中的空气沿着与叶轮旋转相反的方向旋转,因此在离开工作轮时,出口的相对速度 $w_2$ 不是沿着叶片的径向流动,而是沿叶轮旋转的方向落后一个角度 $\delta$,如图 4.7 所示。

落后角 $\delta$ 的存在,使得工作叶轮出口的绝对速度的切向分速 $V_{2u}$ 小于出口的轮缘速度 $u_2$,在离心式压气机中, $V_{2u}$ 与 $u_2$ 的比值 $\mu = V_{2u}/u_2$,称为"功率系数"或"滑动因子"。根据实验表明, $\mu$ 随叶片数目增加而增加。可以想象,当叶片数目趋于无穷多时,功率系数 $\mu$ 趋向于 1。这时 $w_2$ 变成 $w_{2\infty}$, $V_2$ 成为 $V_{2\infty}$, $V_{2\infty} = u$,落后角 $\delta = 0$,如图 4.7 所示。

3. 空气在扩压器中的流动

空气离开工作叶轮时,相对速度 $w_2$ 并不高,而绝对速度 $V_2$ 还是很高的,一般相应的马赫数为 1.1 ~ 1.2。因此要有扩压器使空气的静压进一步提高。如图 4.8 所示,离心式压气机的扩压器一般由缝隙扩压

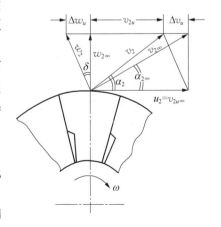

**图 4.7　工作轮出口速度三角形**

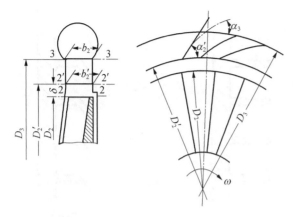

**图 4.8　离心式压气机的扩压器**

器和叶片扩压器两部分组成。

从工作轮出口截面 2 – 2 至截面 2′ – 2′，为一环形缝隙。如果忽略流动损失，按动量矩守恒定律，则有

$$V_{2'u}r_{2'} = V_{2u}r_2 = u_2 r \qquad (4.3)$$

可知气流的切向分速度 $V_u$ 沿半径减小。至于径向分速的分布可按连续方程得到：

$$q_m = 2\pi r_2 b_2 V_{2r}\rho_2 = 2\pi r_{2'} b_{2'} V_{2'r}\rho_{2'}$$
$$= 2\pi r b V_r \rho$$

式中，$b$ 为通道宽度。假定 $b$，$\rho$ 不变，则得

$$r_2 V_{2r} = r_{2'} V_{2'r} = r V_r \qquad (4.4)$$

由图 4.8，可求出流线上每一点的切线与过该点圆上的切线间之夹角沿流线的变化。

$$\tan \alpha = \frac{V_r}{V_u} = \frac{\dfrac{V_{2r}r_2}{r}}{\dfrac{V_{2u}r_2}{r}} = \frac{V_{2r}}{V_{2u}} = \tan \alpha_2 \qquad (4.5)$$

因为 $\alpha_2$ 是不变的，所以

$$\alpha_2 = \alpha = \alpha_{2'}$$

流线上每点的切线与过该点的圆的切线之间的夹角为一常数，该流线即为"对数螺旋线"。

而且空气经过环形缝隙后，绝对速度降低，达到减速增压的效果。一般情况，超声速的气流，经过环形缝隙后，可降为亚声速，然后进入叶片扩压器。

从 2′ – 2′ 至 3 – 3 截面，为叶片扩压器。叶片型面大多采用圆弧，并沿圆周均匀分布。叶片之间构成了扩压通道，这时候 $\alpha_3 > \alpha_{2'}$。这部分的工作原理和轴流式压气机的静止叶片类似，因而气流流经扩压器时，速度降低、压力提高。

4. 空气在集气管中的流动中

空气从叶片式扩压器流出之后，即流入集气管。集气管与燃烧室相连，它的作用除了把空气导入燃烧室之外，还使气流速度继续降低，进一步提高压力。

为了缩小径向尺寸，常把扩压器和集气管做在一起，气流在转弯过程中一边扩压，一边转为轴向。

# 4.2 轴流式压气机基元级工作原理

## 4.2.1 轴流式压气机的结构

轴流式压气机由高速旋转的转子和相对机匣固定不动的静子组成,如图 4.9 所示。转子的作用是对空气做功,压缩空气,提高空气的压力;静子使空气扩压,继续提高空气的压力。

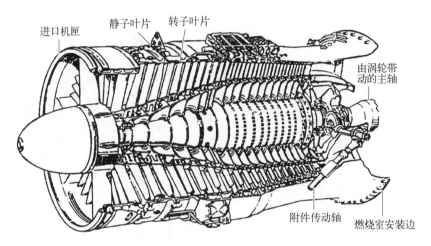

**图 4.9 多级轴流式压气机**

静子是由整流器(也称整流环)构成的,每个整流器由外环、内环和若干个整流叶片形成,整流叶片先固定在内、外环之间,或几个叶片成组地装配在一起,然后再固定在机匣上,形成不动的静子。机匣由若干段圆筒或分成两半的圆筒组成。

转子是由工作叶轮构成的,在轮盘的轮缘上安装有若干个工作叶片便形成一个工作叶轮。

一个工作叶轮加上一个位于其后的整流器就形成轴流式压气机的一级,轴流式压气机都是多级的,于是,工作叶轮与整流环交错排列就形成了多级轴流式压气机。

为了保证压气机工作的稳定,在第一级工作叶轮前还有一排不动的叶片称作进气导向器,其作用是引导气流的流动方向,产生预旋,使气流以合适的方向流入第一级工作叶轮。

对轴流压气机而言,串联形成的多级压气机仍具有较高的效率,因而可用增加级数的方法提高压气机的总增压比,以提升发动机的热效率,通常轴流式压气机的效率可以达到85%以上。与离心式压气机相比,轴流式压气机单位面积的流通能力高,所以迎风面积小,阻力小。

其主要的缺点是:单级增压比低,目前一级轴流式压气级的增压比只有 1.15~1.35,而且结构相对复杂。

### 4.2.2 基元级的工作原理

**1. 压气机级的特征面**

在研究一级压气机环形通道中空气流动情况时,主要研究叶轮或整流环前、后气流参数的变化。因此将叶轮或整流环前、后的截面称为特征面,如图 4.10 所示,其中:

①—①为叶轮进口截面;

②—②为叶轮出口截面,整流环进口截面;

③—③为整流环出口截面。

图中的主要几何尺寸有:级的外径 $D_t$;级的内径 $D_h$;径向间隙 $\delta$;轴向间隙 $\Delta$。

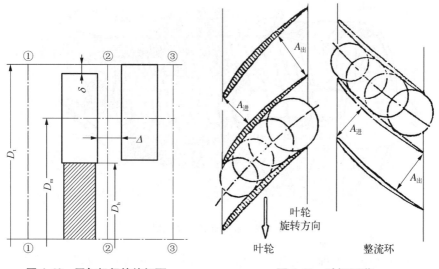

图 4.10 压气机级的特征面    图 4.11 叶栅通道

**2. 气流通道面积**

在轴流式压气机中,无论是工作叶轮,还是整流器两个相邻叶片间的通道都是扩张形的,如图 4.11 所示。

**3. 叶栅和基元级**

压气机内空气的流动,是在叶轮和整流器的叶片通道内进行的,对于增压比不高的压气机级来说,外径和内径沿轴向变化不大,所以在每个级中,流线基本上都在一个圆柱面

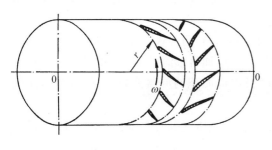

图 4.12 环形叶栅

上,沿叶高不同半径处的流动情况虽不完全相同,但工作原理大体相仿,尤以平均半径处的流动情况最具有代表性。为了弄清级中的流动过程,现可以设想用与轴同心,半径分别为压气机平均半径 $r_m$ 和 $r_m + dr$ 的两个圆柱面与级的叶片环相截,则得出某级的环形叶栅,如图 4.12 所示,这个高度为 $dr$ 的环形叶栅称作环形基元级,所以,压气机

的一个级,可以看作由很多个环形基元级叠加而成的。

为了研究方便,可将环形基元级展开成平面,在展成平面的基元级中包括两排平面叶栅,一排是动叶平面叶栅,另一排是静叶平面叶栅,如图 4.13 所示,实践表明,用平面叶栅中的流动来近似地代替环形叶栅内的流动与实际情况十分接近。

4. 基元级速度三角形

在基元级所包含的两排叶栅中,动叶叶栅以圆周速度 $u$ 运动,静叶叶栅是静止不动的。对于静叶叶栅中的流动分析,自然是站在静止坐标也就是绝对坐标上来观察,然而在研究动叶叶栅中的流动时,则必须分析气流相对于动叶的运动,这时,还必须采用随动叶一起运动

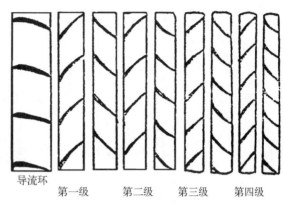

图 4.13 平面叶栅

的相对坐标系。一般用 $c$ 表示绝对速度,$w$ 表示相对速度,$u$ 表示牵连速度,由理论力学可知,绝对速度等于相对速度和牵连速度向量之和,即

$$c = \omega + u$$

1)叶轮进口处速度三角形

叶轮进口处空气的绝对速度为 $c_1$,相对速度为 $w_1$,牵连速度为 $u_1$,则有

$$c_1 = w_1 + u_1$$

该式构成了叶轮进口处的速度三角形,如图 4.14 所示。

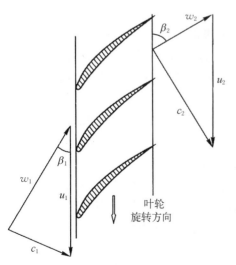

图 4.14 叶轮的速度三角形

2)叶轮出口处速度三角形

叶轮出口处空气的绝对速度为 $c_2$,相对速度为 $w_2$,牵连速度为 $u_2$,因此

$$c_2 = w_2 + u_2$$

该式构成了工作叶轮出口处的速度三角形,如图 4.14 所示。

随后,空气以绝对速度 $c_2$ 流入整流器进口,再以绝对速度 $c_3$ 为流出整流器。

3)基元级速度三角形

为了研究方便,常将工作叶轮进、出口处的速度三角形叠加在一起,就是基元级的速度三角形,如图 4.15 所示,图中 $c_{1a}$ 为叶轮进口处的绝对速度为 $c_1$ 在轴向的分量。

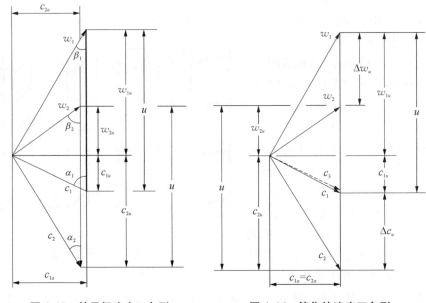

图 4.15　基元级速度三角形　　　　图 4.16　简化的速度三角形

由于级的增压比不高,级的外径和内径沿轴向变化不大,所以可以认为 $c_{1a} \approx c_{2a}$,$u_1 \approx u_2$,一般 $c_1$ 和 $c_3$ 的方向也接近,故可以认为 $c_{1u} \approx c_{3u}$,在这种情况下,基元级的速度三角形就变为图 4.16 所示。其中,$\beta_1$ 为相对速度进口角;$\beta_2$ 为相对速度出口角;$\Delta\beta$ 为相对速度折转角:

$$\Delta\beta = \beta_2 - \beta_1$$

$\alpha_1$ 为绝对速度进口角;$\alpha_2$ 为绝对速度出口角;$\Delta\alpha$ 为绝对速度折转角:

$$\Delta\alpha = \alpha_1 - \alpha_2$$

基元级速度三角形是工作叶轮进口和出口气流速度的矢量图。它清楚地表示气流流过工作叶轮和整流器时各速度的大小和方向及其变化,进而可以计算气流压力变化以及叶轮加给气流的轮缘功,因此速度三角形是研究基元级流动的一个很重要的手段。

4)决定基元级速度三角形的因素

由图 4.16 可知,构成速度三角形的因素很多,但是,决定速度三角形变化并对压气机工作有密切关系的主要参数有如下四个。

a. 工作叶轮进口处绝对速度在发动机轴线方向的分量 $c_{1a}$

该分量的大小与进入压气机的空气流量 $q_m$ 有关。根据连续方程,当压气机进口面积和进口空气状态一定时,$c_{1a}$ 增大,流量 $q_m$ 也增大;若流量一定,$c_{1a}$ 增大,则压气机面积减小,所以 $c_{1a}$ 可以直接反映压气机流量的大小,同时也影响迎风面积的大小。

b. 工作叶轮进口处绝对速度在切线方向的分量 $c_{1u}$

当空气进入第一级工作叶轮之前,在圆周方向有绝对分速度时,说明气流有了预先的旋转,预先旋转的多少以切向分速度 $c_{1u}$ 表示,因此 $c_{1u}$ 就称作预旋。如果 $c_{1u}$ 的方向与圆

周速度 $u$ 的方向相同,则称为正预旋;如果 $c_{1u}$ 的方向与圆周速度 $u$ 的方向相反,则称为反预旋。

预旋由进气导向器产生,是压气机设计过程中关注的重要参数之一,可调静子叶片通过调节预旋可有效防止压气机喘振发生。

c. 圆周速度 $u$

工作叶轮旋转的圆周速度,其大小与发动机的转速 $n$ 有关:

$$u = \frac{\pi D}{60} n$$

这个量直接影响叶片对空气加功量的大小。在其他条件相同的情况下,$n$ 越大对空气的加功量越多。

d. 叶轮前后空气的相对速度或绝对速度在切向的变化 $\Delta w_u$(或 $\Delta c_u$)

叶轮进口和出口处相对速度在切线方向速度分量之差 $\Delta w_u$ 称为扭速,即

$$\Delta w_u = w_{1u} - w_{2u}, \quad \Delta c_u = c_{2u} - c_{1u}$$

在简化速度三角形中,$\Delta w_u$ 和 $\Delta c_u$ 两者大小相等。扭速的大小与压气机的加功量有关,扭速越大,则压气机的加功量越大。

由基元级速度三角形可知,在 $c_{1a}$、$c_{1u}$、$u$ 不变的情况下,如果想增大 $\Delta w_u$,唯一的方法是增大气流在工作叶片中的折转角 $\Delta\beta = \beta_2 - \beta_1$,这就意味着加大工作叶片的弯曲程度。但是,当工作叶片弯曲太厉害时,叶背上的气流就不再贴附壁面流动,而会失速分离,增大流动损失,所以 $\Delta w_u$ 受到损失的限制而不能任意增大。在 $u$ 和 $\beta_2$ 均保持不变的情况下,随着 $c_{1a}$ 的减小,气流折转角 $\Delta\beta$ 和扭速 $\Delta w_u$ 将增大,如图 4.17(a)中所示,实线为设计状态。同样,$c_{1a}$ 也不能增加太多,会导致气流折转角和扭速减小太多,影响基元级的加功量,如图 4.17(b)中虚线所示。

当 $c_{1a}$、$c_{1u}$、$u$、$\Delta w_u$ 四个参数确定后,基元级速度三角形就完全确定了。

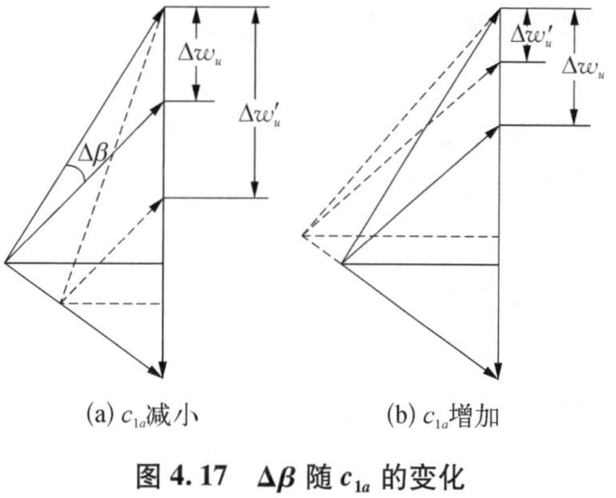

(a) $c_{1a}$ 减小      (b) $c_{1a}$ 增加

**图 4.17** $\Delta\beta$ 随 $c_{1a}$ 的变化

5. 基元级增压原理

1)基元级的增压原理

轴流式压气机主要是利用扩张增压的原理来提高空气压力的。根据气体动力学知识可知:亚声速气流流过扩张形通道时,速度降低,压力升高。

基元级由工作叶栅和整流器叶栅通道组成,两处叶栅通道均是扩张形的。

当空气流过工作叶轮叶栅通道时,由于高速旋转的叶片对空气做功,使气流的绝对速度增大,同时由于叶片间的通道是扩张形的,则使气流的相对速度降低,相对运动动能转变为压力位能和内能,使气流的压力和温度上升,对气流做功,还使气流的总压和总温都提高。

当气流流过整流器叶栅通道后,由于整流环叶片间的通道也是扩张形的,使气流的绝

对速度降低,部分绝对运动动能转变为压力位能和内能,使气流压力进一步提高,温度也继续上升,由于在整流叶栅通道内是绝能不等熵流动,故气流总压略有下降,而总温保持不变。基元级内气流参数变化的情况如图 4.18 所示。

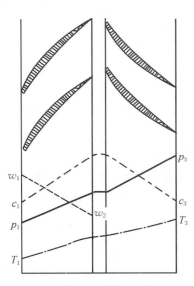

图 4.18　基元级内气流参数的变化　　　图 4.19　压气机基元级焓熵图

在叶轮内,绝对速度增大,相对速度减小,同时,总压、静压和总温、静温都提高;在整流器内,绝对速度减小,静压和静温提高,但总压下降,总温保持不变。

空气在流过基元级时,不仅在叶轮内受到压缩,在整流器内也受到压缩。在叶轮内空气压力的提高,是相对运动动能减小的结果;在整流器内空气压力的提高则是绝对运动动能减小的结果。不论是叶轮还是整流器,空气增压都是高速旋转的叶片对空气做功的结果。因为如果叶轮不转动,则叶轮进口气流相对速度就得不到提高;同样如果叶轮不对空气做功,叶轮出口气流绝对速度也不能提高。

压气机基元级中气体流动的热力过程由图 4.19 所示在焓熵图来表示。从图中可见:气流流过叶轮时总温、总压和总焓均增加,流过整流器时,由于流动损失的存在,而使气流总压下降。不难看出,在相同的 $T_1$、$p_1$、$p_2$ 情况下,实际消耗的压气机功 $w_c$ 大于理想压气机功 $w_{c,s}$。

2)基元级增压过程中的能量转换

如前所述,压气机之所以能对空气进行增压是由于高速旋转的叶片对空气做功的结果。下面就来推导动叶对气体所做的功。

首先选控制体:围绕动叶取如图 4.20 中虚线所示的控制体,图中 $ab$ 和 $dc$ 为动叶上下两相邻叶栅通道中的两条流线,控制体在圆周方向的宽度,即 $ad$ 和 $cb$ 等于叶片之间的距离,也就是叶距,厚度为单位 1。

控制体进出口气流参数和作用于气体上的力的情况如图 4.20 所示。

动量定理指出,在某一瞬间,动叶作用于气体上的力等于气体动量的变化率。

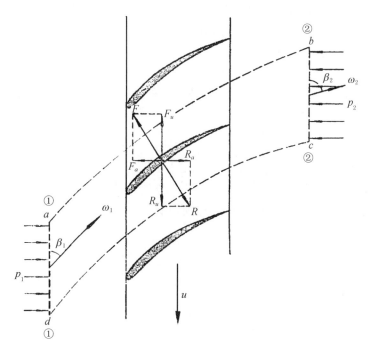

**图 4.20　动叶对气体所做的功**

气体在动叶进口处的动量为

$$\mathrm{d}m_1 c_{1u}$$

气体在动叶出口处的动量为

$$\mathrm{d}m_2 c_{2u}$$

气体的动量变化率为

$$\frac{\mathrm{d}m_2 c_{2u} - \mathrm{d}m_1 c_{1u}}{\mathrm{d}t} = q_m(c_{2u} - c_{1u})$$

这就是动叶作用于气体上的力,力乘上移动的距离就等于功,气体在单位时间内,在切线方向移动的距离为 $u$,所以单位时间动叶对气体做的功为

$$W = q_m(c_{2u} - c_{1u})u$$

对 1 kg 气体做的功为

$$w_c = \Delta c_u u = \Delta w_u u \qquad (4.6)$$

该式指出:基元级的加功量与扭速 $\Delta w_u$ 和圆周速度 $u$ 成正比。增加叶轮对气流做功的途径只有两条,一是增大圆周速度 $u$,二是提高扭速 $\Delta w_u$。该式还可写成:

$$w_c = \mu u^2$$

式中,$\mu = \Delta w_u / u$ 称作扭速系数,或称为加功系数。它是一个无因次参数,表示在单位的圆

周速度下,气流在叶片通道中的扭转程度。

3）根据能量方程来推导对气体所做的功

根据能量方程和绝热的假设,有

$$w_c = h_2 - h_1 + \frac{c_2^2 - c_1^2}{2} \tag{4.7}$$

在动坐标系上,能量方程为

$$q = h_2 - h_1 + \frac{w_2^2 - w_1^2}{2} + w_c$$

因为假设绝热,即 $q = 0$,同时 $w_c = 0$,所以有

$$h_2 - h_1 = \frac{w_1^2 - w_2^2}{2}$$

代入式(4.7),可得

$$w_c = \frac{c_2^2 - c_1^2}{2} + \frac{w_1^2 - w_2^2}{2}$$

又因为 $c_1 = c_3$,所以有

$$w_c = \frac{c_2^2 - c_3^2}{2} + \frac{w_1^2 - w_2^2}{2} \tag{4.8}$$

式中,$\dfrac{w_1^2 - w_2^2}{2}$ 是气体在流过叶轮时,相对运动动能的减少量;$\dfrac{c_2^2 - c_3^2}{2}$ 是气体流过整流器时,绝对运动动能的减少量;这两项之和就是压气机加给气体的功。

4）反力度

空气流过动叶和静叶时,静压都将升高,那么,在动叶中和静叶中,静压的升高各占多少呢？于是提出了反力度的概念。

反力度是指空气在动叶中的增压占总增压的比例,为此定义

$$\Omega_c = \frac{w_1^2 - w_2^2}{2w_c} \tag{4.9}$$

考虑到:

$$w_1^2 = w_{1a}^2 + w_{1u}^2, \quad w_2^2 = w_{2a}^2 + w_{2u}^2$$

又有

$$w_{1a} = w_{2a}$$

所以

$$w_1^2 - w_2^2 = w_{1u}^2 - w_{2u}^2$$

$$\Omega_c = \frac{w_{1u}^2 - w_{2u}^2}{2w_c} = \frac{(w_{1u} + w_{2u})(w_{1u} - w_{2u})}{2u\Delta w_u} = \frac{w_{1u} + w_{2u}}{2u}$$

因为

$$w_{1u} = u - c_{1u}, \quad w_{2u} = u - c_{2u}$$

所以

$$\Omega_c = \frac{u - c_{1u} + u - c_{2u}}{2u} = 1 - \frac{c_{1u}}{u} - \frac{\Delta c_u}{2u} \tag{4.10}$$

由式(4.10)可知,当 $u$ 和 $\Delta c_u$ 一定(即加功量一定)时,随着 $c_{1u}$ 的上升,反力度 $\Omega_c$ 下降,该式将反力度和速度三角形联系起来,由速度三角形可以大体了解能量分配的比例。

反力度一般在 0~1 之间。反力度 $\Omega_c$ 的不同,速度三角形就不同,叶栅的形状也就不相同。在图 4.21 中分别给出了当 $\Omega_c = 0.5$ 以及 $\Omega_c = 1.0$ 的基元级叶栅和相应的速度三角形。

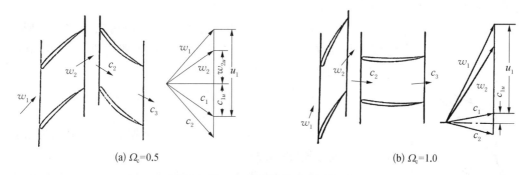

(a) $\Omega_c = 0.5$          (b) $\Omega_c = 1.0$

**图 4.21　$\Omega_c$ 不同值的速度三角形**

可以看出 $\Omega_c = 0.5$ 时基元级的速度三角形是完全对称的。读者可根据式(4.10)来推导具有不同反力度的基元级速度三角形。

## 4.3　轴流式压气机的叶栅特性

基元级由动叶和静叶叶栅组成,叶栅是实现预期速度三角形的保证,为此我们简要地介绍平面叶栅及其特性。

### 4.3.1　平面叶栅的主要参数

叶栅的参数分为叶型的几何参数、决定叶片位置的参数和叶栅的气动参数。

1) 叶型的几何参数

如图 4.22 所示的一个典型叶型有下列一些基本的几何参数:

(a) 中弧线:叶型内切圆中心的连线为中弧线,简称中线;

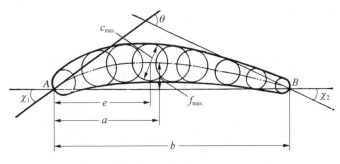

图 4.22　叶型的几何参数

（b）弦长：中弧线与叶型型线的前后缘分别相交于 $A$ 和 $B$，$A$ 和 $B$ 两点的连线称作弦，弦的长度称为弦长，用符号 $b$ 表示；

（c）最大挠度：中弧线到弦线的最大垂直距离，用符号 $f_{max}$ 表示；

（d）最大厚度：表示叶型的最大厚度，用符号 $c_{max}$ 表示；

（e）叶型前缘角和后缘角：中弧线在前缘点 $A$ 和后缘点 $B$ 处的切线与弦线之间的夹角称为叶型前缘角和后缘角，分别用符号 $\chi_1$ 和 $\chi_2$ 表示；

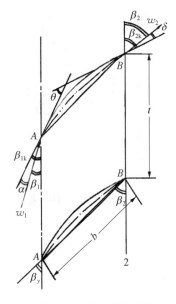

图 4.23　叶栅的位置参数

（f）叶型弯角：叶型前缘角与后缘角之和称为叶型弯角，用符号 $\theta$ 表示，它的大小表示了叶型弯曲的程度，$\theta$ 越大，则叶型弯曲的程度越厉害。

叶型凸面称作叶背，叶型凹面称作叶盆。

2）决定叶片位置的参数

将叶型排列成叶栅，需要确定叶栅的位置参数，通常有下列参数（图 4.23）。

（a）叶型安装角：弦线与额线之间的夹角，用符号 $\beta_y$ 表示；额线是所有前缘点 $A$ 的连线。

（b）几何进口角和几何出口角：分别是中弧线在前缘点 $A$ 和后缘点 $B$ 处的切线和额线的夹角。分别用符号 $\beta_{1k}$ 和 $\beta_{2k}$ 表示。

（c）叶距：两相邻叶片对应点之间沿额线方向的距离。用符号 $t$ 表示。

（d）叶栅稠度：弦长与叶距的比值。用符号 $\tau$ 表示。

### 4.3.2　平面叶栅中气体流动的图像和损失

图 4.24 表示了气体以 0.8 左右的马赫数流入叶栅，以 0.5 左右的马赫数流出叶栅时的图像。来流在流过叶型前缘的 $A'$ 处（不一定和前缘点 $A$ 重合）分成两股，一股流向叶背，一股流向叶盆，$A'$ 点处的速度为零，称为滞止点。气体流过叶背时将加速，在 $D$ 点处可能达到声速，在 $D$ 点后的超声速气流绕叶背的凸面流动会产生膨胀波继续加速，当达到 $E$ 点时产生一道激波，波后变为亚声速气流并进一步减速。

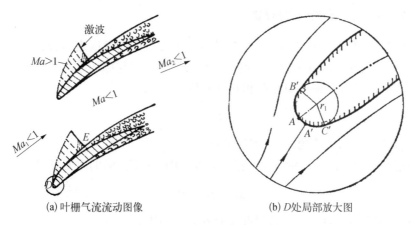

(a) 叶栅气流流动图像      (b) $D$ 处局部放大图

图 4.24 叶栅中气体流动图像

由于叶盆的形状是凹面,对应所列举的来流马赫数和方向的条件下,叶盆上没有产生局部超声速流动,叶背的速度高,叶盆的流速低,因此叶背上的静压要比叶盆上的低。

由于气体的黏性,叶片表面总有附面层存在,形成摩擦损失,如图 4.25(a) 所示。在叶盆上由于逆压梯度不大,所以附面层不太厚,带来的损失也不严重。叶背上逆压梯度较大,又有激波,使附面层加厚,甚至分离,造成严重的损失,如图 4.25(d)。

当气流分别由叶盆和叶背流到叶型尾缘时,两边的附面层就汇合而成为叶片的尾流,如图 4.25(c) 所示,由于叶背附面层厚,而叶盆附面层薄,所以尾流是不对称的,如图 4.25 所示,在尾流区中的总压比主流区的总压低得多,这是损失的主要部分。而尾迹和主流的掺混过程中也会有损失。

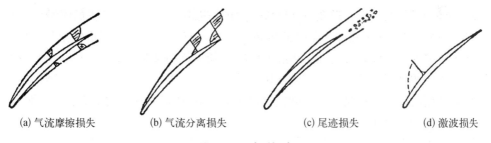

(a) 气流摩擦损失     (b) 气流分离损失     (c) 尾迹损失     (d) 激波损失

图 4.25 叶型损失

综上所述,平面叶栅中的流动损失有:

(1) 在叶片表面附面层内气体的摩擦损失;

(2) 在逆压梯度作用下可能出现的附面层分离而导致的气流分离损失;

(3) 尾迹损失,即叶型上、下表面附面层在后缘汇合形成涡流导致的流动损失;

(4) 尾迹和主流区的掺混损失;

(5) 在叶片的前缘或背部可能出现超声速而造成的激波损失。

这五项损失合称为叶型损失,就是气流流过基元级时的流动损失。

### 4.3.3　平面叶栅的气动参数

（1）相对进气角 $\beta_1$：叶片进口处的气流相对速度方向与额线之间的夹角。

（2）相对出气角 $\beta_2$：叶片出口处的气流相对速度方向与额线之间的夹角。

（3）攻角 $\alpha$：叶片几何进口角与相对进气角之差，即

$$\alpha = \beta_{1k} - \beta_1 \tag{4.11}$$

如果 $\beta_{1k}$ 大于 $\beta_1$，称为正攻角；反之则为负攻角。

（4）气流折转角 $\Delta\beta$：表示气流流过叶片时，相对速度方向的改变量，即

$$\Delta\beta = \beta_2 - \beta_1 \tag{4.12}$$

（5）损失系数 $\bar{\omega}$：表示气流流过叶栅时的总压损失。

$$\bar{\omega} = \frac{p_1^* - p_2^*}{p_1^* - p_1} = \frac{1 - \dfrac{p_2^*}{p_1^*}}{1 - \dfrac{p_1}{p_1^*}} = \frac{1 - \sigma}{1 - \pi(Ma)} \tag{4.13}$$

### 4.3.4　亚声速平面叶栅的试验研究

空气在压气机中的流动过程，基本上可以用各基元级的速度三角形表示出来，但空气的流动过程是通过工作叶轮和整流器叶栅来实现的，那么速度三角形和叶栅的几何参数之间有什么关系呢？还有，从速度三角形可以看出，气流流过工作叶轮时，折转角 $\Delta\beta$ 越大，相对动能差 $\dfrac{w_1^2 - w_2^2}{2}$ 就越大，气流的扭速 $\Delta w_u$ 越大，加功量也越大，增压就越高。同样，流过整流叶栅时，气流折转角 $\Delta\beta$ 越大，增压比也越高。这样压气机的级数就可以减少，重量减轻。那么气流流过叶栅时的折转角究竟能有多大呢？气流折转角与增压的关系是什么样的呢？气流折转角 $\Delta\beta$ 和损失系数 $\bar{\omega}$ 随来流马赫数 $Ma$ 和攻角 $\alpha$ 的变化规律怎样？上述问题都可以从平面叶栅的吹风实验中加以解决。

平面叶栅的试验研究是在平面叶栅风洞中进行的，所以先来介绍平面叶栅风洞。

1. 亚声速平面叶栅风洞实验

风洞是由上游处的气源压气机供气，气流沿图 4.26 中箭头所示方向流入风洞的收缩段。所试验的叶栅安装在风洞收缩段的下游。在风洞中安装的叶片数目应不少于 7 片，测量数据应在中间的一两个叶片的通道处进行。

在进行平面叶栅试验前，将叶片按照所要求的稠度和安装角固定在圆盘上，转动叶栅圆盘可以改变来流和叶栅的相对角度，从而改变攻角。控制气源压气机出口的总压可以控制来流马赫数的变化。

2. 测量参数

试验时应测量的参数：

叶栅前：静压 $p_1$、总压 $p_1^*$、总温 $T_1^*$、进气角 $\beta_1$。

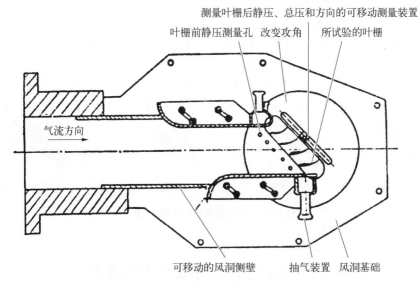

测量叶栅后静压、总压和方向的可移动测量装置

叶栅前静压测量孔 改变攻角 所试验的叶栅

气流方向

可移动的风洞侧壁 抽气装置 风洞基础

**图 4.26 平面叶栅风洞示意图**

叶栅后：总压 $p_2^*$、出气角 $\beta_2$。

3. 试验方法

试验方法：对一定的叶栅,保持来流马赫数不变,在某一攻角下,测量上述参数,计算 $\Delta\beta$ 和 $\bar{\omega}$ 等;再改变 $\alpha$ 重复上述过程。

### 4.3.5 平面叶栅的正常特性线(攻角特性)

在一定的来流马赫数和一定的叶栅情况下,气流流过平面叶栅时,气流折转角 $\Delta\beta$ 和损失系数 $\bar{\omega}$ 与攻角 $\alpha$ 之间的关系称为平面叶栅的正常特性,又称作攻角特性,即

$$\Delta\beta = f(\alpha), \quad \bar{\omega} = f(\alpha)$$

从图 4.27 中看出平面叶栅正常特性线的以下特点。

(1)当气流攻角从负值起,气流的折转角 $\Delta\beta$ 随攻角 $\alpha$ 几乎成正比地增加,而总压损失系数几乎不变。其原因是：这时气流没有分离,所以气流的出气角基本保持不变,因此攻角大几度,气流转角也同样加大几度,而气流的损失基本上就是附面层内的摩擦损失,因此损失系数基本上保持不变。

(2)当气流攻角 $\alpha$ 到达某攻角 $i_n$ 之后,气流的折转角 $\Delta\beta$ 随攻角 $\alpha$ 增大变慢;损失系数则逐渐增大。这是因为此时叶背处开始发生气流分离,如图 4.28 所示,出气角由于气流分离而略有减小,因此 $\Delta\beta$ 增加的速度开始放慢,而由于 $\alpha$

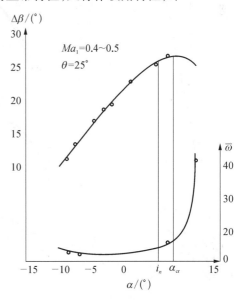

**图 4.27 平面叶栅的攻角特性**

增大使分离区逐步扩大,使总压损失逐渐增加。

(3)当攻角 $\alpha$ 增加到临界攻角 $\alpha_{cr}$ 时,气流折转角 $\Delta\beta$ 达到最大值 $\Delta\beta_{max}$,再继续增加攻角 $\alpha$,$\Delta\beta$ 很快下降,而 $\bar{\omega}$ 则急剧上升。这是因为,当 $\alpha > \alpha_{cr}$ 后,气流发生严重分离,如图 4.28 所示。

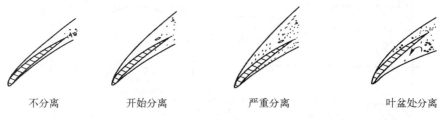

不分离　　　　开始分离　　　　严重分离　　　　叶盆处分离

**图 4.28　不同攻角时的气流分离**

# 4.4　轴流式压气机级的工作原理

压气机"级"是由沿叶高的很多个基元级叠加而成,虽然各基元级的基本工作原理完全一样,但是各基元级的具体工作条件和流动情况却不相同,在不同半径流面上气流参数、速度三角形的形状还有着相互联系和相互制约的关系。要想获得预期的流动,必须保证气流参数满足一定的物理约束条件。

## 4.4.1　压气机叶片的扭转

由于沿压气机叶片叶高方向,气流圆周速度不同,气流基元级也会发生相应变化。例

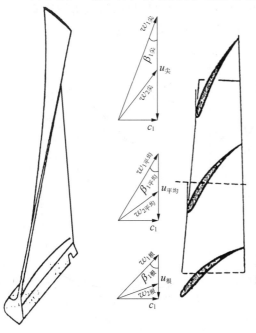

**图 4.29　压气机叶片扭转**

如,工作叶轮进口处在叶尖,平均直径和叶根三个不同位置的速度三角形有差异(图 4.29),可以看出:

假设轴向进气,而且沿叶高进气的轴向速度相等,而叶轮的圆周速度 $u$ 在叶尖,平均直径和叶根处是不相同的,分别用下标 t、m、h 表示,其关系是

$$u_t > u_m > u_h$$

即叶尖处的圆周速度 $u_t$ 最大,而叶根处的圆周速度 $u_h$ 最小。

于是工作叶轮进口处速度三角形,其规律是

$$\beta_t > \beta_m > \beta_h$$

为了减少流动损失,保证压气机正常工作,应使叶片进口的几何方向基本对准相对速

度的方向,所以工作叶片必须做成在叶尖处叶型安装角小,而在叶根处叶型安装角大。这就要求沿叶高各处的弦线方向是变化的,所以叶片要做成扭转形状。工作叶轮出口处在叶尖、平均直径和叶根三个不同位置的速度三角形要求工作叶轮出口处沿叶高气流的总温、总压等参数接近均匀,所以要求沿叶高接近是等功。

又因为轮缘功:

$$W = u\Delta w$$

由于要求:

$$W_t = W_m = W_h$$

而各处圆周速度的关系是

$$u_t > u_m > u_h$$

所以各处扭速的关系为

$$\Delta w_t < \Delta w_m < \Delta w_h$$

于是叶轮出口处速度三角形,其规律是

$$\beta_t > \beta_m > \beta_h$$

要求在叶尖处叶型弯角小,出气角小;而在叶根处叶型弯角大,出气角大。

总之,叶片扭转是由于在叶身的叶尖、叶中和叶根处的切向速度不同,因此沿叶身由叶根到叶尖气流相对速度进口角逐渐变小,为了使各处气流攻角和加功量满足要求,使气流沿叶片方向的不产生分离,故叶片要扭转,从而造成各处的安装角不同。

### 4.4.2　简化径向平衡方程

前面讨论了压气机叶片为什么要扭转的问题,现在来讨论压气机叶片沿叶高应该如何进行扭转。

叶片之所以要扭转,主要是为了适应不同半径上各基元级的速度三角形。所以速度三角形沿叶高的变化规律就决定了叶片扭转的变化规律。那么如何来确定速度三角形沿叶高的变化规律呢? 回答是气流应满足"径向平衡"。所谓"径向平衡"是指空气微团在半径方向上所受的力与加速度的关系要满足运动学第二定律。为此,我们就来推导径向平衡流动方程式。

在推导简化径向平衡方程时作如下基本假设:

(1)只研究叶片轴向间隙中的气流沿叶高的变化规律,间隙中没有叶片力的作用;

(2)气流沿一系列同心圆柱面流动,即 $c_r = 0$;

(3)不考虑黏性力和重力;且为定常流。

根据上述假设,空气流过压气机的非定常、有黏性的三维流动问题就简化为一维、定常、无黏性的流动问题。

如图 4.30 所示,在两排叶片之间的轴向间隙处选取一微元控制体,这个控制体由六

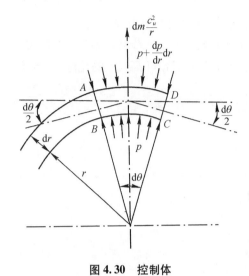

**图 4.30　控制体**

个控制面组成,半径方向是 $r$ 及 $r+dr$;轴向为 $x$ 及 $x+dx$;圆周方向为 $d\varphi$。

沿半径方向的作用力有:

1-1 作用在半径 $r$ 圆柱面上的力 $-prd\theta dx$,方向向外;

2-2 作用在半径 $r+dr$ 圆柱面上的力 $(p+dp)(r+dr)d\theta dx$,方向向内;

1-2 作用在两个侧面上的力,1-2 侧面的面积为 $drdx$;压强所产生的作用力为 $(p+dp/2)drdx$,径向分力为 $(p+dp/2)drdx\sin d(\theta/2)$;由于是两个侧面,再乘以 2;又由于 $d\theta$ 很小,所以 $\sin d(\theta/2) = d(\theta/2)$。则作用在侧面上的力为 $pdrd\theta dx$,方向向外。

气体微团的惯性离心力为

$$离心力 = m\frac{c_u^2}{r}$$

考虑到 $rd\theta$ 为边长,体积为 $dV = rd\theta dxdr$,其中包含的气体质量 $m$ 为

$$m = \rho dV = \rho rd\theta dxdr$$

$$离心力 = \frac{\rho rd\theta dxdrc_u^2}{r} = \rho d\theta dxdrc_u^2,方向向外$$

气流沿半径方向无运动,所以径向力是平衡的,即向内的力=向外的力,经整理后得到:

$$\frac{dp}{dr} = \rho\frac{c_u^2}{r}$$

这就是径向平衡方程式。其物理意义是:气流所受的惯性离心力靠沿径向的压力梯度来平衡。为了能应用此方程,需要找出影响压力梯度的表达式,为此,将引用能量方程。

机械能形式的能量方程为

$$\frac{dp}{\rho} + d\frac{c^2}{2} + \rho dz + dw + dw_f = 0$$

将此式忽略重力位能的变化,再对半径微分,则有

$$\frac{1}{\rho}\frac{dp}{dr} + \frac{1}{2}\frac{dc^2}{dr} + \frac{dw}{dr} + \frac{dw_f}{dr} = 0$$

考虑到功沿径向保持不变,且忽略黏性力,即

$$\frac{dw}{dr} = 0, \qquad \frac{dw_f}{dr} = 0$$

所以有

$$\frac{1}{\rho}\frac{\mathrm{d}p}{\mathrm{d}r} + \frac{1}{2}\frac{\mathrm{d}c_a^2}{\mathrm{d}r} + \frac{1}{2}\frac{\mathrm{d}c_u^2}{\mathrm{d}r} = 0$$

代入径向平衡方程式,则有

$$\frac{c_u^2}{r} + \frac{1}{2}\frac{\mathrm{d}c_a^2}{\mathrm{d}r} + \frac{1}{2}\frac{\mathrm{d}c_u^2}{\mathrm{d}r} = 0$$

又因为

$$\frac{1}{2r^2}\frac{\mathrm{d}(c_u r)^2}{\mathrm{d}r} = \frac{c_u^2}{r} + \frac{1}{2}\frac{\mathrm{d}c_u^2}{\mathrm{d}r}$$

所以

$$\frac{1}{r^2}\frac{\mathrm{d}(c_u r)^2}{\mathrm{d}r} + \frac{\mathrm{d}c_a^2}{\mathrm{d}r} = 0 \tag{4.14}$$

这就是等功、等熵条件下的径向平衡方程式,它是研究叶片扭向的基本方程式。式(4.14)指出:给定不同的环量 $c_u r$ 沿径向的分布规律,必须按相应的轴向速度 $c_a$ 沿径向分布进行设计,否则,将不满足径向平衡条件,也就是不满足不同半径上基元级共同工作的条件。

### 4.4.3 简化径向平衡方程的应用

常用的几种扭向规律有等环量扭向规律、等反力度扭向规律和中间扭向规律。在此仅讨论等环量扭向规律。

在叶片机中,称 $c_u r$ 为环量,沿叶高 $c_u r =$ 常数的扭向规律称为等环量扭向规律。

因此,在动叶前和后有:随着 $r$ 的增大,$c_u$ 下降;$c_a =$ 常数,即沿叶高方向动叶前后轴向分速度保持不变。

气流角度沿叶高的变化规律为

$$\tan\alpha_1 = \frac{c_{1a}}{c_{1u}}$$

因为 $c_{1a}$ 沿叶高不变,$c_{1u}$ 沿叶高减小,故 $\alpha_1$ 沿叶高增大。

$$\tan\beta_1 = \frac{c_{1a}}{u - c_{1u}}$$

因为 $c_{1a}$ 沿叶高不变,$u$ 沿叶高增大,$c_{1u}$ 沿叶高减小,故 $\beta_1$ 沿叶高减小很快。

$$\tan\alpha_2 = \frac{c_{2a}}{c_{2u}}$$

因为 $c_{2a}$ 沿叶高不变,$c_{2u}$ 沿叶高减小,故 $\alpha_2$ 沿叶高增大。

$$\tan \beta_2 = \frac{c_{2a}}{u - c_{2u}}$$

因为 $c_{1a}$ 沿叶高不变，$u$ 沿叶高增大，$c_{2u}$ 沿叶高减小，故 $\beta_2$ 沿叶高减小很快。

为了便于比较，把等环量规律的叶根、中径和叶尖三个截面的速度三角形画在图 4.31 中。从图 4.31 中可以清楚地看出：

（1）对于整流叶片，$\alpha_1$ 沿叶高是增大的，$\alpha_2$ 沿叶高也是增大的；

（2）对于工作叶片，$\beta_1$ 沿叶高是减小的，$\beta_2$ 沿叶高也是减小的。

等环量扭向规律的优点是：效率高，计算简单，计算结果与实测数据接近。

缺点是：在前几级的叶尖处，相对气流的马赫数容易超限，根部的反力度会出现负值，使效率下降。反力度为负，表明在动叶中不是在压缩空气，而是使空气膨胀。

等环量扭向规律适用于多级压气机的后几级和风扇的扭向。

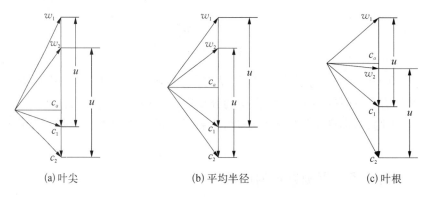

(a) 叶尖　　　　　　　(b) 平均半径　　　　　　　(c) 叶根

**图 4.31　等环量扭向规律的速度三角形**

### 4.4.4　压气机气动设计概述

早期压气机设计时流场计算采用简化径向平衡方程(4.14)，它是在沿叶高等功、等熵且气流沿圆柱面流动的假设条件下导出来的。这些假设对于低负荷、低马赫数以及通道内外径沿轴向变化不大的早期压气机而言，是基本符合实际情况的。

但是，现代航空发动机的轴流压气机和风扇多采用高负荷、高马赫数以及内外径沿轴向变化很大的流路设计，对于这样的压气机，不仅圆柱面流动假设会带来很大的误差，而且由于沿叶高各基元级工作情况差别甚大（例如马赫数、转角、端壁影响等），这些因素使沿叶高等熵假设偏离实际很远。此外，为了考虑沿径向不可能等熵导致的出口总压流场分布不均而采用变功设计，以获得沿叶高较为均匀的出口总压分布。

因此，对于近代风扇压气机的设计，必须采用能反映变功梯度，沿叶高不等熵的非圆柱面流动的三元流场计算方法。叶片机内三元流场计算问题可归结为对给定边界条件求解三维气动基本方程组（偏微分方程组或积分型方程组）。构成这个基本方程组的有连续方程、运动方程、能量方程和气体状态方程。

由于叶片机内流场的极其复杂性（例如：激波与紊流附面层干扰、动静叶间的相互作用导致的非定常性、端壁区内的复杂黏性流动等），直接用数字计算机求解上述方程组还有很大困难。因此,必须根据大量实验结果作出一些既能简化计算又能反映实际流动的假定,或在计算方程中引入符合实际的经验模型(或数据),推导出便于实际应用的工程方法。

近年的气动试验研究表明,采用全三维气动设计成的叶片不仅能大大减少气动损失并能大大提高风扇或压气机的气动稳定性以及抗畸变能力,这种以全三维气动观点设计的叶片具有"掠"(前掠或后掠)、"倾"(或复合倾斜或"拱形")特征,其各叶型断面的重心积叠线为三维空间曲线。

压气机叶片叶身设计,从设计过程和要求看是相当复杂,现代计算机的飞速发展为叶片综合设计提供了有力手段,计算机辅助设计(computer-aided design,CAD)和优化技术使人们有可能在叶片设计中更全面、更综合,并从优化角度获得最佳设计,而计算机辅助制图(computer-aided geometric design,CAGD)则使 CAD 过程的进行更具体、更直接并使计算机辅助设计和计算机辅助制造(computer-aided maunfacturing,CAM)结成一体,使设计和制造融合成为一个整体。压气机设计涉及复杂的理论和公式,这里不再赘述,感兴趣的同学可参考专门的文献。

### 4.4.5　多级轴流式压气机

多级轴流式压气机是由各个单级组成的,所以就多级轴流式压气机的任何一级,其工作原理与单级是完全相同的,但是由许多个单级按一定的次序组成多级压气机后,由于各级在流程中的位置不同,它们的几何尺寸和进口参数是各不相同的,因而形成了多级压气机中各个级的特殊性。

1. 多级轴流式压气机流程形式

根据流量连续有: 在不考虑引气的情况下,流过压气机出口的空气流量 $q_{m2}$ 等于压气机进口处的流量 $q_{m1}$,即 $q_{m1} = q_{m2}$,而 $q_m = \rho A V$,所以有

$$\rho_1 A_1 V_1 = \rho_2 A_2 V_2$$

在压缩过程中随着压力的提高,气流的密度也逐渐提高,即 $\rho_2 > \rho_1$,在这种情况下,为了满足连续方程,原则上可以采用下述三种方法:

$$A_2 = A_1, \quad V_1 > V_2$$

$$A_2 < A_1, \quad V_1 = V_2$$

$$A_2 < A_1, \quad V_1 > V_2$$

第一种方法使速度下降太多,大大减小了对空气的加功量,使级数增多。

第二种方法也不行,它会使流道面积减小太快,从而使后几级的叶片高度太小,而且使压气机出口处的气流速度太大,不利于燃烧。

一般采用第三种方法,即使流速下降,面积减小。所以从前到后压气机的流动通道是收缩形的。为了保证流动通道是收缩形的,轴流式压气机机匣的结构形式有以下几种。

等外径的结构形式,用外径不变,增大内径的方法保证流道收缩,如图 4.32(a)所示,

这种流道的优点是各级的平均半径逐级增加,圆周速度较大,可提高每级的加功量,以减少级数,同时,机匣比较容易加工。它适用于大流量,中等增压比的压气机;但对小流量,高增压比的压气机来说,采用本结构会造成后面级叶片过短,损失增大。

等内径的结构形式,用内径不变,缩小外径的方法保证流道收缩,如图 4.32(b)所示,与等外径相比,在迎风面积一样时,如果增压比一样,则最后一级叶片的高度比等外径的要大,因而可以减小端面的损失,提高级的效率,但在相同的增压比下,等内径压气机的级数比等外径压气机的级数要多一些。它适用于小流量,高增压比的压气机。

等中径的结构形式,用缩小外径,增大内径的方法保证流道收缩,如图 4.32(c)所示,是上面两种方案的折中,适用于大流量,高增压比的压气机。

图 4.32(d)是民航大涵道比涡扇发动机的低压和高压压气机流路示意图,低压压气机为增加叶片做功能力,内外径直径均大大增加,以提高叶片的圆周速度。

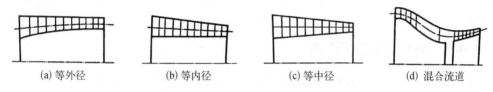

(a) 等外径      (b) 等内径      (c) 等中径      (d) 混合流道

**图 4.32　多级轴流式压气机流程形式**

**2. 多级轴流式压气机中各级的特点**

由于流经第一级空气的温度低,声速小,气流马赫数更容易达到临界。实验证明:当发动机在低换算转速工作时(换算转速在 4.6 节中会详细介绍),多级轴流式压气机的旋转失速和喘振等不稳定工况首先在第一级发生。此外,直接受进口流场畸变危害的也是第一级压气机,因而第一级压气机具有较宽的喘振裕度,允许在较宽的攻角变化范围内安全可靠地工作。

第一级压气机工作叶片最长,强度和振动问题较多,早期细长的工作叶片带有减振凸台。

后面级的叶片较短,二次流动损失非常严重,当发动机在高换算转速下工作时,后面级偏离设计工作点很远,而且为大的正攻角,因而喘振首先发生在后面级。

中间级压气机工作较好,加功量最大,当发动机在非设计状态下工作时,中间级的速度三角形变化较小、不易失速、效率高。

**3. 空气在多级轴流式压气机内的流动**

1) 进气导向器(导流环)

由于进气导向器叶片间的通道略呈收缩形,所以气流参数的变化规律是:绝对速度略有上升;压力略有下降。顺着叶片弯曲的方向偏转,产生预旋,使气流以合适的方向流入第一级工作叶轮。在进气导向器内是绝能流动,故总温不变,而总压下降。

2) 工作叶轮内的流动

由于高速旋转的叶片对空气做功,使绝对速度上升;又由于叶片间的通道是扩张形,所以气流参数的变化规律是：相对速度下降，压力 $p$ 增大，温度 $T$ 上升，且改变气流的方向，同时总温和总压均上升。

3）整流环内的流动

由于整流环叶片间通道是扩张形。所以气流参数的变化规律是：绝对速度下降，压力 $p$ 增大，温度 $T$ 上升，且改变气流的方向，为下一级工作叶轮提供合适的气流方向。在整流环内是绝能流动，故总温不变，而总压下降。

4）最后一级整流环内的流动

由于最后一级整流环叶片间的通道也是扩张形的。所以气流参数的变化规律是绝对速度下降，压力 $p$ 增大，温度 $T$ 上升，使气流变为轴向，同时也能消除涡流。

空气在压气机内的流动如图 4.33 所示。可以看出压气机出口气流速度稍低于压气机进口气流速度。

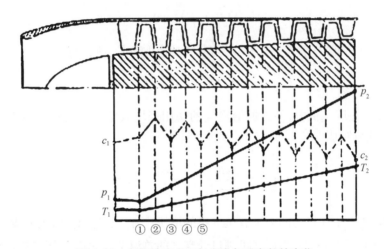

图 4.33 多级轴流式压气机内气流参数的变化

## 4.5 轴流式压气机的参数

轴流式压气机的参数有增压比、压气机功、效率和功率等。

1. 压气机的增压比 $\pi_c^*$

压气机的增压比是压气机出口处的总压 $p_2^*$ 与压气机进口处的总压 $p_1^*$ 之比，即

$$\pi_c^* = \frac{p_2^*}{p_1^*} \tag{4.15}$$

级的增压比是各级出口处的总压与各级进口处的总压之比。

压气机的增压比与级增压比之间的关系：

因为

$$p_1^* = p_{1,\,in}^* \qquad\qquad p_2^* = p_{n,\,out}^*$$

$$\pi_c^* = \frac{p_2^*}{p_1^*} = \frac{p_{1,\,out}^*}{p_{1,\,in}^*} \cdot \frac{p_{2,\,out}^*}{p_{2,\,in}^*} \cdot \frac{p_{3,\,out}^*}{p_{3,\,in}^*} \cdot \cdots \cdot \frac{p_{n,\,out}^*}{p_{n,\,in}^*}$$

$$= \pi_{1c}^* \cdot \pi_{2c}^* \cdot \pi_{3c}^* \cdot \cdots \cdot \pi_{nc}^*$$

所以,压气机的增压比等于各级增压比的乘积。

2. 压气机功 $w_c$

压气机功分为理想压气机功和绝热压气机功。

1) 理想压气机功

将 1 kg 的空气通过理想(定熵)的过程从 $p_1^*$ 压缩到 $p_2^*$ 所消耗的功称为理想压气机功,用符号 $w_{c,\,s}$ 表示。

对于定熵过程,再忽略重力位能的变化,能量方程可以写成:

$$\Delta h^* + w_{c,\,s} = 0$$

考虑到在压气机中,空气是从外界得到功,功应取负号,所以有

$$w_{c,\,s} = \Delta h^* = h_2^* - h_1^*$$

可以看出:在压气机中,外界加给空气的功用来增大空气的总焓。对于定比热容的完全气体,上式可写成:

$$w_{c,\,s} = \frac{\gamma R}{\gamma - 1} T_1^* \left( \pi_c^{*\frac{\gamma-1}{\gamma}} - 1 \right) \tag{4.16}$$

此式表明影响理想压气机功的因素有压气机的增压比 $\pi_c^*$ 和进口空气的总温 $T_1^*$。

从式(4.16)可以得出:当压气机进口处空气的总温 $T_1^*$ 一定时,压气机增压比 $\pi_c^*$ 越高,则消耗的理想压气机功越多。当增压比 $\pi_c^*$ 一定时,压气机进口处空气的总温 $T_1^*$ 越高,则消耗的理想压气机功也越多,这说明热空气难以压缩。

2) 绝热压气机功

将 1 kg 的空气通过绝热的过程从 $p_1^*$ 压缩到 $p_2^*$ 所消耗的功称为绝热压气机功,用符号 $w_c$ 表示。

根据能量方程,绝热压气机功为

$$w_c = h_2^* - h_1^* = c_p (T_2^* - T_1^*)$$

由此式可以证明,整台压气机功等于各级压气机功之和,即

$$w_c = w_{c1} + w_{c2} + \cdots + w_{cn}$$

若假定压气机中进行的过程为某一绝热多变过程,其多变指数为 $n$,则有

$$w_c = c_p T_1^* \left( \pi_c^{*\frac{n-1}{n}} - 1 \right) \tag{4.17}$$

其中,

$$n = \cfrac{1}{1 - \left( \ln \cfrac{T_2^*}{T_1^*} \middle/ \ln \cfrac{p_2^*}{p_1^*} \right)}$$ (4.18)

式中, $T_2^*$ 为实际状态下压气机出口处空气的总温。

绝热压气机功与理想绝热压气机功的区别在于绝热压气机功考虑了流动损失,这些流动损失有如前所述的五种叶型损失,它们是:① 在叶片的表面有附面层的摩擦损失;② 在逆压梯度作用下可能有附面层的气流分离损失;③ 在叶片的尾缘有尾迹中的涡流损失;④ 尾迹和主流区的掺混损失;⑤ 在叶片的前缘或背部可能出现超声速而造成的激波损失。此外还有二次流动损失。

二次流动损失有以下几种。

(1) 环壁附面层及其与叶型附面层的相互作用引起的损失。

内外壁附面层内的摩擦本身就导致摩擦流阻损失,不仅如此,由于环壁附面层的阻滞作用,端壁区的叶型附面层将变得更厚,甚至提前或加剧分离,反过来,叶型附面层的阻滞作用又使环壁附面层内气体的流动困难,附面层因此变厚。这种附面层之间的不良相互作用引起的损失就是环壁附面层损失,如图4.34所示。它是导致端面叶栅效率急剧下降的重要原因之一。叶栅负荷越重,叶栅环壁附面层越厚,流动损失就越大。

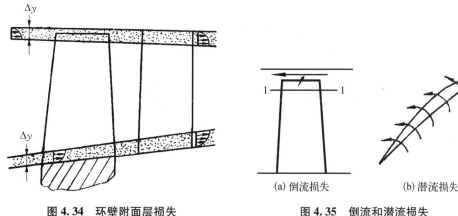

图 4.34　环壁附面层损失

(a) 倒流损失　　　(b) 潜流损失

图 4.35　倒流和潜流损失

(2) 径向间隙存在引起的损失。

图 4.35 所示为径向间隙中的倒流和潜流示意图。经过增压的气流会通过径向间隙倒流至前方,而叶盆的高静压气流也会经过径向间隙潜流至叶背。倒流和潜流都会使叶栅的增压能力和效率下降。

应该指出,机匣内壁和动叶叶尖之间的径向间隙,并不是越小越好,而是存在一个"最佳"间隙值。这是因为径向间隙的存在除有不利的方面外,还有有利的作用:一是减轻端壁区叶片的负荷作用,叶盆流向叶背的气流具有较大的动能和势能,使叶背气流推迟分离或分离区减小,损失下降;另一作用是间隙涡和叶尖区通道涡方向相反,相互之间有抑制作用。

（3）间隙涡和通道涡引起的损失。

图4.36（a）是气流流过间隙时产生的间隙涡和工作叶轮叶栅中的通道涡。图

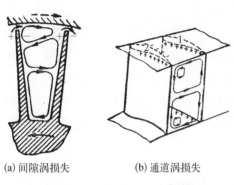

4.36（b）是静子叶栅通道中产生的通道涡。在动叶叶尖区，由于间隙的存在，气流由叶盆经过间隙流向叶背并卷起旋涡。工作叶轮根部，叶盆区高静压气流经过轮毂环壁附面层流向叶背并卷起通道涡，通道涡总是成对地出现。静子叶栅中的通道涡也是由于叶盆高静压气流通过环壁附面层流向叶背而卷起的旋涡。旋涡本身由气流的机械能转换而来，因而导致流阻损失。

(a) 间隙涡损失　　　(b) 通道涡损失

**图4.36　间隙涡和通道涡损失**

（4）叶片附面层潜移引起的损失。

在动叶沿叶高由叶根到叶尖的静压是逐渐增大的，但这个静压压差抵抗不住由速度 $u$ 所产生的离心力，故附面层内的气流微团就会沿着叶片型面由叶根流向叶尖。这就是动叶附面层内气流的潜移。在静叶中，叶片上的附面层内气流潜移的方向与动叶相反。由于动叶和静叶上附面层的潜移，使叶片上的附面层朝动叶外径和静叶内径堆积，造成这些地方附面层加厚甚至引起分离，使流动损失增加。

3. 压气机效率 $\eta_c^*$

1）压气机效率

压气机效率是在相同的增压比下，理想压气机功与绝热压气机功之比，又称为压气机绝热效率，用符号 $\eta_c^*$ 表示，即

$$\eta_c^* = \frac{w_{c,s}}{w_c} = \frac{h_{2,s}^* - h_1^*}{h_2^* - h_1^*} = \frac{T_{2,s}^* - T_1^*}{T_2^* - T_1^*} = \frac{T_1^*(\pi_c^{*\frac{\gamma-1}{\gamma}} - 1)}{T_2^* - T_1^*} \tag{4.19}$$

通常压气机的效率随工况变化，变化范围是0.8~0.9。

在已知效率的情况下，绝热压气机功可以表示为

$$w_c = \frac{w_{c,s}}{\eta_c^*} \tag{4.20}$$

可以看出：当工质确定后，绝热压气机功 $w_c$ 与压气机进口处空气的总温 $T_1^*$ 和压气机增压比 $\pi_c^*$ 及压气机效率 $\eta_c^*$ 有关。

2）整台压气机效率和各级效率之间的关系

现以两级压气机为例，用 $T\text{-}s$ 图来讨论整台压气机效率和各级效率之间的关系。

图4.37是以总参数表示的两级压气机的 $T\text{-}s$ 图。

图中线 $1\text{-}2\text{-}3$ 为实际压缩过程线，$1\text{-}k\text{-}j$ 为等熵压缩线。

图中1、2为各级压气机进口的滞止状态，其总参数分别为 $p_1^*$、$T_1^*$、$p_2^*$、$T_2^*$。

图中2、3为各级压气机出口的滞止状态，其总参数分别为 $p_2^*$、$T_2^*$、$p_3^*$、$T_3^*$。

根据工程热力学知识，在 $T\text{-}s$ 图上，可在压缩终止时定压线上，先选取通过初始状态

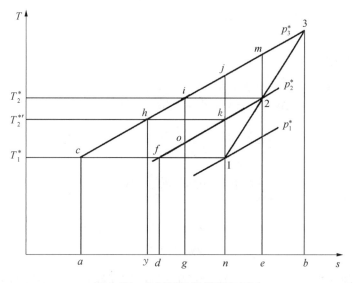

**图 4.37  多级压气机效率定义图**

定温线与该线交点,该点和压缩终止点形成一条定压过程线,该过程线与横坐标间包围的面积可用来表示压气机功。

通过 1 点的定温线与通过 3 点的定压线相交于 $c$ 点,则整台压气机功为定压线 $c3$ 与横坐标间包围的面积,即

$$w_c = 面积\ ab3ca$$

相应地,则第一级压气机功 $w_{c,1}$ = 面积 $de2fd$;第二级压气机功

$$w_{c,2} = 面积\ gb3ig$$

两级压气机功之和为

$$w_{c,1} + w_{c,2} = 面积\ de2fd + 面积\ gb3ig$$

在"梯形"$de2fd$ 和"梯形"$agica$ 中:

$$ac = df = T_1^*, \quad gi = e2 = 2T_2^*$$

而 $ag$ 和 $de$ 分别是由状态 $c$ 到状态 $i$ 和由状态 $f$ 到状态 2 熵的变化量,由 $c$ 到 $i$ 熵的变化量为

$$\Delta s = s_i - s_c = ag = c_p \ln \frac{T_i^*}{T_c^*} - R\ln \frac{p_i^*}{p_c^*}$$

因为

$$p_i^* = p_c^*, \quad T_c^* = T_1^*, \quad T_i^* = T_2^*$$

所以

$$\Delta s = ag = c_p \ln \frac{T_2^*}{T_1^*}$$

由 $f$ 到 2 熵的变化量：

$$\Delta s = s_2 - s_f = de = c_p \ln \frac{T_2^*}{T_f^*} - R \ln \frac{p_2^*}{p_f^*}$$

因为

$$p_f^* = p_2^*, \quad T_f^* = T_1^*$$

所以

$$ag = de$$

对于定比热容的完全气体，在 $T\text{-}s$ 图上压力不等的定压线是相互平行的指数曲线，其斜率只与温度有关，故

$$\text{“梯形”面积 } agica = \text{“梯形”面积 } de2fd$$

$$w_{c,1} + w_{c,2} = \text{面积 } de2fd + \text{面积 } gb3ig$$
$$= \text{面积 } agica + \text{面积 } gb3ig = \text{面积 } ab3ca = w_c$$

此结果表明整台压气机功等于各级压气机功之和。

那么整台压气机的理想压气机功是否等于单级的理想压气机功之和呢？

首先弄清直线 $1-k-j$ 为理想等熵压缩线，同样可用面积来表示理想压缩功，即整台压气机的理想压气机功 $w_{c,s} = \text{面积 } anjca$；第一级的理想压气机功为 $w_{c,s1} = \text{面积 } dnkfd$。第二级的理想压气机功为 $w_{c,s2} = \text{面积 } gemig$。

可以证明在整机中第一级的理想压气机功为面积 $ayhca$ 与面积 $dnkfd$ 相等，第二级的理想压气机功面积 $gemig$ 与在整机中第二级理想功的面积 $ynjhy$ 一样吗？

下面进行分析：

在整机中第二级的理想压气机功为

$$\text{面积 } ynjhy = \text{面积 } ygihy + \text{面积 } gnjig$$

而第二级的理想功为

$$\text{面积 } gemig = \text{面积 } gnjig + \text{面积 } ne2kn + \text{面积 } k2mjk$$

可以证明：

$$\text{面积 } ygihy = \text{面积 } ne2kn$$

于是第二级的理想功：

$$面积\,gemig = 面积\,gnjig + 面积\,ne2kn - 面积\,k2mjk$$
$$= 面积\,ygihy + 面积\,gnjig + 面积\,k2mjk$$
$$= 整机中第二级的理想功 + 面积\,k2mjk$$

该式表明：作为单级的第二级理想压气机功要大于在整机中的第二级理想功，即多出一块面积 $k2mjk$。

由于

$$\frac{w_{c,s}}{\eta_c^*} = \frac{w_{c,s1}}{\eta_{c1}^*} + \frac{w_{c,s2}}{\eta_{c2}^*}$$

若假定两级的效率相同，即

$$\eta_{c1}^* = \eta_{c2}^* = \eta_{ci}^*$$

则有

$$\frac{w_{c,s}}{\eta_c^*} = \frac{w_{c,s1} + w_{c,s2}}{\eta_{ci}^*}$$

又因为

$$w_{c,s} < w_{c,s1} + w_{c,s2}$$

所以

$$\eta_c^* < \eta_{ci}^*$$

由此得出结论：整台压气机的效率低于各级压气机的效率。

可以看出，整台压气机的效率低于各级压气机的效率，完全是由于效率定义中的理想压气机功不同而引起的。整台压气机效率定义中的理想压气机功是由 $T_1^*$ 出发的定熵线上相应点的总温计算而得，而各级压气机的效率定义中的理想压气机功是由各级的实际初始温度来计算的。显然，实际过程终了时的温度当然比对应相同增压比和相同起始温度条件下的定熵过程终了时的温度高。

还应指出，将数个单级压气机组成一台多级压气机，由于级间干扰会带来一些损失，每个单级压气机在多级压气机环境下工作并不能达到原有的单级效率，这也会导致多级压气机效率的降低，当然，我们在上述证明中并没有计入这类附加损失。

4. 压气机功率

压气机功率是在单位时间内所消耗的功，用符号 $N_c$ 表示，即

$$N_c = q_m w_c \tag{4.21}$$

此式表明，压气机功率的大小，取决于压气机功和空气流量的大小。也就是说影响压气机功率的因素有：流过压气机的空气流量 $q_m$、压气机的增压比 $\pi_c^*$、进气总温 $T_1^*$ 和效率 $\eta_c^*$。

5. 压气机增压比随压气机功和效率的变化规律

由压气机功的计算式有

$$\pi_c^* = \left(1 + \frac{w_c \eta_c^*}{c_p T_1^*}\right)^{\frac{\gamma}{\gamma-1}}$$

此式表明,压气机增压比随压气机功、效率和进气总温有关。当压气机效率和进气总温保持不变时,压气机功增大,则压气机功增压比就增大;当压气机功和进气总温保持不变时,压气机效率提高,则压气机功增压比也增大;当压气机效率和压气机功保持不变时,进气总温越高,则增压比越低。

6. 压气机功率随转速的变化规律

压气机功率 $N_c$ 随转速 $n$ 的变化规律是: $n$ 增高, $N_c$ 变大,如图 4.39 所示。这是因为

$$w_c = \mu u^2 = \mu \frac{\pi^2 D^2}{3\,600} n^2$$

所以压气机功 $w_c$ 随着转速 $n$ 增大而增大。考虑到:

$$w_c = \frac{w_{c,s}}{\eta_c^*}$$

$$\frac{\gamma R}{\gamma-1} T_1^* \left(\pi_c^{*\frac{\gamma-1}{\gamma}} - 1\right) = \mu \frac{\pi^2 D^2}{3\,600} n^2 \eta_c^*$$

$$\pi_c^* = \left(\frac{\gamma-1}{\gamma R T_1^*} \mu \frac{\pi^2 D^2}{3\,600} n^2 \eta_c^* + 1\right)^{\frac{\gamma}{\gamma-1}}$$

可以看出: 压气机的增压比 $\pi_c^*$ 随着转速 $n$ 的增大而迅速增加。

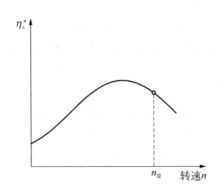

图 4.38　压气机的效率随转速变化

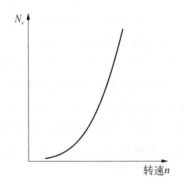

图 4.39　压气机功率随转速变化

转速 $n$ 从设计转速减小,压气机的效率先是逐渐提高,而后又逐渐降低,如图 4.38 所示。这是因为: 转速大时,可能在局部出现激波,使损失增大,效率下降;转速小时,可能出现严重气流分离,使损失增大,效率下降。

流过压气机的空气流量与转速大致呈线性关系。

综上所述,可以得出结论: 随转速 $n$ 增大,压气机的功率 $N_c$ 也增大。

# 4.6 压气机的流量特性

## 4.6.1 压气机特性

在实际运行过程中需要压气机适配不同的工况,因此压气机设计需要兼顾设计点和非设计点的性能。压气机特性可以全面地反映其在全部工作状态下的性能变化规律,本节将展开详细的介绍。

任何一台压气机的工作情况都由四个参数所决定:流过压气机的空气流量 $q_m$,压气机转子的转速 $n$,压气机进口总温 $T_1^*$,总压 $p_1^*$,称它们为压气机的工作参数。前两个参数反映压气机的工作状态,后两个参数取决于飞行条件和大气条件。

压气机的性能参数增压比 $\pi_c^*$ 和效率 $\eta_c^*$ 随工作参数流量 $q_m$、转速 $n$、压气机进口空气的总温 $T_1^*$、总压 $p_1^*$ 的变化规律称为压气机特性,即

$$\begin{aligned}\pi_c^* &= f_1(T_1^*, p_1^*, n, q_m) \\ \eta_c^* &= f_2(T_1^*, p_1^*, n, q_m)\end{aligned} \tag{4.22}$$

## 4.6.2 压气机的流量特性

在压气机进口空气的总温 $T_1^*$ 和总压 $p_1^*$ 保持不变的情况下,压气机的增压比 $\pi_c^*$ 和效率 $\eta_c^*$ 随进入压气机空气的流量 $q_m$ 和压气机转速 $n$ 的变化规律称为压气机的流量特性,即

$$\pi_c^* = f_1(n, q_m), \quad \eta_c^* = f_2(n, q_m) \tag{4.23}$$

压气机流量特性通过试验的方法获得。图 4.40 是压气机特性试验装置的原理图,压气机是由变速电动机带动的,在压气机的出口装有节流装置以控制流过压气机的空气流

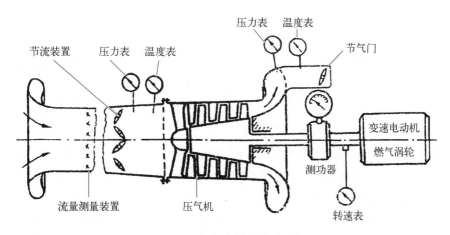

**图 4.40  压气机流量特性试验装置**

量,实验中需要测量的参数有:流量、压气机进口处的总温、总压;压气机出口处的总温、总压、转速等。

进行实验时,依次将转速保持在选定的数值,然后逐渐改变节气门的开度,测量出每一开度下进入压气机的空气流量、压气机进口处的总温和总压、压气机出口处的总温和总压、转速等。根据式(4.15)和式(4.19)计算出相应的增压比和效率,将这些实验数据绘在以流量为横坐标,增压比为纵坐标的图上,便得到压气机的流量特性曲线。

1) 单级压气机的流量特性

图 4.41 是单级压气机的流量特性曲线,从图中可以看出:

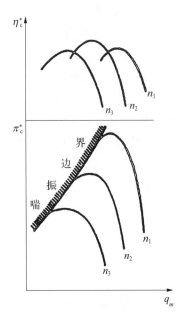

**图 4.41 单级压气机流量特性**

在任何转速下工作,当流量逐渐减小到一定程度时,压气机都会进入不稳定工作状态。这时流过压气机的气流会产生脉动,并且伴随产生一种不正常的声音并引起压气机的振动。等转速线上开始出现不稳定现象的点称为不稳定工作点。将各转速下不稳定工作点连接起来成的曲线称为不稳定工作线,又称喘振边界。

喘振边界将压气机的工作分为两个区:不稳定工作区,在喘振边界的左侧;稳定工作区,在喘振边界的右侧。

当转速一定时,特性线分为两支:即右支和左支,这两支中压气机的增压比 $\pi_c^*$ 随流量 $q_m$ 的变化规律不同:

右支:随着流量 $q_m$ 下降,增压比 $\pi_c^*$ 上升;

左支:随着流量 $q_m$ 下降,增压比 $\pi_c^*$ 下降。

当流量保持不变时,随转速 $n$ 的增加,增压比 $\pi_c^*$ 上升。

将各转速下压气机能通过的最大流量点连接起来形成的曲线称为流量堵塞边界。特别要指出:该流量特性线是在进气总温和总压保持不变的条件下获得的。

对于已制造好的压气机,叶片和通道的几何形状已经固定。在设计状态下,压气机的气流参数和叶片、通道几何是协调工作的;在非设计状态时,几何形状没有改变,但气流参数却发生了变化,于是两者之间就变得不能协调工作。

如图 4.42 所示,以气流流过平均半径处的基元级为例,其中(a)图表示设计状态,当切线速度 $u$ 和空气流量 $q_m$ 都是设计值时,气流相对速度 $w_1$ 是以设计时所规定的方向流入动叶的。这时,气流速度三角形和叶片的几何形状是协调的,于是气流顺畅地流过叶栅通道,压气机的轮缘功 $w_c = u\Delta w_u$,效率为 $\eta_c^*$。

当压气机的工作点偏离设计状态时,$\pi_c^*$ 和 $\eta_c^*$ 的变化取决于轮缘功 $w_c = u\Delta w_u$ 和流动损失的变化,因此,分析 $\pi_c^*$ 和 $\eta_c^*$ 随空气流量的变化,也就相当于研究轮缘功 $w_c = u\Delta w_u$ 和流动损失随空气流量的变化。

当转速保持不变,而流量增加时,由于压气机进口面积和气流的总压 $p_0^*$ 和总温 $T_0^*$ 不变,由流量方程可知气流的轴向速度 $c_{1a}$ 将会加大。由图 4.42(b)可以看出,$c_{1a}$ 的加大使

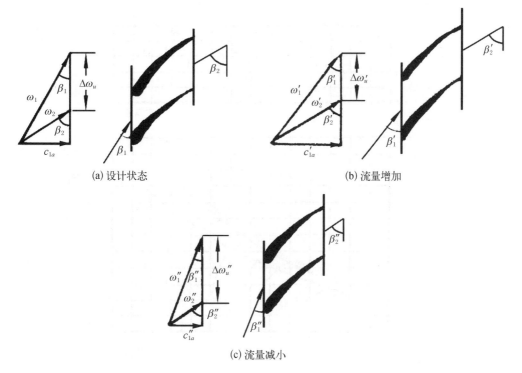

(a) 设计状态　　　　　　　　　　　(b) 流量增加

(c) 流量减小

**图 4.42　流量变化时的流动情况**

气流进口角 $\beta_1$ 加大,于是气流和叶片形成负攻角,即 $\alpha < 0$。 在攻角偏离设计值情况下,气流的出口角 $\beta_2$ 基本不变。由该图看出:扭速 $\Delta w_u$ 减小,轮缘功减少,流动损失增加。

当转速保持不变,流量减小时,轴向速度 $c_{1a}$ 减小,由图(c)可以看出,这时攻角 $\alpha$ 将大于设计值,即 $\alpha > 0$,在气流出口角 $\beta_2$ 基本不变的前提下,扭速 $\Delta w_u$ 增加,叶片传给空气的轮缘功增加,但攻角的增加会使流动损失增大。

轮缘功和流动损失随流量的变化,使增压比随着流量的减小,开始时是增加的,达到最大值以后又逐渐减少,到一定程度后,由于正攻角太大,气流在叶背处分离,使轮缘功不再上升,同时流动损失剧增,这两个方面都使增压比减小,并使压气机进入不稳定工况。

2) 多级压气机的流量特性

图 4.43 是多级压气机的流量特性曲线,从图中可以看出它与单级压气机的流量特性曲线基本相似,不同点是曲线变化要陡峭些。

多级压气机的流量特性曲线变陡的程度与压气机的设计增压比和转速等因素有关。设计增压比越高,曲线越陡;转速越高,曲线也越陡,以致在高转速时,特性曲线不再分为左右两支了。

为了分析多级压气机流量特性,先提出攻角、流量系数、失速和堵塞等基本概念。

a. 攻角和流量系数

攻角是指叶片的几何进口角与工作叶轮进口处相对进气角之差。

由攻角的定义可以看出,影响攻角的因素有两个:一个是转速;另一个是工作叶轮进口处的绝对速度(包括大小和方向)。

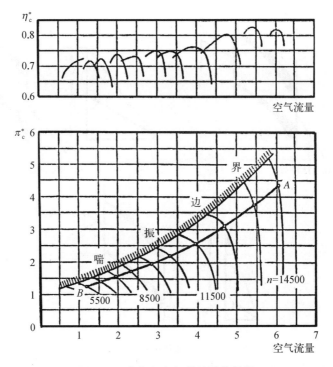

**图 4.43　多级压气机的流量特性图**

正攻角过大会使气流在叶背处发生分离;负攻角过大会使气流在叶盆处发生分离,而造成涡轮状态。

压气机的流量系数是工作叶轮进口处的绝对速度在发动机轴线的分量和工作叶轮旋转的切向速度之比,即

$$\bar{c} = \frac{c_{1a}}{u} \tag{4.24}$$

流量系数过小,会使气流在叶背处发生分离;流量系数过大,会使气流在叶盆处发生分离,而造成涡轮状态。

b. 失速与堵塞

当压气机的转速一定时,由于某种原因,使进入发动机的空气流量减少,从而使工作叶轮进口处绝对速度的轴向分量下降,攻角上升,当正攻角过大时,气流在叶背处发生分离,这种现象称作失速,如图 4.44 所示。

当压气机的转速一定时,由于某种原因,使工作叶轮进口处绝对速度轴向分量上升,攻角下降,负攻角过大时,气流在叶盆处发生分离,使叶片通道变小,甚至出现喉道堵塞,如图 4.45 所示。

c. 多级压气机流量特性分析

造成多级压气机流量特性曲线变陡的原因有两点:第一是多级压气机功是由各单级压气机相加而成的,多级压气机的增压比是各级增压比的乘积;第二是各级压气机工作的

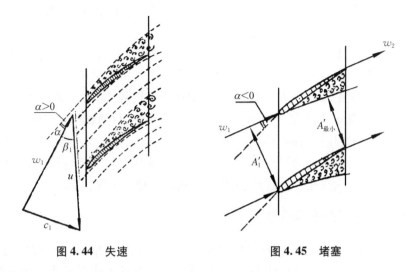

图 4.44 失速　　　　　　　　　　图 4.45 堵塞

相互影响,使整台压气机的增压比随空气流量变化而逐级放大。

根据流量连续可知:

$$q_m = \rho_1 A_1 c_{1a} = \rho_2 A_2 c_{2a} = \cdots = \rho_z A_z c_{za}$$

式中,1、2、3、⋯、$z$ 为压气机各级的进口截面符号,也代表压气机的级数。由此式有

$$\frac{c_{1a}}{c_{2a}} = \frac{\rho_2 A_2}{\rho_1 A_1}$$

利用多变过程,$p/\rho^n$ =常数,考虑到压气机的面积比为常数,则有

$$\frac{c_{1a}}{c_{za}} = \left(\frac{p_z}{p_1}\right)^{\frac{1}{n}} \cdot 常数 = (\pi_z)^{\frac{1}{n}} \cdot 常数$$

对于同一台压气机而言,各级圆周速度之比为常数,所以

$$\frac{c_{za}/u_z}{c_{1a}/u_1} \cdot (\pi_z)^{\frac{1}{n}} = 常数 \quad 或 \quad \frac{\overline{c_z}}{\overline{c_1}} \cdot (\pi_z)^{\frac{1}{n}} = 常数$$

该式表明,在非设计工况下,若多级压气机的增压比 $\pi_z$ 高于设计值,则压气机后面级的流量系数 $\overline{c_z}$ 和进口级的流量系数 $\overline{c_1}$ 的比值将小于设计状态的比值,由速度三角形可知,$\overline{c_z}$ 的下降,意味着后面级压气机将在大的正攻角下工作,$\overline{c_1}$ 的增加,表明前面级压气机在负攻角下工作。若非设计工况的增压比低于设计状态下的增压比,则情况与上述相反,即压气机前面级可能在大的正攻角下工作,而后面级则可能在负攻角下工作。这就是非设计工况下多级压气机前面级和后面级工作不协调的特征。

对于任意两级,则有

$$\frac{\overline{c_2}}{\overline{c_1}} \cdot (\pi_1)^{\frac{1}{n}} = 常数, \quad \frac{\overline{c_3}}{\overline{c_2}} \cdot (\pi_2)^{\frac{1}{n}} = 常数, \cdots \tag{4.24}$$

式中，$\pi_1$、$\pi_2$ 分别代表第一级、第二级压气机的增压比。下面就用式(4.24)来分析多级压气机等转速线的特征和工况偏离逐级放大的原因。

假定压气机转速不变，又假定流入压气机的空气流量大于设计值，所以第一级的流量系数 $\bar{c}_1$ 将大于设计值，由速度三角形分析知，第一级压气机的增压比 $\pi_1$ 将低于设计值，由式(4.24)知 $\bar{c}_2$ 将因 $\pi_1$ 的下降而增加。$\bar{c}_3$ 的增加会导致第二级压气机增压比 $\pi_2$ 的进一步下降，这时 $\bar{c}_3$ 将因 $\pi_2$ 的明显下降而增加，如此递推下去，后面级压气机的 $\bar{c}$ 将逐级急剧地上升，导致最后一级压气机的流量系数大大增加。$\pi_c = \pi_1 \cdot \pi_2 \cdots$ 将大大下降。这就是多级压气机中偏离设计工况的逐级放大作用，也是多级压气机等转速线陡峭的原因。由于工况偏离的逐级放大作用，多级压气机更容易进入不稳定工作状态。

### 4.6.3 压气机的通用特性

如前所述，上面的压气机流量特性线是在某一特定的进气条件下获得的。于是，在使用时就遇到如下问题：试验是在夏天进行的，所得的特性冬天能不能用？在平原地区得到的特性，在高原地区能不能用？在地面条件下得到的特性，在高空能不能用？所有这些都归结为进气条件 $p_1^*$ 和 $T_1^*$ 改变对压气机特性的影响问题。

能不能根据实验数据画成的特性线，不论在什么样的进气条件下都能用呢？回答是肯定的，只需将压气机特性线绘制成"通用特性线"，就可以用于任何进气条件。通用特性的根据是相似理论，所以我们先介绍相似理论。

1. 相似理论在压气机中的应用

对于同一台(或同型号)压气机要作出一组不受进口条件限制的特性线，或者想通过一台尺寸比较小的(模型)压气机的实验来取得较大的(原型)压气机的特性线，必须满足下述三个相似条件：几何相似、运动相似和动力相似。

(1)几何相似：对应处的几何尺寸成比例。

对于两台压气机而言，几何相似，即对应的诸几何尺寸成比例应包括流路几何、相对间隙以及各基元截面上的叶栅几何相似，如图 4.46 所示。

$$\frac{D}{D'} = \frac{\delta}{\delta'} = \frac{\Delta}{\Delta'} = \frac{h}{h'} = \frac{b}{b'} = \frac{t}{t'} = \frac{c_{max}}{c'_{max}} = K$$

式中，$D$ 为直径(内径、外径)；$\delta$ 为径向间隙；$\Delta$ 为轴向间隙；$h$ 为叶高；$b$ 为弦长；$t$ 为叶片间距；$c_{max}$ 为叶型最大厚度；$K$ 为常数。

要使模型压气机的尺寸和原型压气机的尺寸完全相似是很困难的，如径向间隙按比例缩小就很困难。

(2)运动相似：对应点上的速度方向相同，大小成比例。

对于两台压气机而言，运动相似，即对应点上的速度三角形相似，如图 4.42 所示，所以有

$$\beta_1 = \beta_1', \quad \beta_2 = \beta_2'$$

$$\alpha_1 = \alpha_1', \quad \alpha_2 = \alpha_2'$$

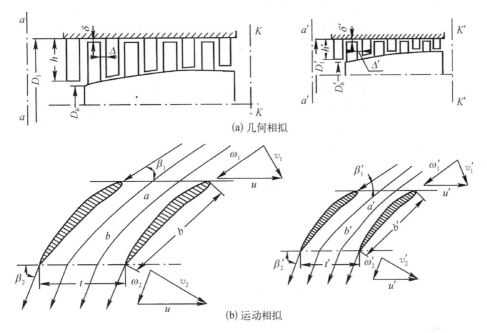

(a) 几何相拟

(b) 运动相拟

**图 4.46　几何相似和运动相似**

$$\frac{c_1}{c_1'} = \frac{w_1}{w_1'} = \frac{u_1}{u_1'} = \frac{c_2}{c_2'} = \frac{w_2}{w_2'} = \frac{u_2}{u_2'} = K_w$$

（3）动力相似：两台压气机流场中对应点上流体微团受到的作用力类型相同,而大小成比例。

通常,作用在流体微团上的力有重力 $F_G$、压力 $F_P$、黏性力 $F_\tau$、弹性力 $F_E$ 和惯性力 $F$ 等,所以有

$$\frac{F_G}{F_G'} = \frac{F_P}{F_P'} = \frac{F_\tau}{F_\tau'} = \frac{F_E}{F_E'} = \frac{F}{F'} = K_F$$

在气体动力学中已经证明:雷诺数 $Re$ 和马赫数 $Ma$ 是判别两个可压缩、黏性流动是否动力相似的准则,即当两个流动对应点上雷诺数 $Re$ 和马赫数 $Ma$ 分别相等时,这两个可压缩、黏性流动动力相似。

实验表明,当雷诺数足够大时（$Re \geq 2 \times 10^5$）,黏性力的作用相对于惯性力是很弱的,这时雷诺数作为一个相似准则已退化,即雷诺数不再是相似准则,称流动进入自模化区。压气机在大多数工况下 $Re \geq 2 \times 10^5$,这时作为压气机的动力相似条件就只有马赫数了。

流场的几何相似是流动相似的前提条件,动力相似是决定运动相似的主导因素,而运动相似则是几何相似和动力相似的表现。所以,在压气机几何相似的前提下,只要叶栅进口处的马赫数相同,则全流场处处压力比、速度比、温度比等无因次参数保持不变,这样一来,两台压气机状态相似的条件就可以简化为几何相似和压气机进口马赫数相同。

2. 压气机的相似参数

如前所述,两台压气机状态相似的条件是几何相似和压气机进口马赫数相同。由于

压气机中的动叶是旋转的，在相对坐标系中，动力相似准则应是 $Ma_w$（包括大小和方向），由马赫数也可以进行速度三角形分解可以证明（假设进气无预旋）：

$$Ma_w^2 = Ma_a^2 + Ma_u^2$$

只要第一级压气机进口轴向马赫数 $Ma_a$ 和动叶切向马赫数 $Ma_u$ 保持不变，则压气机所有各级叶栅进口马赫数和出口马赫数也保持不变。所以 $Ma_a$ 和 $Ma_u$ 就被称为压气机状态的相似准则或称为相似参数，只要它们保持不变，则压气机中的无量纲参数（如：增压比、速度比、温度比、马赫数、效率等无因次参数）保持不变。

由于

$$Ma_u = \frac{u}{a}$$

且

$$u = \frac{\pi D}{60}n, \quad a = \sqrt{\gamma R T_1}, \quad T_1 = \frac{T_1^*}{1 + \frac{\gamma - 1}{2}Ma_a^2}$$

则

$$Ma_u = \frac{\frac{\pi D}{60}n}{\sqrt{\gamma R T_1^*}}\sqrt{1 + \frac{\gamma - 1}{2}Ma_a^2}$$

$$\frac{Dn}{\sqrt{T_1^*}} = \frac{60\sqrt{\gamma R}}{\pi} \cdot \frac{Ma_u}{\sqrt{1 + \frac{\gamma - 1}{2}Ma_a^2}} = f_2(Ma_u, \, Ma_a)$$

其中，$\dfrac{Dn}{\sqrt{T_1^*}}$ 是压气机的转速相似参数，只要两台压气机的进口流量相似参数、转速相似参数各自相等，则 $Ma_a$ 和 $Ma_u$ 必然也各自相等，两台压气机动力相似。对于同一台压气机，转速相似参数变为 $\dfrac{n}{\sqrt{T_1^*}}$。

由气体动力学知识可知：

$$q_m = K\frac{p_1^*}{\sqrt{T_1^*}}Aq(Ma_a)$$

则

$$\frac{q_m\sqrt{T_1^*}}{Ap_1^*} = f_1(Ma_a)$$

其中，$\dfrac{q_m\sqrt{T_1^*}}{Ap_1^*}$ 是压气机的流量相似参数，对于同一台压气机，该相似参数变为

$\dfrac{q_m\sqrt{T_1^*}}{p_1^*}$。

因此，对于同一台压气机来说，流动相似的条件是转速相似参数 $\dfrac{n}{\sqrt{T_1^*}}$ 相等，流量相

似参数 $\dfrac{q_m\sqrt{T_1^*}}{p_1^*}$ 也相等。

3. 压气机的通用特性

由以上分析可知：无论压气机的转速 $n$、空气流量 $q_m$、进口总温 $T_1^*$ 和进口总压 $p_1^*$ 如何变化，只要保证压气机的相似参数相同，则压气机的增压比 $\pi_c^*$ 和效率 $\eta_c^*$ 就不变。因此，应该用压气机的相似参数坐标系来绘制压气机的特性曲线，这样的曲线就称作压气机通用特性曲线，它可以适用于任何大气条件和飞行状态。对于同一台压气机，通用特性曲线可写成：

$$\pi_c^* = f\left(\frac{n}{\sqrt{T_1^*}},\ \frac{q_m\sqrt{T_1^*}}{p_1^*}\right) \tag{4.25}$$

$$\eta_c^* = f\left(\frac{n}{\sqrt{T_1^*}},\ \frac{q_m\sqrt{T_1^*}}{p_1^*}\right)$$

图 4.47 所示的压气机通用特性曲线是以流量相似参数 $\dfrac{q_m\sqrt{T_1^*}}{p_1^*}$ 为横坐标，以增压比 $\pi_c^*$ 为纵坐标，以转速相似参数 $\dfrac{n}{\sqrt{T_1^*}}$ 为参变量绘制的适用于同一台压气机通用特性曲线。

压气机通用特性曲线的物理意义是：图上任意一点代表了该压气机的无数个工作状态，压气机的所有工作状态均能表示在该图上。

4. 压气机的换算参数

为了使用方便，常将通用特性曲线换算成以海平面标准大气（$T_1^* = 288.15\ \mathrm{K}$，$p_1^* = 101\,325\ \mathrm{Pa}$）为进气条件的特性线，只要保证大气条件 $T_1^*$ 和 $p_1^*$ 与海平面标准进气大气条件具有相同的相似参数即可。若以 $T_1^*$、$p_1^*$、$n$、

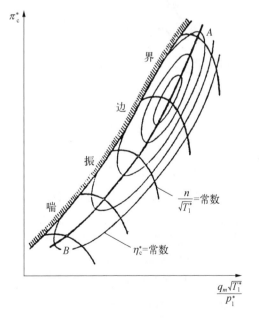

**图 4.47　压气机通用特性**

$q_m$ 表示在某一具体实验条件下所测的参数,而以 $n_{cor}$、$q_{m,cor}$ 表示在海平面标准大气条件下的转速和空气流量,根据相似参数相等,有

$$\frac{n}{\sqrt{T_1^*}} = \frac{n_{cor}}{\sqrt{288.15}}$$

$$\frac{q_m\sqrt{T_1^*}}{p_1^*} = \frac{q_{m,cor}\sqrt{288.15}}{101\,325}$$

$$n_{cor} = n\sqrt{\frac{288.15}{T_1^*}} \quad\quad (4.26)$$

$$q_{m,cor} = q_m\frac{101\,325}{p_1^*}\sqrt{\frac{T_1^*}{288.15}} \quad\quad (4.27)$$

式中,$n_{cor}$ 为换算转速;$q_{m,cor}$ 为换算流量。

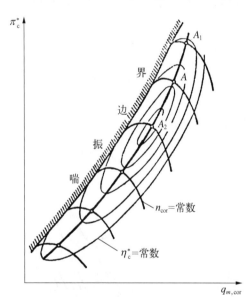

**图 4.48　压气机特性曲线**

显然,它们是相似参数,图 4.48 是用换算转速和换算流量绘制的压气机特性曲线。

5. 压气机的喘振裕度

为了使压气机在稳态下工作而不发生喘振,采用喘振裕度来描述压气机不进入喘振边界的安全程度,喘振裕度的定义为

$$SM = \frac{\pi_{cs}^*\left(\dfrac{q_m\sqrt{T_1^*}}{p_1^*}\right)_0}{\pi_{c0}^*\left(\dfrac{q_m\sqrt{T_1^*}}{p_1^*}\right)_s} - 1 \quad\quad (4.28)$$

式中,SM 为在某换算转速下压气机喘振裕度;下标"s"表示上述换算转速下对应的喘振边界上的参数;下标"0"表示上述换算转速下工作点上的参数。

一般情况,在设计转速下,压气机的喘振裕度应为 15%~20%。

可以看出:压气机的喘振裕度既表示了压气机工作点对增压比方面的稳定裕度,也表示了它在流量方面的稳定裕度,或者说喘振裕度的大小反映了从工作点出发进一步减小空气流量和提高增压比的可能程度。

6. 压气机相似理论的应用

为了提高现有压气机性能,节省耗资和缩短研制周期,办法之一是在原有压气机前加一级,习惯上称为"加零级"。这样可以使压气机的总增压比和空气流量有明显增加,发动机的推力增大,燃油消耗率也会因总增压比的增加而有所下降。

加零级压气机的原则应该是：加了零级以后,后面级压气机仍保持原有的增压比和效率不变。根据上面讨论的相似原理可知,保持原压气机性能不变的必要和充分条件是：保证加零级后压气机的进口条件相似准则仍然和原多级压气机进气条件的相似准则完全一样,即

$$\frac{n}{\sqrt{T_1^*}} = \frac{n'}{\sqrt{T_1^{*'}}} \tag{4.29}$$

$$\frac{q_m\sqrt{T_1^*}}{p_1^*} = \frac{q_m'\sqrt{T_1^{*'}}}{p_1^{*'}} \tag{4.30}$$

式中,$q_m'$为加零级后的压气机流量;$n'$为加零级以后的压气机转速;$T_1^{*'}$和$p_1^{*'}$为零级压气机出口的总温和总压;未带上标"'"的参数均为原多级压气机的参数。

显然,相似准则式(4.29)和式(4.30)的左边代表加零级压气机以前的压气机进口相似参数,等式的右边则代表加零级压气机以后压气机进口相似参数,两者相似参数相等保证了两者的增压比和效率相等。因此,必须由式(4.29)和式(4.30)来确定零级压气机以后的流量和转速。可以看出,由此确定的压气机流量和转速都增加了。

还可以采用修改进口级压气机而保持其余压气机不变的办法来提高压气机的性能,采用和以上类似的方法,根据相似原理来确定压气机的"新"转速和流量的数值。

例：某压气机原有十级,在标准大气条件下,设计参数为：$\pi_c^* = 6.45$, $\eta_c^* = 0.82$, $n = 15\,100\ \text{r/min}$, $q_{m,a} = 13.2\ \text{kg/s}$,为提高该压气机性能,在保证原十级压气机增压比和效率不变的前提下,在第一级前面加上增压比为1.15,效率为0.84的零级,试求加零级后压气机的转速$n$、流量$q_{m,a}$、总增压比$\pi_c^*$和效率$\eta_c^*$。

解：首先求零级出口,即加零级后原十级压气机进口的气流参数：

$$p_1^{*'} = p_1^* \times \pi_c^{*'} = 760 \times 1.15 = 874\ \text{mmHg}$$

$$c_p(T_1^{*'} - T_1^*) = c_p T_1^* \frac{(\pi_c^{*'\frac{\gamma-1}{\gamma}} - 1)}{\eta_c^{*'}}$$

$$T_1^{*'} = T_1^*\left(1 + \frac{\pi_c^{*'\frac{\gamma-1}{\gamma}} - 1}{\eta_c^{*'}}\right) = 288 \times \left(1 + \frac{1.15^{\frac{1.4-1}{1.4}} - 1}{0.84}\right) = 304.4\ \text{K}$$

根据相似准则可求出加零级压气机以后的流量和转速：

$$n' = n\sqrt{\frac{T_1^{*'}}{T_1^*}} = 15\,100 \times \sqrt{\frac{304.4}{288}} = 15\,514\ \text{r/min}$$

$$q_m' = q_m\sqrt{\frac{T_1^*}{T_1^{*'}}}\frac{p_1^{*'}}{p_1^*} = 13.2 \times \sqrt{\frac{288}{304.4}} \times 1.15 = 14.8\ \text{kg/s}$$

总增压比：

$$\pi_c^* = 1.15 \times 6.45 = 7.42$$

总效率可根据定义来求：

$$w_c = w_{c,1} + w_{c,2} \qquad \text{或} \qquad \frac{w_{c,s}}{\eta_c^*} = \frac{w_{c,s1}}{\eta_{c1}^*} + \frac{w_{c,s2}}{\eta_{c2}^*}$$

$$\eta_c^* = \frac{w_{c,s}}{\dfrac{w_{c,s1}}{\eta_{c1}^*} + \dfrac{w_{c,s2}}{\eta_{c2}^*}} = \frac{T_1^*(\pi_c^{*\frac{\gamma-1}{\gamma}} - 1)}{\dfrac{T_1^*(\pi_{c1}^{*\frac{\gamma-1}{\gamma}} - 1)}{\eta_{c1}^*} + \dfrac{T_1^{*'}(\pi_{c2}^{*\frac{\gamma-1}{\gamma}} - 1)}{\eta_{c2}^*}}$$

$$= \frac{288(7.42^{\frac{1.4-1}{1.4}} - 1)}{\dfrac{288(1.15^{\frac{1.4-1}{1.4}} - 1)}{0.84} + \dfrac{304(6.45^{\frac{1.4-1}{1.4}} - 1)}{0.82}}$$

$$= 0.81$$

从该例题可以看出：加零级以后，总增压比、压气机流量和转速都增加了，总效率则由于损失的叠加比原来的效率要低，这和我们前面证明的结论一致。

# 4.7　压气机的喘振

轴流式压气机流量特性曲线，将压气机的工作分为两个区：稳定工作区和不稳定工作区。一台压气机在非设计点工作时，当流量逐渐减小到一定程度，不管在什么转速下工作都会进入不稳定工作区。实验证明，在压气机进入不稳定工作边界前，首先在一级或几级发生旋转失速，然后有可能发展到引起喘振。

**1. 旋转失速**

旋转失速和喘振这两种现象既有区别又有联系，都与空气在压气机内流动情况有关。

气流分离，往往先发生在一两个叶片的叶尖处，而后向周围，径向发展，同时这种分离区并不是固定在这几个叶片上，而是以较低的转速与压气机的叶轮作同方向的旋转运动，这种现象称作旋转失速。

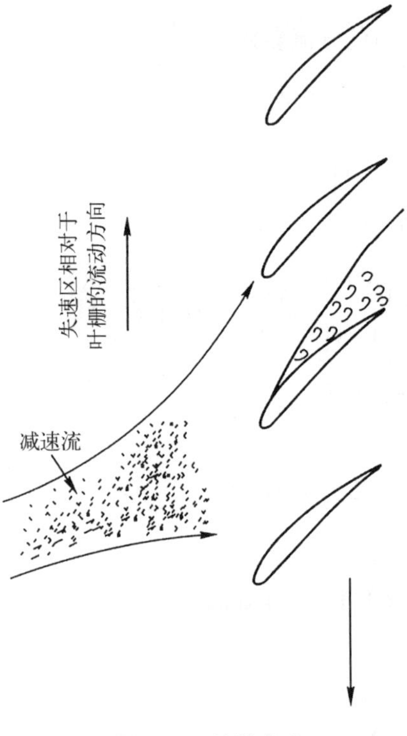

图 4.49 为解释失速机理的物理图，其过程可解释如下：当压气机空气流量减少而使动叶攻角增大到临界攻角附近时，动叶中的某几个叶片可能首先发生分离，于是，在这些出现分离区的叶片前面出现了明显的气流堵塞现象，这个受阻滞的气流区使周围的流动发生偏转，从而引起上面叶片攻角增大并分离，与此同时，下面叶片的攻角减小并解除分离，使分离区相对于叶片向上传播。因此，失速区就朝

**图 4.49　旋转失速**

着叶片旋转方向相反的方向移动,这种移动速度比圆周速度$u$要小,所以站在绝对坐标系上观察时,旋转失速区是以较低的转速压气机的叶轮作同方向的旋转运动,故称为旋转失速。

旋转失速区分成两种:一种是平稳的旋转失速,其特征是随着流量下降,压气机性能逐渐下降的;另一种是突跃式旋转失速,其特征是随着流量下降到一定程度时,压气机性能出现突然下降。

平稳型旋转失速往往发生在轮毂比较小的级,如多级压气机前面级。这时旋转失速往往是在一两个叶片的叶尖处先产生,后向周围、径向发展。由于叶片较长,所以旋转失速不至于"充满"整个环形面积或扩展至整个叶高。反映在特性线上还是连续的。

突跃型旋转失速往往发生在轮毂比较大的级,如多级压气机后面级。由于那里叶片较短,旋转失速一旦产生就可能波及整个叶高,在周向扩展也大,所以会影响整个叶片的正常工作,从而使压气机性能突然降低。至于压气机的中间级,具有中等轮毂比,可以产生平稳旋转失速,而后随着流量的下降,就可能产生突跃式的旋转失速。

旋转失速使压气机的气动性能明显恶化,甚至无法工作;旋转失速会产生频率较高,强度大而危险的激振力,并可能导致叶片共振断裂。

2. 喘振

压气机喘振是气流沿压气机轴线方向发生的低频率、高振幅的振荡现象。这种低频率、高振幅的气流振荡是一种很大的激振力来源,它会导致发动机机件的强烈机械振动和热端超温,并在很短的时间内造成机件的严重损坏,所以在任何状态下都不允许压气机进入喘振区工作。

发生喘振时的现象为:发动机的声音由尖哨转变为低沉,发动机的振动加大,压气机出口总压和流量大幅度波动,转速不稳定,推力突然下降并且有大幅度的波动;发动机的排气温度升高,造成超温,严重时会发生放炮,气流中断而发生熄火停车。因此,一旦发生上述现象必须立即采取措施,使压气机退出喘振工作状态。

喘振的根本原因是攻角过大,使气流在叶背处发生分离,而且这种气流分离严重扩展至整个叶栅通道。

喘振的物理过程是:空气流量下降,气流攻角增加,当流量减少到一定程度时,流入动叶的气流攻角大于设计值,于是在动叶叶背出现气流分离,空气流量下降越多,分离区扩展越大。当分离区扩展到整个压气机叶栅通道时,压气机叶栅完全失去扩压能力。这时,动叶再也没有能力将气流压向后方,克服后面较强的反压,于是流量急剧下降。不仅如此,由于动叶叶栅失去扩压能力,后面高压气体还可能通过分离的叶栅通道倒流至压气机的前方,或由于叶栅通道堵塞,气流瞬时中断,倒流,使压气机后面的反压降得很低,整个压气机流路在这一瞬间就变得"很通畅",而且由于压气机仍保持原来的转速,于是瞬时大量气流被重新吸入压气机,压气机恢复"正常"流动和工作,流入动叶的气流由负攻角很快增加到设计值,压气机后面也建立起了高压气流,这是喘振过程中气流重新吸入状态。然而,由于发生喘振的流动条件并没有改变,因此,随着压气机后面反压的不断升高,压气机流量又开始减小,直到分离区扩展至整个叶栅通道,叶栅再次失去扩压能力,压气机后面的高压气体再次向前倒流或瞬时中断,如此周而复始地进行下去。这样的物理过程,可用图4.50表示。

**图 4.50　压气机喘振的物理过程**

**3. 压气机喘振发生的条件**

**1) 发动机转速减小而偏离设计值**

如前所述,相对速度 $w_1$ 的方向是否变陡,取决于压气机的流量系数是否变小。压气机转速的减小,一方面使切向速度减小,从下式看出:

$$\pi_c^* = \left( \frac{\gamma - 1}{\gamma RT_1^*} \mu \, \frac{\pi^2 D^2}{3\,600} n^2 \eta_c^* + 1 \right)^{\frac{\gamma}{\gamma - 1}}$$

转速的减小,也使增压比下降,而且下降得很快,通过发动机的流量为

$$q_m = K \frac{p_2^*}{\sqrt{T_2^*}} A_2 q(Ma_2)$$

增压比下降,使 $p_2^*$ 下降,空气流量减小,由于 $q_m = \rho A V$,所以各级的轴向速度随之减小。流入发动机的流量大致与增压比成正比,致使通过发动机的空气流量也很快地减小,轴向速度下降的程度比切向速度下降的程度要快,流量系数变小,工作叶轮进口处气流的相对速度 $w_1$ 的方向变陡,攻角增大,使压气机容易发生喘振;另一方面,各级增压比的下降,又使通过各级的空气的密度变小,气流的轴向速度要逐渐增大,从而使轴向速度下降的程度变慢,到某一中间级,轴向速度下降使流量系数正好等于设计值,工作叶轮进口处气流的相对速度 $w_1$ 的方向不变,攻角不变,到后面几级,轴向速度下降的程度小于切向速度下降的程度,流量系数变大,攻角减小为负值,气流在叶盆处发生分离。上述情况如图 4.51 所示。

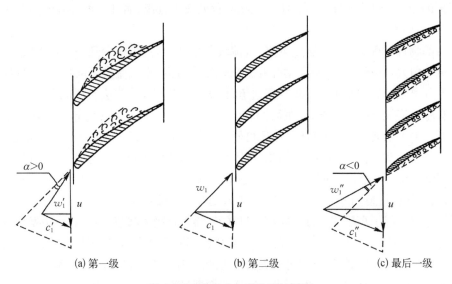

(a) 第一级　　　　　(b) 第二级　　　　　(c) 最后一级

**图 4.51　转速减小时流动的情况**

2）压气机进口总温升高

大气温度升高,飞行高度下降,飞行马赫数增大,三者对压气机工作的影响是相同的,都是使压气机进口处空气的总温升高。总温升高,使空气难以压缩,压气机增压比小于设计值,与前述相仿,前几级流量减小,所以流量系数变小,攻角变大,气流在叶背处分离;到某一中间级,轴向速度下降的程度与切向速度下降的程度相同,流量系数正好等于设计值,工作叶轮进口处气流的相对速度 $w_1$ 的方向不变,攻角不变,到后面几级,轴向速度下降的程度小于切向速度下降的程度,流量系数变大,攻角减小为负值,气流在叶盆处发生分离,如图 4.52 所示。

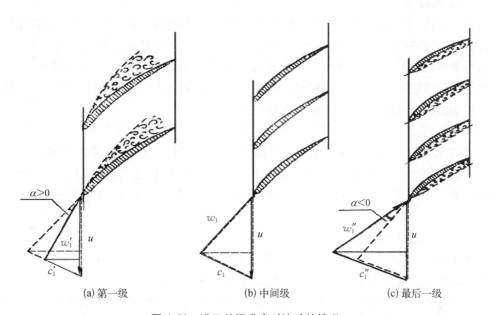

(a) 第一级 （b) 中间级 （c) 最后一级

**图 4.52　进口总温升高时流动的情况**

3）发动机空气流量骤然减少

发动机空气流量骤然减少,使压气机前几级的空气轴向速度减小,流量系数变小,攻角变大,气流在叶背处分离而发生喘振。

造成发动机空气流量骤然减少的情况有以下几种。

（1）发动机从慢车状态加速时,推油门过猛过快,使供油量增加过快、过多,涡轮前燃气总温突然升高,涡轮的流通能力减少而发生堵塞,造成压气机的空气流量减少,使流量系数变小,攻角变大,气流在叶背处分离而发生喘振。

（2）着陆滑跑速度很低时仍使用反推,喷出的燃气又被吸入发动机,使进口温度骤然升高,空气流量减少而发生喘振。

（3）飞行中拉杆过猛,使发动机进口与气流之间的夹角突然改变过大,造成进气道内流场畸变而引起喘振。

（4）进气道结冰,整流罩变形,进入前面飞机的尾流区等,都可能由于流量减少而引起喘振。

4）发动机损伤和翻修质量差

如发动机的防喘机构有故障而失调；外来物损伤等都可能造成压气机喘振。

5）排除方法

应进行相应的检查和维修；按操作规程进行操作，动作不要过急过猛。一旦发生喘振，应缓慢地收油门，直到油门位置与转速相适应或喘振消除为止。航前航后和定检工作完成后，要清点好工具等物，严禁在进气道和发动机舱内遗留工具等物。在发动机进行试车前除应检查进气道内有无遗留物外，还应检查停机坪周围，以免发动机工作时，吸入外来物。

### 4. 防喘措施

综上所述，由于压气机的设计是根据设计点的气动参数进行设计的，当工作状态偏离设计点时，各级的速度三角形也和设计点的不同，也就是非设计点的参数与压气机的几何形状不协调，这时各级的流量系数大大偏离了设计值，从而造成攻角过大或过小，于是就产生了喘振或堵塞，所以防喘的原则就是使压气机在非设计状态下都能保持与压气机几何形状相适应的速度三角形，从而使攻角不要过大或过小。

如前所述，影响攻角的因素有 $c_{1a}$、$c_{1u}$ 和 $u$，所以防止喘振的方法就是通过改变这三个速度来改变攻角。具体地说，通过改变进入压气机的空气流量来改变 $c_{1a}$；通过改变预旋量的大小来改变 $c_{1u}$；通过改变转速，即改变 $u$，使之与 $c_{1a}$ 相适应。因此，防喘措施有三种：压气机中间级放气、可调导向叶片和整流叶片和双转子或三转子结构。

#### 1）压气机中间级放气

压气机中间级放气防喘原理是通过改变流量来改变工作叶轮进口处绝对速度的大小来改变其相对速度的大小和方向，从而改变攻角，达到防喘的目的。

压气机喘振时多是前喘后涡，即前几级的正攻角过大，而后几级的负攻角过大，在压气机的中间级安装有放气活门或放气带，如图 4.53 所示。

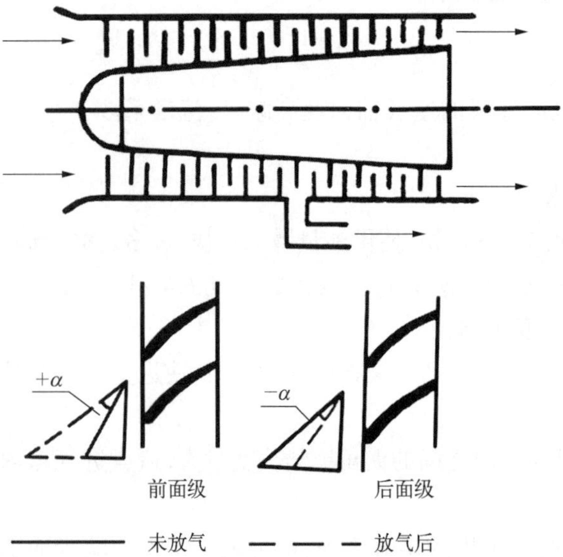

压气机中间级放气防喘原理是通过改变流量来改变工作叶轮进口处的绝对速度在轴线方向的分量大小来改变流量系数，使其接近设计值，达到防喘的目的。当放气活门打开时，前几级的流量增加，使工作叶轮进口处的绝对速度在轴线方向的分量增大，在转速不变的情况下，前几级的流量系数增大而接近设计值，改善气流在叶背处的分离达到防喘的目的。放气活门的打开，同时使后几级的空气流量减少，使工作叶轮进口处的绝对速度在轴线方向的分量减小，在转速不变

图 4.53 压气机中间级放气防喘

的情况下,后几级的流量系数减小也接近设计值,改善气流在叶背处的分离达到防喘的目的。

压气机中间级放气防喘的机构简单,有利于压气机在低转速下工作的稳定,得到广泛的应用,但压气机中间级放气会使压气机的增压比下降,使推力减小。

2)可调导向器叶片和整流叶片

当进气导向器叶片不可调,保持转速一定,而空气轴向速度改变时,工作叶轮进口处的相对速度方向随之改变,攻角也随之变化,如图 4.54(a)所示,轴向速度比设计值小时,攻角变大,气流在叶背处发生分离;轴向速度比设计值大时,攻角变小,气流在叶盆处发生分离。

如果进气导向器叶片的安装角 $\gamma$ 随着流过压气机空气流量 $q_m$ 的变化(气流轴向分量 $c_{1a}$ 随之而变化)相应地改变,从而使叶轮进口处相对速度的方向,即相对速度进口角 $\beta_1$ 保持不变,攻角也就保持不变,达到防喘的目的。

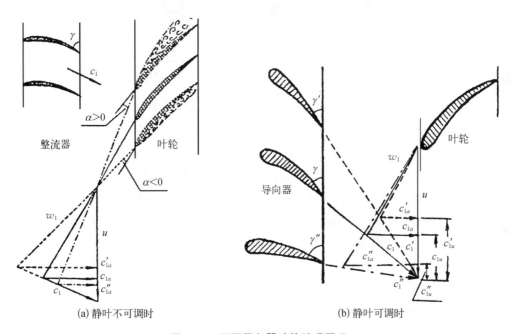

(a) 静叶不可调时　　　　　　　(b) 静叶可调时

**图 4.54　可调导向器叶片防喘原理**

图 4.54(b)中的实线表示出设计状态下空气流动的情况。当进入压气机的空气流量 $q_m$ 减小时,叶轮进口处绝对速度 $c_1$ 在发动机轴向的分量 $c_{1a}$ 减小,如图中虚线所示。这时进气导向器叶片的安装角由 $\gamma$ 减小到 $\gamma'$,使叶轮进口处的绝对速度由 $c_1$ 变为 $c_1'$,而叶轮进口处的相对速度 $w_1$ 仅大小发生了变化,其方向保持不变;当进入压气机的空气流量 $q_m$ 增大时,叶轮进口处绝对速度 $c_1$ 在发动机轴向的分量 $c_{1a}$ 增大,如图中点划线所示,这时进气导向器叶片的安装角由 $\gamma$ 增大到 $\gamma''$,使叶轮进口处的绝对速度由 $c_1$ 变为 $c''_{1a}$,而叶轮进口处的相对速度 $w_1$ 仅大小发生了变化,其方向保持不变,这样就可以防止压气机喘振。

可调导向器叶片和整流叶片防喘原理是通过改变导向器叶片安装角度,来改变工作叶轮进口处的绝对速度的方向。也就是通过改变预旋量,实现改变工作叶轮进口处的相对速度的方向。

可调导向器叶片和整流叶片的优点是:在非设计点防喘效率较高,可改善发动机的加速性能,适用于高增压比的发动机。缺点是需要增加一套控制机构,增加控制系统的复杂度。图 4.55 是民航发动机经常使用的一种可调静子叶片的机构图。

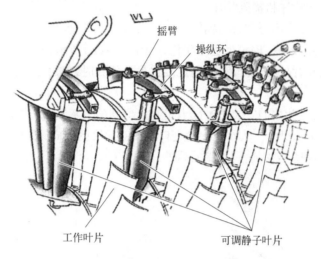

摇臂

操纵环

工作叶片

可调静子叶片

**图 4.55　可调导向叶片的结构**

3)双转子或三转子结构

双转子或三转子防喘原理是通过改变转速(即改变压气机动叶的切线速度)的办法来改变工作叶轮进口处相对速度的方向,以减小攻角达到防喘的目的。或者说是通过改变转速的办法来改变流量系数使其接近设计值。其特点是:当压气机偏离设计点时,两个转子会自动调节转速,而使各级压气机流量系数都接近于设计值,所以在非设计点工作时,攻角变化较小而防喘,如图 4.56 所示。

如果在设计状态下,两个转子的转速相同,当转速 $n$ 下降以后,压气机前几级的正攻角加大,而后几级的攻角变小(攻角的绝对值变小)。由基元速度三角形可知攻角变大,$\Delta w_u$ 变大,带动低压压气机需要较大的功率。攻角 $\alpha$ 变小,$\Delta w_u$ 变小,带动高压压气机需要较小的功率。形象地说,转动低压压气机较重,转动高压压气机较轻(即前重后轻)。

双转子发动机的两个压气机由各自的涡轮带动,会在达到功率平衡的情况下稳定旋转。在低转速下工作时,低压涡轮(带动低压压气机的涡轮)做功能力急剧下降(由于落压比下降),而高压涡轮(带动高压压气机的涡轮)做功能力无明显下降,于是低压压气机就自动地处于较低的转速下工作,使攻角减小,达到防喘的目的。而高压压气机自动地处于较高的转速下工作,使攻角增大,即攻角的绝对值减小,达到防止堵塞的目的,避免了喘振的发生。

双转子发动机的优点是:当压气机偏离设计点时,两个转子会自动调节转速,而使各级压气机的流量系数都接近于设计值,所以在非设计点工作时,攻角变化很小,起到防喘的作用。

因为双转子发动机具有更高的增压比,所以它的推力大,效率高,容易起动。但双转

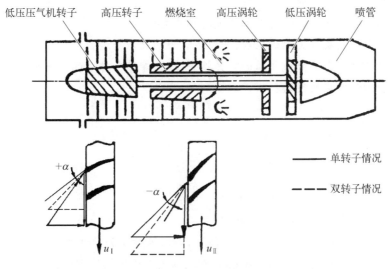

图 4.56 双转子防喘原理

子压气机也存在缺点:构造复杂,重量也较大。三转子发动机由英国罗尔斯·罗伊斯公司开发成功,在防喘上效率更高,弊端是转子系统更加复杂。

在目前主流的民航发动机中,这三种防喘机构都是同时采用的,在发动机控制系统的调节下,对压气机的稳定工作发挥重要的作用。关于防喘装置构造和如何工作,可参考发动机控制和结构方面的文献。

# 习  题

1. 用大于、等于、小于符号表示气流流过压气机动叶进口(1-1)截面、动叶出口(2-2)截面和静叶出口(3-3)截面上气流参数(静压、静温、速度、总温、总压)的相对大小关系,并简单说明原因。

2. 画出压气机反力度 $\Omega_c$ 为 0、0.5 和 1.0 时的基元级速度三角形,并给出理由。

3. 画出压气机基元级和涡轮基元级速度三角形并说明各自的主要参数。

4. 某亚声速轴流式压气机第一级平均半径处的基元级参数为:$u_1 = u_2 = 250 \text{ m/s}$,$c_{3u} = 0$,$c_{1a} = c_{2a} = c_{3a} = 125 \text{ m/s}$,$c_{1u} = 30 \text{ m/s}$,基元级压缩功 $w_c = 20.1 \text{ kJ/kg}$:
   (1) 计算 $Ma_{w1}(T_1^* = 288 \text{ K})$、$Ma_{c2}$、$\beta_1$、$\beta_2$、$a_1$;
   (2) 画出该基元级的速度三角形。

5. 某一轴流式压气机,第一级叶尖处的基元参数为:$u_1 = u_2 = 485 \text{ m/s}$,$c_{1a} = 260 \text{ m/s}$,$\pi_c^* = 2.0$,静叶总压恢复系数 $\sigma = 0.96$,基元级的效率为 0.80:
   (1) 求动叶叶尖处相对马赫数 $Ma_{w1}(T_1^* = 288 \text{ K})$;
   (2) 求压气机转子叶尖的效率 $\eta_c$、相对扭速 $\Delta w_u$、反力度 $\Omega_c$;
   (3) 假定 $\beta_1 = \beta_2$,求 $c_{2a}$;
   (4) 假定 $c_{2a} = c_{3a}$,$c_{3w} = 0$,画出这个基元级的速度三角形。

6. 什么是叶栅的攻角？简述压气机平面叶栅的攻角特性。

7. 压气机基元级和压气机级的流动损失有哪些类型？

8. 用物理图画说明旋转失速的机理，并叙述喘振的物理全过程。

9. 压气机叶片为什么要做成扭转的？并推导等功、等熵条件下的简单径向平衡方程式。

10. 说明下列方程的应用条件：

（1）$\dfrac{\mathrm{d}p}{\mathrm{d}r} = \rho \dfrac{c_u^2}{r}$；

（2）$\dfrac{1}{r^2}\dfrac{\mathrm{d}(c_u r)^2}{\mathrm{d}r} + \dfrac{\mathrm{d}c_a^2}{\mathrm{d}r} = 0$；

（3）$\dfrac{\mathrm{d}w_u}{\mathrm{d}r} = \dfrac{1}{2}\left[\dfrac{1}{r^2}\dfrac{\mathrm{d}(c_u r^2)}{\mathrm{d}r} + \dfrac{\mathrm{d}c_a^2}{\mathrm{d}r}\right] + \dfrac{\mathrm{d}w_f}{\mathrm{d}r}$。

11. 证明动叶进、出口截面采用等环量扭转规律时，沿叶高加功量相等。

12. 六级轴流式压气机的增压比为 6.054，五级轴流式压气机的增压比为 4.485，问这两台压气机的平均增压比哪一台的大？

13. 在一台多级压气机中，第一级和第五级对空气的加功量都是 29.4 kJ/kg，级效率都是 0.84，问第一级和第五级的级增压比是否相同？为什么？

14. 在标准大气条件下，测得某压气机的平均出口总温 $T_2^* = 550\,\mathrm{K}$，总压 $p_2^* = 738\,940\,\mathrm{Pa}$，求该压气机的效率为多少？

15. 以两级压气机为例，用 $T$-$s$ 图证明整台理想压气机功 $w_{c,s}$ 小于各级理想压气机功之和，即 $w_{c,s} < (w_{c,s1} + w_{c,s2})$。（假设：① 空气为定比热容的完全气体；② 第一级进口参数为 $T_1^*$、$p_1^*$，第二级进口参数为 $T_2^*$、$p_2^*$，第二级出口参数为 $T_3^*$、$p_3^*$）

16. 说明喘振的物理全过程，用速度三角形解释可调导向叶片防喘的原理。

17. 试分析当压气机转速相似参数下降时，单轴压气机前、后各级加功量的变化规律。（假设叶轮出口气流相对速度方向基本不变）

18. 在标准大气条件下，某发动机的总增压比 $\pi_c^* = 8.9$，效率 $\eta_c^* = 0.775$，空气流量 $q_m = 64\,\mathrm{kg/s}$，求压气机出口总温 $T_2^*$、压气机功 $w_c$、压气机的功率 $N_c$。

19. 证明 $\left(\dfrac{w_c}{T_1^*}\right)$ 和 $\left(\dfrac{n}{\sqrt{T_1^*}}\right)$ 是保证压气机不同工况相似的相似准则。式中，$w_c$ 为压气机功；$n$ 为转速。

20. 某台压气机原有十级，在标准大气条件下，设计参数为：$\pi_c^* = 6.80$，$\eta_c^* = 0.84$，$n = 15\,000\,\mathrm{r/min}$，$q_{m,a} = 15.0\,\mathrm{kg/s}$，为提高该发动机性能，在保证原十级压气机增压比和效率不变的前提下，在前面加上增压比为 1.35，效率为 0.85 的一级，试求加级后压气机的转速 $n$，流量 $q_{m,a}$，总增压比 $\pi_c^*$ 和效率 $\eta_c^*$。

21. 一台十一级的压气机，拟进一步提高流经压气机的流量和增压比，其办法是用一台增压比 $\pi_c^* = 1.96$，效率 $\eta_c^* = 0.855$，流量 $q_{m,a} = 28.4\,\mathrm{kg/s}$ 的压气机替换原压气机的第一级，并保证原压气机后面十级的增压比和效率不变。原十一级压气机在标准大气条件下的设计参数为：$\pi_c^* = 23.0$，$\eta_c^* = 0.82$，$q_{m,a} = 64\,\mathrm{kg/s}$，$n = 11\,950\,\mathrm{r/min}$，其中第一级的参数为: $\pi_c^* = 1.50$, $\eta_c^* = 0.83$, 试求新十一级压气机的转速 $n$、流量 $q_{m,a}$、总增压比 $\pi_c^*$ 和效率 $\eta_c^*$。

22. 一台轴流式压气机,进口处空气的总温为 288 K,压气机的增压比为 21.5,压气机的效率为 0.886,求压气机的定熵轴功、实际轴功、出口处的总温、过程中的熵增;若将压缩过程视为绝热的多变过程,求其多变指数。

# 第5章
# 燃烧室

燃烧室是燃气涡轮发动机的重要部件,位于压气机和涡轮之间。其作用是使高压空气与燃油混合燃烧,将燃油的化学能转变为热能,形成高温高压的燃气,为在涡轮和喷管中膨胀创造条件。燃烧室是热力机械能源的发源地。

## 5.1　对燃烧室的基本要求

燃烧室工作的好坏,将直接影响发动机的工作与性能。根据燃烧室的作用,对其基本性能要求主要是:点火可靠、燃烧稳定、燃烧完全、总压损失小、尺寸小、出口温度分布满足要求、排气污染小。

### 1. 点火可靠

点火可靠就是在一定的外界条件下能保证可靠点火,即能在地面和空中可靠地点火。发动机在地面条件下,由于压力、温度都较高,进气速度不大,比较容易点火,但当发动机在空中停车重新点火,就比较困难,因为这时进气压力和温度都很低,而且发动机处于风车状态,压气机出口气流速度较大。在空中重新点火只能采取降低飞行速度和飞行高度来实现。所以,在地面和空中熄火停车后,应能重新点火,以保证飞行安全。

衡量点火可靠性的指标有两个,一个是点火高度,一个是点火特性线。

点火高度是指发动机在空中熄火后能重新可靠点火的高度,用点火飞行包线来表示,如图5.1所示。

点火特性线是指在一定的进气条件下,能可靠点火的混合气浓度范围所形成的点火包线。通常影响点火可靠性的主要因素是燃油与空气的比例(混合气浓度)。

描述燃油与空气比例的参数有油气

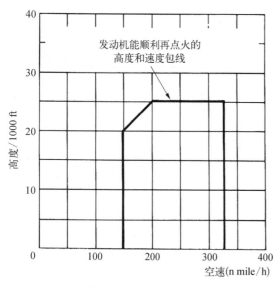

**图5.1　点火飞行包线**

1 ft = 3.048×10⁻¹ m;
1 n mile/h = 1.852 km/h

比、余气系数和当量比等。

1）油气比

油气比是进入燃烧室燃油的流量与进入燃烧室空气流量的比值,即

$$f = \frac{q_{m,\,f}}{q_{m,\,a}} \tag{5.1}$$

但油气比不足以明确表示油多油少的问题,习惯上用余气系数来表示。

2）余气系数 $\alpha$

进入燃烧室的空气流量与进入燃烧室的燃油流量完全燃烧所需要的最少的理论空气量之比,称作余气系数,用符号 $\alpha$ 来表示,即

$$\alpha = \frac{q_{m,\,a}}{q_{m,\,f} L_0} \tag{5.2}$$

式中, $q_{m,\,a}$ 为进入燃烧室的空气流量; $q_{m,\,f}$ 为进入燃烧室的燃油流量; $L_0$ 为理论空气量。

理论空气量 $L_0$ 是 1 kg 燃油完全燃烧所需要的最少空气量。对于航空煤油,理论空气量 $L_0$ 为 14.7 kg 空气/kg 燃油。

余气系数的物理意义是表示贫油和富油的程度。$\alpha < 1$ 时为富油; $\alpha > 1$ 时为贫油。民用航空燃气涡轮发动机的余气系数一般为 3.5~4.5。随着涡轮前燃气温度的上升,余气系数下降。但不管怎样,在燃烧室的燃烧区和点火区,余气系数总是接近于 1,因为这时对燃烧最有利。

从油气比 $f$ 与余气系数 $\alpha$ 的定义可以看出它们之间的关系是

$$f\alpha = \frac{1}{L_0} \tag{5.3}$$

3）当量比 $\phi$

完全燃烧 1 kg 燃油所需的理论空气流与实际进入燃烧室空气流量之比,即

$$\phi = \frac{q_{m,\,f} L_0}{q_{m,\,a}} \tag{5.4}$$

显然,当量比与余气系数 $\alpha$ 互为倒数,即

$$\phi\alpha = 1$$

2. 燃烧稳定

燃烧室在点燃以后,必须在规定的全部飞行高度和速度范围内都能保证稳定燃烧而不被吹熄。通常燃烧室工作时,进口气流的压力、温度较高,一般能稳定燃烧。但是,在某些情况下,火焰有被吹熄的危险。

稳定燃烧的条件是:燃烧时的气流速度等于火焰的传播速度,即

$$V = V_f$$

燃烧稳定性是用在一定的进气条件下,能稳定燃烧的贫油、富油极限之间的范围来表

示,此范围越宽,表示燃烧稳定性越好。

### 3. 燃烧完全

燃油燃烧时,绝大部分燃油通过燃烧将化学能转变为热能,提高了燃气总焓,但也有一部分来不及燃烧就随着燃气流出燃烧室。为了衡量燃烧完全的程度,常用燃烧效率和燃烧完全系数来表示。

#### 1)燃烧效率

燃烧效率是1 kg 燃油燃烧后工质实际吸收的热量与1 kg 燃油燃烧理论上释放出的热量之比,用符号 $\eta_b$ 表示,可用下式表示:

$$\eta_b = \frac{q_1}{q_0} \tag{5.5}$$

式中, $q_1$ 为工质实际吸收的热量,简单地表示为

$$q_1 = q_{m,g} h_{3,g}^* - q_{m,a} h_{2,a}^* - q_{m,f} h_{2,f}^*$$

式中, $q_{m,g}$ 为燃烧室出口的燃气流量; $q_{m,a}$ 为燃烧室进口的空气流量; $h_{3,g}^*$, $h_2^*$ 为燃烧室出口和进口每千克工质的总焓; $q_0$ 为理论放热量,可表示为

$$q_0 = q_{m,f} H_u$$

式中, $H_u$ 为燃油的低热值,对于航空煤油 $H_u = 42\,900$ kJ/kg。 所以有

$$\eta_b = \frac{q_{m,g} h_{3,g}^* - q_{m,a} h_{2,a}^* - q_{m,f} h_{2,f}^*}{q_{m,f} H_u} \tag{5.6}$$

燃烧效率一般在98%~99%。

#### 2)燃烧完全系数

燃料燃烧时实际放出的热量与完全燃烧时理论放热量的比值,用符号 $\zeta_b$ 表示,即

$$\zeta_b = \frac{Q_1}{Q_0} \tag{5.7}$$

由于燃烧时实际放出的热量除了用来加热工质外,还有散热损失。因此,燃烧效率比燃烧完全系数要略小一些,但两者相差很小;又由于实际放热量很难测量出来,而且通过燃烧室损失的热量与燃气所具有的能量比较起来很小,故可以忽略,一般可认为燃烧完全系数与燃烧效率相同。

#### 3)燃烧完全系数与油气比之间的关系

通过能量方程可以得到燃烧完全系数与油气比之间的关系,即

空气进入燃烧室带入的能量: $q_{m,a} h_{2,a}^*$;

燃油进入燃烧室带入的能量: $q_{m,f} h_{2,f}^*$;

燃油燃烧时实际放出的热量: $Q_1 = \zeta_b q_{m,f} H_u$;

忽略通过燃烧室损失的热量: $q$;

燃气流出燃烧室带走的能量: $q_{m,g} h_{3,g}^*$。

则有

$$q_{m,\,a} h_{2,\,a}^* + q_{m,\,f} h_{2,\,f}^* + \zeta_b q_{m,\,f} H_u = q_{m,\,g} h_{3,\,g}^*$$

因为

$$q_{m,\,g} = q_{m,\,a} + q_{m,\,f}$$

代入上式,有

$$q_{m,\,a} h_{2,\,a}^* + q_{m,\,f} h_{2,\,f}^* + \zeta_b q_{m,\,f} H_u = (q_{m,\,a} + q_{m,\,f}) h_{3,\,g}^*$$

在进入燃烧室的 $q_{m,\,a}$ 空气中,只有 $q_{m,\,f} L_0$ 的空气和 $q_{m,\,f}$ 燃油进行燃烧,形成余气系数等于 1 的纯燃气,其余的空气成分没发生变化,只是温度上升到 $T_3^*$,所以

$$q_{m,\,a} h_{2,\,a}^* + q_{m,\,f} h_{2,\,f}^* + \zeta_b q_{m,\,f} H_u = q_{m,\,a} h_{3,\,a}^* - q_{m,\,f} L_0 h_{3,\,a}^* + (q_{m,\,f} L_0 + q_{m,\,f})_{\alpha=1} h_{3,\,g}^*$$

$$q_{m,\,a} h_{3,\,a}^* - q_{m,\,a} h_{2,\,a}^* = q_{m,\,f} h_{2,\,f}^* + \zeta_b q_{m,\,f} H_u + q_{m,\,f} L_0 h_{3,\,a}^* - (q_{m,\,f} L_0 + q_{m,\,f})_{\alpha=1} h_{3,\,g}^*$$

$$q_{m,\,a} h_{3,\,a}^* - q_{m,\,a} h_{2,\,a}^* = q_{m,\,f} \left[ h_{2,\,f}^* + \zeta_b H_u + L_0 h_{3,\,a}^* - (L_0 + 1)_{\alpha=1} h_{3,\,g}^* \right]$$

令

$$(L_0 + 1)_{\alpha=1} h_{3,\,g}^* - L_0 h_{3,\,a}^* = H_3^*$$

$H_3^*$ 称作等温燃烧焓差,它的意义是:在 $T_3^*$ 下,1 kg 燃油与 $L_0$ kg 空气完全燃烧产生的 $(L_0 + 1)$ kg 纯燃气产物的焓值与 $L_0$ kg 空气在同一温度下的焓值之差,该值在书末附录中可查。

$$q_{m,\,a} h_{3,\,a}^* - q_{m,\,a} h_{2,\,a}^* = q_{m,\,f} (\zeta_b H_u - H_3^* + h_{2,\,f}^*)$$

等式两边同时除以 $q_{m,\,a}$,则有

$$f = \frac{h_{3,\,a}^* - h_{2,\,a}^*}{\zeta_b H_u - H_3^* + h_{2,\,f}^*}$$

对于航空煤油,比定压热容约为空气比定压热容的 2 倍,而进入燃烧室的燃油的温度约为进入燃烧室的空气温度的 1/2,故上式还可以写成:

$$f = \frac{h_{3,\,a}^* - h_{2,\,a}^*}{\zeta_b H_u - H_3^* + h_{2,\,a}^*} \tag{5.8}$$

式(5.8)是燃烧完全系数与油气比之间的关系式,可用来计算余气系数和燃油流量。

4. 总压损失小

由于空气流过燃烧室并且在燃烧室中与燃油混合燃烧,各种损失会使气流总压下降。这将使燃气在涡轮和喷管内膨胀做功的能力减小,影响了发动机的推力和经济性。所以应力求减小气流在燃烧室中的总压损失。通常用总压恢复系数 $\sigma_b$ 来衡量燃烧室中的总压损失。

燃烧室的总压恢复系数是燃烧室出口处的总压与燃烧室进口处的总压之比,即

$$\sigma_{\mathrm{b}} = \frac{p_3^*}{p_2^*} \qquad\qquad (5.9)$$

燃烧室中气流总压下降的原因有四个：扩压产生的流阻损失；空气从小孔、缝隙流入燃烧室时的摩擦损失；冷热气流掺混造成的损失；加热(燃烧)造成的热阻损失。

对于燃气涡轮喷气发动机，燃烧室的总压恢复系数一般在0.94左右。

5. 燃烧室的尺寸要小

为了提高发动机的推重比，缩短燃烧室的长度，不但可以减轻燃烧室的重量，也可以缩短压气机和涡轮之间的距离，从而可以减轻机匣和转子的重量。减小燃烧室的直径可以减小发动机的迎风面积，提高发动机的迎面推力。

燃烧室尺寸小意味着在单位燃烧室空间中，在单位时间内可以烧掉更多的燃油。因此常用容热强度 $Q_{\mathrm{vb}}$ 来衡量燃烧室容积利用的程度。

容热强度的定义：在单位压力和单位燃烧室容积中，每小时进入燃烧室的燃油燃烧实际所释放出的热量，即

$$Q_{\mathrm{vb}} = \frac{3\,600 q_{m,\mathrm{f}} H_{\mathrm{L}} \eta_{\mathrm{b}}}{p_2^* V_{\mathrm{b}}} \qquad\qquad (5.10)$$

式中，$V_{\mathrm{b}}$ 为燃烧室容积。

显然，容热强度是一个反映燃烧室结构紧凑性的特性。这个指标越高，意味着燃烧同样数量的燃油，所需要燃烧空间的容积越小，燃烧室尺寸和质量都比较小。一般涡轮喷气发动机燃烧室的容热强度 $Q_{\mathrm{vb}} = (1.2 \sim 2.0) \times 10^3 \, \mathrm{kJ/(m^3 \cdot h \cdot Pa)}$。

6. 出口温度分布要满足要求

燃烧室通常较短，流出的燃气温度不可能很均匀。为了保证涡轮转子叶片能安全可靠地工作，对燃烧室出口温度分布有两个方面的要求：

在周向上：燃烧室出口环形通道上温度分布要尽可能均匀，即同一个环上各处的温度相差不能太大。在出口环截面上的最高温度 $T_{3,\mathrm{max}}^*$ 与其平均温度 $T_{3,\mathrm{m}}^*$ 之差 $\Delta T_{3,\mathrm{max}}^*$ 不得超过 $100 \sim 120\,℃$。

在径向上：靠近涡轮叶片叶尖和叶根处的温度应低一些，而在距叶尖大约三分之一叶高处温度最高，如图5.2所示。

在叶根部分，由于离心力的作用使叶片及涡轮盘榫头连接部位应力很大，温度过高将严重影响它们的强度。在叶尖部分，由于叶片很薄，散热条件差，很容易被烧坏，温度过高也使叶尖处的刚度和强度变弱，因此叶根和叶尖部分的温度都不能过高。理论和实验证明，只有在距叶尖 1/3 处温度允许高些，这是在使涡轮叶片各处的强度基本一致的条件下的温度分布要求。通常用温度系数 $\delta_{\mathrm{b}}$ 来衡量燃烧室出口截面

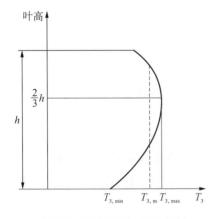

图5.2　出口温度沿径向分布

温度分布的均匀程度：

$$\delta_b = \frac{T^*_{3, \max} - T^*_{3, m}}{T^*_3 - T^*_2} \tag{5.11}$$

$\delta_b$ 通常不超过 20%。

**7. 燃烧产物对大气的污染要小**

燃烧室排放的污染物，除了因燃油中含硫而生成的 $SO_2$ 外，通常还有 CO、HC、$NO_2$、NO 烟等。这些污染物的含量随发动机的工作状态而变化，其规律如图 5.3 所示。从图中可以看出：

在慢车状态下，CO 和 HC 的含量较多，随着转速 $n$ 的增大 CO 和 HC 的含量减小。这主要是由于燃烧组织得不完善，特别是在富油时，生成大量的 CO。

$NO_x$ 的含量随转速 $n$ 的增大而增加。在高转速下 $NO_x$ 的含量较高。这主要是由于燃烧温度高时，容易生成 $NO_2$、NO。

烟的含量随转速 $n$ 的增大先减小，而后又增加。这主要是由于局部富油缺氧，形成大量的微细粒子造成的。

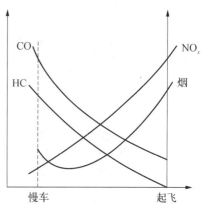

**图 5.3  污染物含量的变化规律**

**8. 寿命长**

在航空发动机中，燃烧室在高温情况下工作，条件十分恶劣，往往需要经常检修或更换零件，因此合理地组织燃烧和冷却，或采用高性能耐热材料等，以提高燃烧室的使用寿命。

上述八项要求，并不是同时得到满足，它们之间往往也有矛盾，应根据飞机的不同用途，做综合考虑，以保证发动机能满足飞机的使用性能。

## 5.2  燃烧室的分类

涡轮喷气发动机的燃烧室有三种基本的结构形式，它们是管式燃烧室、环管式燃烧室和环形燃烧室，如图 5.4 所示。

**1. 管式燃烧室**

图 5.5 是管式燃烧室。其组成是在内、外壳体之间有 8~16 个单管燃烧室，每个单管燃烧室有它自己单独的火焰筒和外套，火焰筒前安装有旋流器，喷油嘴，通常在两个单管燃烧室上装有点火装置，各个单管燃烧室之间有联焰管相连。

图 5.6 是典型的单管燃烧室。壳体和火焰筒头部之间构成扩压通道，用来降低流速，提高压力，保证燃烧顺利进行和减少压力损失。

火焰筒是一个在侧壁面上开有多排直径大小不同形状各异的孔及缝的薄壁金属结构，燃烧在其内部进行，保证燃烧充分，掺混均匀并使壁面得到冷却。

联焰管起着传播火焰、点燃没有点火装置的火焰筒内的燃油和均衡压力的作用。

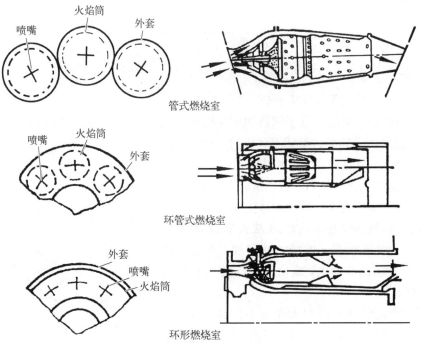

图 5.4　三种基本结构形式的燃烧室

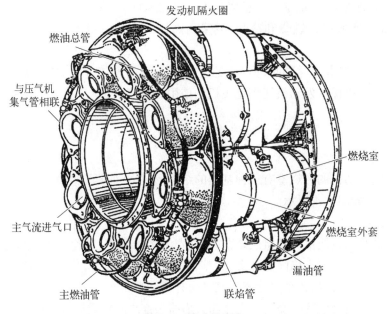

图 5.5　管式燃烧室

　　喷油嘴用来供油,并使燃油雾化或汽化,以提高火焰传播速度,利于稳定燃烧。
　　旋流器(又称作扰流器)使进气在叶片的引导下旋转,形成回流区,保证火焰稳定。
　　点火装置产生高能电火花,点燃燃油和空气混合气。

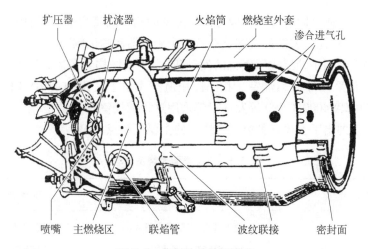

图 5.6　典型的单管燃烧室

## 2. 环管式燃烧室

环管式燃烧室如图 5.7 所示。

环管式燃烧室是由若干个单独的管形火焰筒沿周向均匀排列在内、外壳体之间的环形腔里,管形火焰筒之间用联焰管连接,在每个火焰筒前安装有旋流器,喷油嘴,通常只在两个火焰筒上装有点火装置。

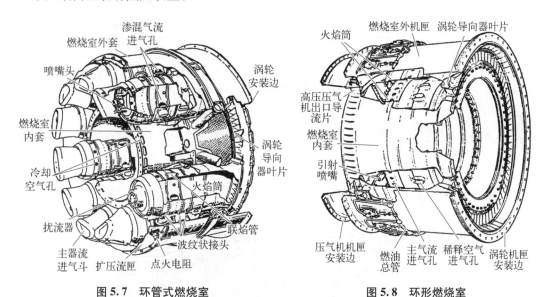

图 5.7　环管式燃烧室　　　　　图 5.8　环形燃烧室

环管式燃烧室的优点是结构比较紧凑,发动机的直径较小,外壳体可以传递扭矩,从而改善发动机整体刚性,有利于减轻发动机的结构重量。环管形燃烧室多用于轴流式压气机的发动机上。

## 3. 环形燃烧室

图 5.8 所示是环形燃烧室。从空气在燃烧室内流动的情况,环形燃烧室可分为直流式环形燃烧室、回流式环形燃烧室和折流式环形燃烧室三种。

环形燃烧室由四个同心圆筒组成,最内、最外的两个圆筒为燃烧室的内、外壳体,中间两个圆筒为火焰筒,在火焰筒的头部装有若干个旋流器和喷油嘴。

环形燃烧室多用于轴流式压气机的发动机,由于其结构最紧凑,性能比较好,近来主流民航发动机都采用环形燃烧室。我国民用航空飞机上所用的 JT9D、CFM56、RB211 - 535E4、PW2000、PW4000、GE90 等发动机都采用这种燃烧室。

在表 5.1 中列出了上述三种类型燃烧室的主要优缺点。

表 5.1    三种类型燃烧室比较

| 管 式 燃 烧 室 | 环 管 式 燃 烧 室 | 环 形 燃 烧 室 |
| --- | --- | --- |
| 便于单独试验 | 便于试验(以扇形段调试) | 不便于单独试验 |
| 试验时需要的气量小 | 试验时需要的气量较小 | 试验时需要的气量大 |
| 便于检查更换 | 较便于检查更换 | 不便于检查更换 |
| 火焰筒结构简单 | 火焰筒结构较复杂 | 火焰筒结构简单 |
| 环形面积利用率低 | 环形面积利用率较高 | 环形面积利用率高 |
| 迎风面积大、重量大 | 迎风面积较大、重量较大 | 迎风面积小、重量轻 |
| 点火性能较差 | 点火性能较差 | 点火性能好 |
| 总压损失大 | 总压损失较大 | 总压损失较小 |
| 出口温度分布不均匀 | 出口温度分布较均匀 | 出口温度分布均匀 |

## 5.3    燃烧室的工作

### 5.3.1    燃烧室工作的基本情况

燃气涡轮发动机燃烧室工作原理如图 5.9 所示。

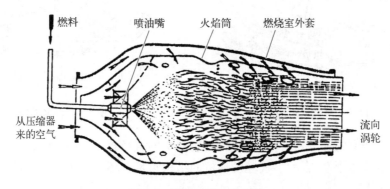

图 5.9    燃烧室的工作原理

发动机工作时,来自压气机出口的空气进入燃烧室,一边向后流动,一边与喷嘴喷出的燃油混合,组成混合气。

发动机起动时,混合气由点火装置产生的火花点燃;起动后,点火装置不再产生火花,新鲜混合气全靠已燃混合气的火焰引火而燃烧。

混合气在燃烧室内燃烧时,喷嘴喷出的燃油与燃烧室中流动的空气不断混合,组成新的混合气以供连续不断的燃烧之用,这样就形成了燃油与空气边混合边燃烧的燃烧过程。燃烧室内气流参数的变化,如图 5.10 所示。气体流入燃烧室后,在头部扩张通道内,速度下降,压力和温度升高。在燃烧区内,混合气进行燃烧,气体温度迅速上升到 2 200 K 左右,由于气体受热膨胀,气体速度又逐渐增大,在掺混区内,虽然有一部分燃油还在进行补充燃烧,但是由于大量二股冷空气的进入,使气流温度下降很多,压力也相应地下降。

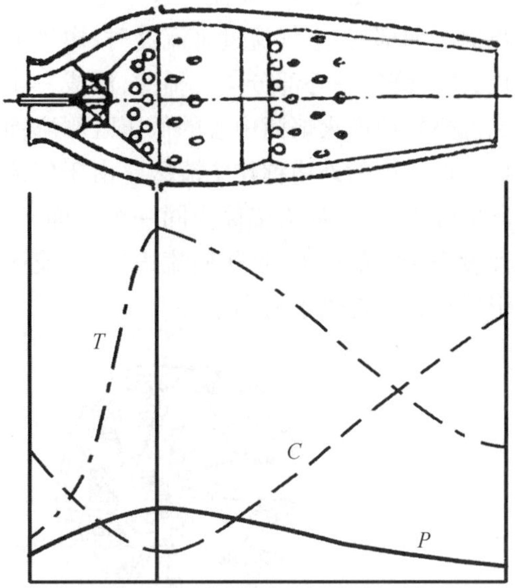

图 5.10　燃烧室内气流参数的变化

### 5.3.2　燃烧室的工作特点

燃气涡轮发动机燃烧室有下述两个特点:

(1) 燃油在高速气流中进行燃烧。

从压气机出来的空气流速在 100 m/s 以上,而燃烧室内最大截面的气流平均速度一般为 20~30 m/s,可见燃烧是在高速气流中进行。

(2) 燃烧室出口燃气的温度受到涡轮叶片材料的限制。

涡轮是高速旋转的部件,涡轮叶片受到极大的离心力作用,而且又处于高温条件下工作,温度越高,材料强度越低,它所能承受的离心力就越小。为了保证涡轮叶片安全工作,必须把燃烧室出口温度限制在一定的范围内,目前一般限制在 1 200~1 600 K。采用目前特殊的冷却涡轮叶片时,如军机进口燃气温度可达到 2 000 K。

## 5.4　燃烧室的稳定燃烧

### 5.4.1　稳定燃烧的条件

稳定燃烧的条件是燃烧时气流速度等于火焰传播速度,所以必须想办法降低空气的流速,提高火焰的传播速度,以保证能达到稳定燃烧的条件。

### 5.4.2　降低空气的流速

1. 扩散器

燃烧室的前部通道是扩张形的,亚声速气流在扩张通道内速度下降,可以将速度由 100 m/s 以上降到 40~60 m/s。

2. 旋流器

旋流器是由若干旋流片按一定角度沿周向排列成的,图 5.11 所示。旋流器安装在火焰筒的前部,当空气流过旋流器时,由轴向运动变成旋转运动,气流被惯性离心力甩向四周,使燃烧室中心部分空气稀薄,形成一个低压区,于是火焰筒四周的空气及后部一部分高温燃气便向火焰筒中心的低压区倒流,形成回流。在燃烧室中,有回流的地方称作回流区。回流区的外边称作主流区。由于气流在火焰筒内形成回流,加之主流区与回流区之间的黏性作用,使火焰筒内同一个截面上的气流速度是不相等的,如图 5.12 所示。轴向速度等于零的地方,称作回流边界,主流区靠近回流边界的地方,气流轴向速度比较小对形成点火源提供了有利条件。

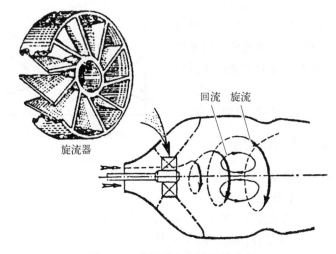

图 5.11 旋流器和回流区的产生

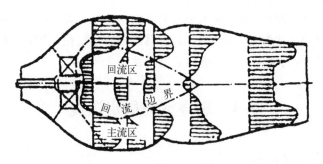

图 5.12 火焰筒内气流速度分布

3. 分股进气

由压气机来的空气,分成两股进入燃烧室,如图 5.13 所示。其中第一股由燃烧室头部经过旋流器进入, 这股空气占总进气量的 25% 左右。其作用是与燃油混合,组成余气系数稍小于 1 的混合气进行燃烧。

第二股由火焰筒侧壁上开的小孔及缝隙进入燃烧室,这股空气占总进气量的 75% 左右,其作用是降低空气的流速,进行补充燃烧;与燃气进行掺混,降低燃气温度,控制燃烧

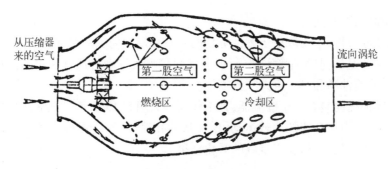

图 5.13 分股进气

室出口处的温度分布,以满足涡轮对温度的要求,还能冷却火焰筒的外壁。同时这部分空气在火焰筒内壁形成一个气膜,使高温燃气与火焰筒的内壁分开而不直接接触内壁,以冷却保护火焰筒。

### 5.4.3 提高火焰的传播速度

1. 影响火焰传播速度的因素

影响火焰传播速度的因素主要有余气系数、混合气的初温、初压、燃油的雾化程度和混合气的流态。

**余气系数**:试验证明,在混合气余气系数稍小于 1 时,火焰传播速度最大;余气系数大于或小于 1 时,火焰传播速度都要减小;当余气系数增加或减小到一定程度时,火焰则不能传播。

**混合气初温、初压**:混合气初温、初压越高,火焰传播速度越大。火焰传播速度与混合气初温的 1.5~2 次方成正比,与初压的 1/2 次方成正比。

**燃油雾化程度**:燃油雾化程度用雾化油滴直径的大小来描述,油滴直径越小,说明燃油雾化的质量越高。因为油滴直径越小,油滴表面积的总和越大,这就大大增加了燃油与空气的接触面积,便于燃油从空气中吸收热量,加速燃油的汽化。实际还希望油滴的直径有大也有小,燃油可以分布在较大的燃烧区中。

**混合气的流态**:流态分为层流流动状态和紊流流动状态两种,紊流时火焰传播速度大于层流时的火焰传播速度。因为当气体作紊流流动时,气体微团的运动极为紊乱,使火焰前锋的表面极不规则,犹如锯齿状,如图 5.14 所示。而且随着紊流强度的增大,某些正在燃烧的气团可能脱离火焰前锋而进入新鲜混合气中,新鲜混合气的气团也可能穿入火焰前锋,使火焰前锋面碎裂,形成犬牙交错的形状,大大地增大了燃气与新鲜混合气的接触面积。由于混合气传递的热量和活化中心的扩散作用,使火焰的传播速度显著增大。紊流状态时的火焰传播速度比静止时要大二十多倍。

2. 提高火焰传播速度的方法

要提高火焰的传播速度可从促使燃油迅速汽化、组成余气系数合适的混合气和增大紊流强度等三方面着手。

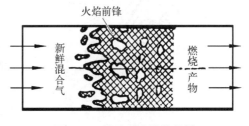

图 5.14 紊流时火焰的传播

1）促使燃油迅速汽化

燃油汽化的快慢，主要取决于燃油雾化的质量和燃油周围的温度。

燃油的雾化是通过喷油嘴实现，目前燃气涡轮喷气发动机通常使用喷油嘴有离心式喷油嘴、气动式喷油嘴和蒸发管式喷油嘴等。

离心式喷油嘴内装有一个旋流器，其工作原理如图 5.15 所示。燃油从切向孔进入旋流室内，在旋流室内作急速的旋转运动，燃油从喷孔喷出后，受惯性力和空气撞击的作用破裂成无数细小油珠，从而获得良好的雾化结果。

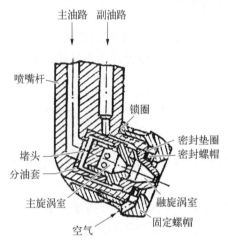

图 5.15　双路离心式燃油喷嘴

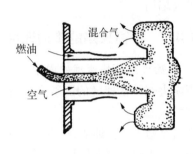

图 5.16　蒸发管式燃油喷嘴

由于发动机在不同的转速下工作时，所需油量的变化很大。大转速时的供油量一般比小转速时供油量要大十几至几十倍，只有一条通路面积的单路喷油嘴就不能满足要求，所以目前有的发动机使用双路离心喷油嘴。

图 5.17 所示的气动式喷油嘴的出现，克服了离心式喷油嘴以下两个缺点：喷油量与喷油雾化质量都直接与供油压力相关；在大供油量时，由于雾化质量好，大部分是小直径的油珠，由于其动量小，都聚集在喷油嘴附近，容易形成积炭。而气动式喷油嘴油量的改变是依靠供油压力，而雾化质量则依靠另外的气动因素。

在装有蒸发管的燃烧室内，油气的混合提前在蒸发管内进行，如图 5.16 所示。经在 T 型热管壁加热蒸发，进一步与这部分高温空气掺混。实践证明使用蒸发管的燃烧室燃烧效率较高，不冒烟，出口温度场较稳定，这种蒸发管式的供油装置与环形燃烧室相配合，得到广泛的应用。

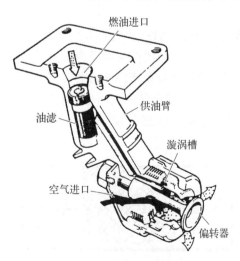

图 5.17　气动式燃油喷嘴

2) 组成余气系数合适的混合气

在燃烧室前端靠近回流区的地方,气流速度较小,并有高温燃气促使燃油迅速汽化和提高混合气的温度,最适宜形成火源。因此在这里可形成余气系数合适的混合气。

混合气的余气系数主要取决于燃油的浓度,而浓度又与喷射情况有关。由于采用了离心式喷油嘴,燃油从喷嘴孔向外喷出时,每粒油滴不仅有一个向前的速度,而且因燃油本身做旋转运动,还有一个切向速度。这样喷射出的燃油形成一个空心锥体,在锥面上燃油浓度最大,余气系数最小;离开锥面越远,浓度越小,余气系数越大。在锥体的中央和火焰筒壁面附近,浓度最小,余气系数最大,如图 5.18 所示。图 5.18 中实线是火焰筒内燃油浓度分布情况,虚线是余气系数分布情况,$O$-$T$ 表示浓度最大的位置。因此,只要适当地控制喷射角和空气量,就能在燃烧区前端局部气流小的地方,得到余气系数适当的混合气。

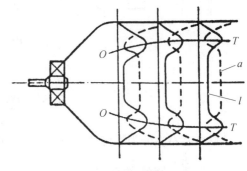

图 5.18 余气系数分布

3) 增大紊流强度

通过在火焰筒前部中心安装旋流器来达到,旋流器有叶片式和非叶片式两种。

### 5.4.4 燃烧过程

第一股空气从火焰筒的头部经旋流器进入火焰筒,与从喷油嘴喷入的燃油形成混合气由点火器将头部的混合气点燃后,边燃烧边向下游流动,当它达到回流区末端时,这部分混合气已基本上燃烧完毕。因此,进入回流区的气体主要是高温燃气。回流的高温燃气逆流到喷嘴附近,将刚刚喷入的油滴加热蒸发形成燃油蒸汽,燃油蒸汽与从旋流器进入的空气迅速掺混形成混合气。同时也有回流区的高温燃气掺混进来,并对混合气进行加热点火,经过一定的感应期后就着火燃烧。然后,这个火源往四周的混合气传播火焰,不断地向外扩展,把火焰传到整个头部,形成火焰前锋。作为点火源的混合气团本身,则由于燃烧和向下游移去,而把它的位置和作用让位于来自上游的新混合气团。这一过程周而复始,在火焰筒头部就保持着稳定的燃烧,称作主燃区。

没有参与燃烧的燃油,与用于掺混的二股气流混合后,在补燃区中继续燃烧。火焰筒掺混段的任务是将二股气流引进火焰筒,如图 5.19 所示,第二股气流经过火焰筒侧壁上的小孔和窄缝进入火焰筒内,与高温燃烧产物掺混降温,获得需要的出口温度和温度分布。第二股气流还沿火焰筒内壁面形成气膜,将高温燃气与金属壁面分隔开,以保护冷却火焰筒,掺混冷却后的燃气进入涡轮导向器。

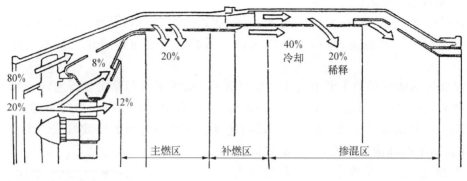

图 5.19　燃烧室的分区

# 5.5　燃 烧 室 特 性

燃烧室特性分为燃烧效率特性、总压损失特性和熄火特性。

## 5.5.1　燃烧效率特性

燃烧室的燃烧效率特性一般是指燃烧效率与燃烧室的总余气系数间的关系,即随着余气系数的不同,燃烧效率变化的规律。影响燃烧效率的因素不仅仅有余气系数,还有燃烧室的进气压力、进气温度和进气速度等。

1. 余气系数

余气系数处于设计状态时,燃烧效率最高,在其他状态时均会降低。其原因是:当余气系数减小时,燃烧室头部的燃烧区里会出现空气流量不足的现象,燃烧速度变慢,使火焰区变长。此外,由于供油量相对多了,燃油的轴向速度增加,也会使燃烧区后移,因而造成不完全燃烧,甚至被吹熄,这就是富油熄火。当余气系数增大时,燃烧室头部的燃烧区里空气流量相应增加,虽然有利于燃油与空气的扩散混合,但由于喷油压力下降,雾化质量变差,油滴大了,使燃烧区的未燃烧油滴增加,则燃烧效率下降,甚至被吹熄,这就是贫油熄火。

2. 进气压力

进气压力增加,使供油量增加,即在喷口的压降增加,在一定程度上有利于改善雾化质量,此外,压力增加,使空气密度增加,改善了空气和燃油的扩散和混合,加快了化学反应和火焰传播速度。所以,随着进气压力的增加,可使燃烧效率上升,但当进气压力较高时,对燃烧效率的影响不明显。

3. 进气温度

进气温度的增加,可以加快空气和油雾之间的热交换和质量交换,使燃烧效率上升。但在一定的进气温度以上,影响也就不大了。这是因为,燃油的蒸发主要受回流区的影响。

4. 进气速度

进气速度的增加,使燃油在燃烧室停留的时间缩短,使燃烧完全程度下降,从而使燃烧效率降低。

典型的燃烧效率特性是通过试验得到的,即在一定的进口参数情况下,改变供油量以得到不同的余气系数,随余气系数的变化测得相应的燃烧效率,就得到 $\eta_b = f(\alpha)$ 的特性线。典型的燃烧效率特性曲线如图 5.20 所示。

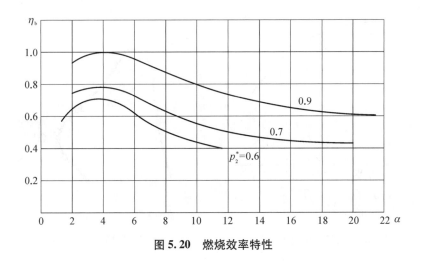

图 5.20　燃烧效率特性

综合上述影响燃烧效率的因素,通过试验数据,引入影响燃烧效率的相似准则参数 $\theta$, 即

$$\theta = \frac{p_2^{1.75} e^{\frac{T_2}{300}}}{q_m} \tag{5.12}$$

对于一定尺寸和结构的燃烧室,通过试验可以得到燃烧效率随相似参数 $\theta$ 的变化规律,即燃烧效率特性,即

$$\eta_b = f(\theta)$$

如图 5.21 所示,该曲线可以广泛应用到任意 $V_2$、$p_2$ 和 $q_m$ 的飞行状态中去,所以称为燃烧效率的通用特性曲线。

### 5.5.2　总压损失特性

总压损失特性:是燃烧室的总压恢复系数 $\sigma_b$ 随流量相似参数的变化规律,如图 5.22 所示。

流量相似参数为

$$\frac{q_m \sqrt{T_2^*}}{p_2^*}$$

所以总压损失特性可以表示为

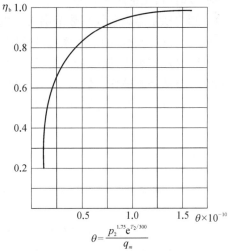

图 5.21　通用燃烧效率特性

$$\sigma_{\mathrm{b}} = f\left(\frac{q_m\sqrt{T_2^*}}{p_2^*}\right)$$

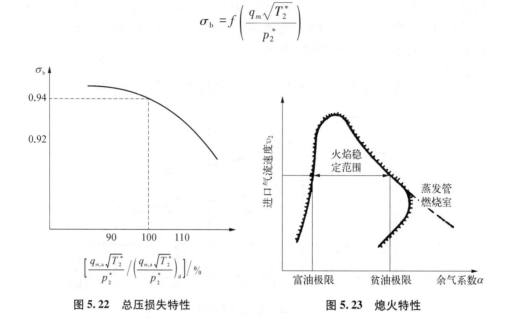

图 5.22　总压损失特性　　　　　　　图 5.23　熄火特性

### 5.5.3　熄火特性

熄火分为贫油和富油熄火,熄火的根本原因是余气系数超出了稳定燃烧的范围。

熄火特性是稳定燃烧的余气系数范围随进气速度 $V_2$ 的变化规律,即

$$\Delta\alpha = f(V_2)$$

燃烧室进口处气流速度越大,则稳定燃烧的余气系数的范围越小,而当气流速度超过一定数值后,无论用多大的余气系数,都无法维持稳定燃烧,如图 5.23 所示。

影响稳定燃烧余气系数范围大小的因素还有混合气的初温和初压。混合气的初温、初压升高,稳定燃烧的余气系数的范围增大。

除燃烧室熄火外,燃烧室常见的故障是火焰筒变形和裂纹。原因有燃油分布不均匀和空气流动遭到破坏,例如:喷油嘴的孔径发生变化或喷油嘴安装偏斜;火焰筒安装不正确或喷油量过大等。在燃烧室维护中,常通过专门的孔用孔探仪来检查是否有故障。

# 习　　题

1. 表示燃料与空气相对数量的几个参数(余气系数 $\alpha$、油气比 $f$、当量比 $\varphi$)的定义及相互间有什么关系?
2. 在燃气涡轮发动机中用什么参数表示燃烧室尺寸的大小? 它是如何定义的?
3. 燃气涡轮发动机燃烧室分几种类型? 它们各有什么优缺点?
4. 对燃烧室有哪些基本要求?
5. 某发动机燃烧室燃烧航空煤油 3 kg,用空气 168 kg,燃烧完全系数为 98%,试问:
   (1) 产生的纯燃烧产物有多少?

（2）剩余的纯空气有多少？

（3）燃烧室的总余气系数是多少？

（4）若主燃段的进气量为总进气量的 35%，则主燃段的余气系数是多少？

6. 计算 $C_3H_8$ 在空气中燃烧时的理论空气量。说明油气比、余气系数和当量比的定义及其相互关系。

7. 油气比 $f$、燃烧完全系数 $\zeta_b$ 和等温燃烧焓差 $H_3^*$ 是如何定义的？根据它们的定义，利用能量平衡推导出油气比与燃烧完全系数和等温燃烧焓差之间的关系。

8. 紊流火焰传播速度和层流火焰传播速度哪个大？为什么？

9. 燃烧室中为什么设置火焰筒？画图说明火焰筒内气流流动和分区的特点。

10. 燃烧室常见的故障有哪些？并说明其原因。

11. 燃烧室一般分为几个区？说明各区的功能是什么？

12. 衡量燃气涡轮发动机燃烧室性能的主要指标有哪些？

# 第6章
# 涡　轮

涡轮是燃气涡轮发动机的重要部件之一,安装在燃烧室的后面,是在高温高压燃气作用下旋转做功的部件。

在燃气涡轮发动机中,涡轮和压气机都是与气流进行能量交换的叶片机,所以它们之间有许多相似之处。但是,涡轮和压气机与气流间的能量交换在程序上正好相反,气流流过压气机时通过绝热压缩,总温和总压增加;而在涡轮中,气流通过绝热膨胀,总温和总压降低,同时输出轴功。当压气机运转时,必须输入轴功,而在涡轮运转时,就从涡轮轴上输出轴功,于是把涡轮转子和压气机转子连接在一起。当压气机和涡轮平衡运转时,涡轮轴上的功除了一部分用来克服轴承上的摩擦和带动附件外,全部为压气机所吸收。

## 6.1　涡轮的类型和组成

和压气机一样,按气流流动方向是否和涡轮旋转轴轴线方向大体一致,涡轮可分为轴流式和径流式两类。民用航空发动机上多采用轴流式涡轮。

轴流式涡轮可分为冲击式、反力式和冲击-反力式。

### 6.1.1　涡轮的类型

1. 冲击式涡轮

冲击式涡轮[图 6.1(a)]推动涡轮旋转的扭矩是由于气流方向改变而产生的,涡轮导向器内叶片间的流动通道是收缩形,燃气在涡轮喷嘴环内气流速度增加,压力下降;而在工作叶轮叶片通道内,相对速度的大小不变,只改变气流的流动方向。

冲击式涡轮的工作叶片的特征是前缘和后缘较薄,而中间较厚。

2. 反力式涡轮

反力式涡轮[图 6.1(b)]推动涡轮旋转的扭矩是由于气流速度的增大和方向的改变而产生的,燃气在涡轮导向器只改变流动方向,涡轮工作叶片间的通道是收缩形的,故燃气的相对速度增加,流动方向改变。

反力式涡轮工作叶片的特征是前缘较厚,而后缘较薄。

3. 冲击-反力式涡轮

燃气涡轮发动机大多所采用的涡轮是冲击-反力式的涡轮,导向器和工作叶片间的通

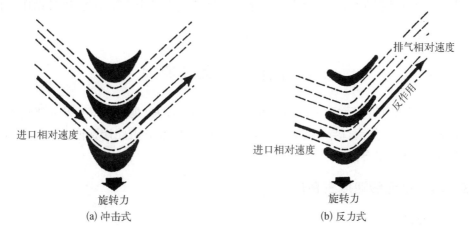

图 6.1　冲击式和反力式涡轮

道均是收缩形(图 6.2),在两者中压力均下降。

### 6.1.2　涡轮的组成

　　燃气涡轮发动机中的轴流式涡轮是由静子和转子组成的,如图 6.3 所示。通常是多级涡轮,由若干个单级涡轮组成。例如:CFM56–3 涡轮风扇发动机有 5 级(1HP,4LP);PW2037 涡轮风扇发动机有 7 级涡轮(2HP,5LP)。每级由一个导向器和一个工作叶轮组成。导向器由在外环和内环之间安装若干个导向叶片(称作静叶)所构成,导向叶片安装在内外环之间时,其中的一端是较松动地安装的,工作时由于高温膨胀而使其固定牢固。

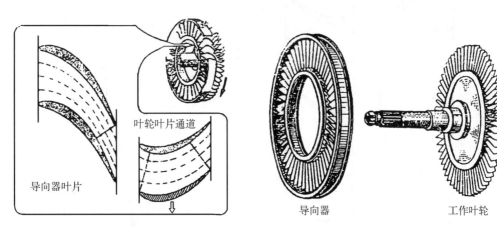

图 6.2　涡轮流动通道　　　　　　　图 6.3　导向器和工作叶轮

　　导向器安装在工作叶轮的前面,是固定不动的;两个相邻的导向叶片之间的通道是收缩形的,如图 6.2 所示。燃气在其中膨胀加速,将燃气的一部分热能转变为动能,引导气流的流动以合适的方向流入工作叶轮。

　　工作叶轮是由在轮盘上安装若干个工作叶片(也称作动叶)构成,两个相邻的工作叶片之间的通道也是收缩形的,当受到燃气的冲击时燃气在其中膨胀做功,以带动压气机和附件。

## 6.2　涡轮膨胀做功原理

和研究压气机的基元级一样,研究涡轮基元级的目的也是为了得到基元级速度三角形,可直观地显示燃气流过导向器和工作叶轮的膨胀情况,并由此计算轮缘功的大小以及通过涡轮的燃气流量等。

### 6.2.1　基元级速度三角形

1. 基元级速度三角形

用③—③表示工作叶轮进口截面,④—④表示工作叶轮出口截面,则在进口处有

$$c_3 = w_3 + u_3$$

从而得到叶轮进口处的速度三角形,如图6.4所示。

在工作叶轮出口处有

$$c_4 = w_4 + u_4$$

从而得到叶轮出口处的速度三角形,如图6.4所示。

将叶轮进、出口速度三角形叠加在一起,就得到基元级速度三角形,如图6.5所示。

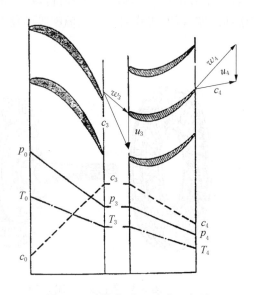

图6.4　叶轮进、出口速度三角形

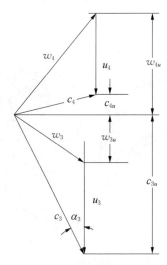

图6.5　基元级速度三角形

2. 决定基元级速度三角形的因素

类似压气机,由动量矩定理可以得到涡轮轮缘功的计算式为

$$w_{\mathrm{T}} = u_3 c_{3u} + u_4 c_{4u}$$

当 $u_3 = u_4 = u$ 时：

$$w_T = u(c_{3u} + c_{4u}) \tag{6.1}$$

可以看出，决定涡轮轮缘功的除了 $u$ 之外，就是工作叶轮进、出口的切向速度之差 $(c_{3u} + c_{4u})$（注意：这里 $c_{3u}$ 和 $c_{4u}$ 方向相反，故变成加号），由于涡轮的出口紧接喷管，一般总希望涡轮出口绝对速度接近轴向，所以 $c_{4u}$ 很小，因此决定涡轮轮缘功的主要因素是 $c_{3u}$。在涡轮中，反映燃气流量一般采用导向器出口的气流角 $\alpha_3$ 而不采用轴向速度 $c_{3a}$，原因是这个角度不但能反映轴向速度 $c_{3a}$ 的大小（$c_{3a} = c_{3u}\tan\alpha_3$），而且它还可以与叶片长短和效率等联系起来。由于一级涡轮的膨胀很大，故 $c_{3a}$ 与 $c_{4a}$ 不能认为两者相等，一般它们的比值为 0.75 左右。

综上所述，决定基元级速度三角形的因素有以下五个：

$$c_{3u},\ \alpha_3,\ u,\ c_{4u},\ c_{3a}/c_{4a}$$

从能量方程可以得到涡轮的轮缘功为

$$w_T = \frac{c_3^2 - c_4^2}{2} + \frac{w_4^2 - w_3^2}{2} \tag{6.2}$$

此式表明，轮缘功的大小取决于燃气绝对动能和相对动能的变化。在涡轮中，相对动能的变化较小，一般占轮缘功的 $25\% \sim 40\%$，有的甚至不变化。通常称相对动能不变化的涡轮为"零反力度涡轮"或称为"冲击式涡轮"，而称那些相对动能有变化的为"反力式涡轮"。

在亚声速压气机中，一级压气机所消耗的功在 40 kJ/kg 以内，而一级涡轮输出的轮缘功则在 $200 \sim 300$ kJ/kg 之间，两者相差如此悬殊，其原因有以下几点。

（1）由于气体在压气机中流动时压力逐级增加，存在着正的压力梯度，在正压力梯度的作用下，如果攻角过大，附面层的一部分气体微团的运动不足以反抗高的反压而容易发生分离，因而在一级压气机中不允许静压提高得太多，而且气流转折角不能太大。至于涡轮，则由于通道是收缩的，燃气在其中是减压加速，存在负压力梯度，所以附面层中的气体微团就不容易分离，气流的转折角可以较大，所以涡轮叶片比压气机叶片弯曲的程度要大，燃气膨胀的程度大。

（2）因为涡轮中燃气的温度比压气机中空气的温度高得多，因此当地声速也高得多，涡轮中的气流速度比压气机大；当马赫数保持在合适的范围内时，气流速度高，对于增加燃气做功能力十分有利。目前流量大的一级涡轮可以输出十万千瓦的功率级别，这些功率被压气机吸收，可带动 $5 \sim 7$ 级或更多级压气机。因此，在同一台发动机中，涡轮的级数要比轴流式压气机的级数少得多。

（3）涡轮叶片比压气机叶片要厚。一方面涡轮叶片受热严重，金属材料的强度随着温度的升高而降低，为了保证叶片的强度，所以涡轮叶片较厚。另一方面涡轮叶片需要冷却，通常前几级涡轮叶片做成中空的，便于通冷却空气。

3. 反力度

由于在基元级中，燃气流过导向器和工作叶轮时都会加速膨胀，所以存在着在两者中加速膨胀所占的比例问题。

反力度就是用来衡量燃气在工作叶轮中的降压膨胀(也就是相对动能变化)占全基元级总膨胀功($w_T$)的百分比。反力度可表示为

$$\Omega_T = \frac{w_4^2 - w_3^2}{2w_T} \tag{6.3}$$

反力度反映燃气在叶轮中膨胀的情况。例如:$\Omega_T = 0$ 为"零反力度涡轮",这时燃气加速膨胀全部在导向器中进行,在叶轮中不进行膨胀,$w_4 = w_3$,叶轮只起导向的作用,进、出口截面积相等。叶轮之所以会转动,完全靠由导向器中流过来的高速气流对它的冲击。这种涡轮做功能力大,而且由于燃气在导向器中膨胀程度很大,温度降低多,改善了叶轮的工作条件,因而在蒸汽轮机中得到广泛应用,但在航空燃气涡轮发动机中应用较少,这是因为在这种涡轮的动叶中,燃气不加速膨胀,没有负压梯度,气流容易分离,涡轮效率较低。目前航空上常采用反力度不等于零的"反力式涡轮",平均半径处的反力度 $\Omega_T$ 在 $0.25 \sim 0.40$。

### 6.2.2 基元级做功原理

涡轮工作时,燃气从燃烧室流入涡轮导向器,由于涡轮导向器叶片间的通道是收缩形的,所以燃气在涡轮导向器中膨胀加速,静压降低,焓和静温相应下降,在涡轮导向器出口

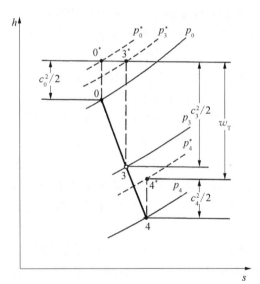

图 6.6　涡轮基元级中 $h$ - $s$ 图

处燃气速度 $c_3$ 接近或达到声速,流动的方向也改变,以满足涡轮工作叶片进口处对气流方向的要求。燃气以相对速度 $w_3$ 流入工作叶轮,沿工作叶轮叶栅流动,由于涡轮工作叶片间的通道也是收缩形,故燃气在工作叶轮中继续膨胀加速,相对速度增加,流动方向改变,压力下降,焓和静温也下降。在工作叶轮内,由于工作叶轮被燃气推动而旋转,从速度三角形可清晰地看出,燃气绝对速度降低,方向也发生改变。图 6.6 中表示涡轮基元级中燃气膨胀过程的 $h$ - $s$ 图。

由导向器出来的高速气流冲击在动叶叶栅时,会产生很大的气动力作用在动叶上。和压气机类似,作用在叶盆上的静压比作用在叶背上的静压大得多,叶盆和叶背压差形成了巨大的推动力,其方向由叶盆指向叶背,

推动涡轮动叶做功。所以,动叶叶栅的圆周速度 $u$ 的方向也由叶盆指向叶背,$u$ 的方向和气动力的方向一致。

# 6.3　涡轮的性能参数

涡轮性能参数主要有涡轮落压比、涡轮功、涡轮效率和涡轮功率。

1. 涡轮落压比 $\pi_T^*$

涡轮落压比是涡轮进口处的总压 $p_3^*$ 与涡轮出口处的总压 $p_4^*$ 之比，即

$$\pi_T^* = \frac{p_3^*}{p_4^*} \tag{6.4}$$

下面讨论多级涡轮落压比的变化规律：讨论的依据是通过涡轮导向器最小截面处的燃气流量等于流过喷管最小截面处的流量，即 $q_{m,t} = q_{m,5}$，根据流量公式有

$$K \frac{\sigma_t p_3^*}{\sqrt{T_3^*}} A_t q(\lambda_t) = K \frac{p_5^*}{\sqrt{T_5^*}} A_5 q(\lambda_5)$$

喷管内为绝能流，所以 $T_4^* = T_5^*$，而 $p_5^* = \sigma_e^* p_4^*$，上式变为

$$\frac{\sigma_t p_3^*}{\sqrt{T_3^*}} A_t q(\lambda_t) = \frac{\sigma_e p_4^*}{\sqrt{T_4^*}} A_5 q(\lambda_5)$$

$$\frac{p_3^*}{p_4^*} \sqrt{\frac{T_4^*}{T_3^*}} = \frac{\sigma_e A_5 q(\lambda_5)}{\sigma_t A_t q(\lambda_t)}$$

将涡轮内的膨胀过程视为绝热多变过程，其多变指数为 $n'$，则有

$$\frac{T_3^*}{T_4^*} = \left( \frac{p_3^*}{p_4^*} \right)^{\frac{n'-1}{n'}}$$

代入上式，有

$$\pi_T^{* \frac{n'+1}{2n'}} = \frac{\sigma_e A_5 q(\lambda_5)}{\sigma_t A_t q(\lambda_t)}$$

当涡轮导向器最小截面处处于临界或超临界状态时，$\lambda_t = 1$，$q(\lambda_t) = 1$，上式变为

$$\pi_T^{* \frac{n'+1}{2n'}} = \frac{\sigma_e A_5 q(\lambda_5)}{\sigma_t A_t} \tag{6.5}$$

对于已有的发动机 $A_t$、$A_5$ 已知，若不变，它们都是常数；$\sigma_t$、$\sigma_e$ 变化也不大，故也可看作常数，所以涡轮的落压比就只是 $\lambda_5$ 的函数。

（1）当喷管处于临界或超临界状态时，$\lambda_5 = 1$，$q(\lambda_5) = 1$，式(6.5)变为

$$\pi_T^{* \frac{n'+1}{2n'}} = \frac{\sigma_e A_5}{\sigma_t A_t} = 常数$$

此式表明：当涡轮导向器最小截面和喷管均处于临界或超临界状态时，涡轮的落压比为常数，即随转速的变化而保持不变。

（2）当喷管处于亚临界状态时：

$$\pi_T^{*\frac{n'+1}{2n'}} = \frac{\sigma_e A_5 q(\lambda_5)}{\sigma_t A_t}$$

涡轮的落压比是 $\lambda_5$ 的函数。当转速增加时，通过喷管的燃气流量增加，出口的速度系数也增加，流量函数上升，涡轮落压比增大。

所以：当涡轮导向器最小截面处于临界或超临界状态，而喷管处于亚临界状态时，随着转速增加，涡轮的落压比增大；同样随着转速减小，涡轮的落压比减小。

（3）当涡轮和喷管均处于亚临界状态时：

$$\pi_T^{*\frac{n'+1}{2n'}} = \frac{\sigma_e A_5 q(\lambda_5)}{\sigma_t A_t q(\lambda_t)}$$

涡轮的落压比是 $\lambda_5$ 和 $\lambda_t$ 的函数。由于涡轮导向器最小截面处更接近临界状态，所以当转速增加时，通过涡轮导向器和喷管的燃气流量都增加，速度系数 $\lambda_t$ 和 $\lambda_5$ 也都增加，流量函数 $q(\lambda_5)$、$q(\lambda_t)$ 上升，但 $q(\lambda_5)$ 比 $q(\lambda_t)$ 上升得快，从而使涡轮落压比增大。

所以，当涡轮和喷管均处于亚临界状态时，随着转速增加，涡轮落压比增大；同样随着转速减小，涡轮的落压比减小。

这时各级落压比是如何变化的呢？下面就来讨论这个问题。

根据涡轮进、出口燃气流量连续有

$$\rho_3 A_3 c_{3a} = \rho_4 A_4 c_{4a}$$

利用多变过程，$p/\rho^n =$ 常数，考虑到涡轮面积比为常数，则有

$$\frac{c_{3a}}{c_{4a}} \pi_T^{\frac{1}{n}} = 常数$$

上式说明，涡轮在非设计状态工作时，当落压比 $\pi_T$ 小于设计落压比时，轴向速度比 $c_{4a}/c_{3a}$ 要减小，才能保持流量连续，而且落压比下降越多，$c_{4a}/c_{3a}$ 减小也越多。因为在设计状态时，落压比比较大，膨胀做功后，燃气的密度降低，为了通过设计流量，涡轮出口环形面积要大于进口面积才能保持流量连续。在非设计状态时，如果落压比减小，密度比降低，这时气流要通过原来的出口面积，就必须减小轴向速度 $c_{4a}$ 才能保持流量连续。在多级涡轮中，越是后面的级，其轴向速度减小得越多，加之静叶出气角在非设计状态下变化不大，因此静叶出口速度必将减小得更多。这使后面级涡轮的落压比降得多，而前面级的轴向速度降得少。

当涡轮总落压比 $\pi_T$ 增加超过设计状态时，轴向速度比只有增加才能保持流量连续。因为这时密度比的降低将比设计状态时大，因而出口环形面积显得小，就必须使 $c_{4a}$ 的增加比 $c_{3a}$ 的增加更快才行，所以后面级的涡轮落压比增加得比前面级更多些。这表明：转速增加时，各级落压比都增加，越靠后的级涡轮落压比增加得越多；转速减小时，各级落压比都减小，越靠后的级落压比减小得越多。

因此,涡轮导向器和喷管都处于亚临界状态时,如果总落压比下降时,各级涡轮的落压比都下降,而且越靠后面的级,落压比下降越多;反之,当总落压比增加时,各级涡轮落压比都增加,而且越靠后面的级,落压比增加越多。

当某一级的落压比超过临界值之后,所有位于它前面的级落压比将不再变化,即涡轮总落压比的变化,不影响这些级的落压比,而只改变其后面级的落压比。

综上所述,多级涡轮的落压比在很广的范围内变化时,第一级(或前几级)的落压比几乎不发生变化。

2. 涡轮功

涡轮功分为理想涡轮功和绝热涡轮功。

1) 理想涡轮功

1 kg 燃气通过理想的过程从 $p_3^*$ 膨胀到 $p_4^*$ 所输出的功称为理想涡轮功,用 $w_{T,s}$ 表示。根据能量方程有

$$w_{T,s} = \frac{\gamma'}{\gamma'-1}RT_3^*\left[1-\left(\frac{p_4^*}{p_3^*}\right)^{\frac{\gamma'-1}{\gamma'}}\right] = \frac{\gamma'}{\gamma'-1}RT_3^*\left(1-\frac{1}{\pi_T^{*\frac{\gamma'-1}{\gamma'}}}\right) \tag{6.6}$$

由该式可以看出:当涡轮落压比 $\pi_T^*$ 保持一定时,涡轮前燃气总温 $T_3^*$ 越高,则理想涡轮功越大;但涡轮前总温受到涡轮叶片材料的限制,而不能任意提高。当涡轮前燃气总温 $T_3^*$ 保持一定时,涡轮落压比 $\pi_T^*$ 越大,则理想涡轮功越大。

2) 绝热涡轮功

1 kg 燃气通过绝热的过程从 $p_3^*$ 膨胀到 $p_4^*$ 所输出的功称为绝热涡轮功,用 $w_T$ 表示,即

$$w_T = \frac{\gamma'}{\gamma'-1}R(T_3^*-T_4^*) \tag{6.7}$$

式中, $T_4^*$ 是考虑全部损失后,涡轮实际的出口总温。

整台涡轮的绝热涡轮功等于各级绝热涡轮功之和,现以两级涡轮为例证明如下:

整台涡轮功为: $\quad w_T = c_p'(T_3^*-T_4^*)$

第一级的涡轮功为: $\quad w_{T,1} = c_p'(T_3^*-T_{3.5}^*)$

第二级的涡轮功为: $\quad w_{T,2} = c_p'(T_{3.5}^*-T_4^*)$

式中, $T_{3.5}^*$ 代表第一级涡轮出口或第二级涡轮进口处燃气的总温。

$$w_{T,1}+w_{T,2} = c_p'(T_3^*-T_{3.5}^*)+c_p'(T_{3.5}^*-T_4^*) = c_p'(T_3^*-T_4^*) = w_T$$

该式表明:多级涡轮的涡轮功等于各级涡轮功之和。

燃气在流过涡轮时,不可避免地会发生流动损失,和压气机叶栅一样,也包括叶型损失和二次损失。叶型损失有:附面层内的摩擦损失、尾迹损失、附面层分离损失、尾迹和主流的掺混损失等。二次损失有:端壁附面层损失、发生在叶尖和机匣内壁间径向间隙处的漏气损失,发生在叶尖处由叶盆向叶背流动的潜流损失等,如图6.7所示。所以绝热涡轮功小于理想涡轮功,即

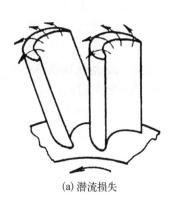 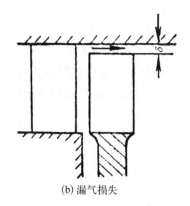

(a) 潜流损失　　　　　　　(b) 漏气损失

图 6.7　涡轮叶尖处的潜流损失和径向间隙处的漏气损失

$$w_{T,s} > w_T$$

**3. 涡轮效率**

涡轮效率是绝热涡轮功与理想涡轮功之比,又称为涡轮绝热效率,用符号 $\eta_T^*$ 表示。涡轮效率为 0.91~0.94。

$$\eta_T^* = \frac{w_T}{w_{T,s}} \tag{6.8}$$

为了提高涡轮效率,必须设法减少二次损失。目前采取的措施有如下两个方面:

(1) 安装轮箍,即使用带冠的涡轮叶片,以减少潜流损失,如图 6.8 所示;

(2) 控制涡轮间隙或安装密封装置,减少漏气损失,如图 6.9 所示。

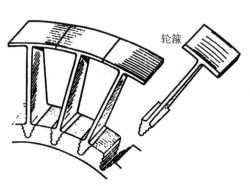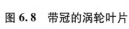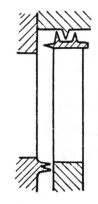

图 6.8　带冠的涡轮叶片　　　　图 6.9　装有迷宫密封装置的叶轮

控制涡轮间隙是根据发动机的不同工作状态,从压气机不同的级将空气引到涡轮机匣中,用来控制涡轮机匣的膨胀量,使涡轮间隙保持在最佳值。

由涡轮效率的定义,涡轮功可写成:

$$w_T = w_{T,s}\eta_T^* \tag{6.9}$$

下面我们分析多级涡轮的总效率和各单级效率的关系。和压气机类似,我们当然可

以用 $T\text{-}s$ 图来证明(见 4.2 节)。现我们换一种思路,仍以两级涡轮为例,用 $h\text{-}s$ 图来证明,如图 6.10 所示,图中 1-2-3 表示实际涡轮膨胀过程。

第一级的理想涡轮功为

$$w_{Ts,1} = \frac{\gamma' R}{\gamma' - 1} T_1^* \left( 1 - \frac{1}{\pi_{T,1}^{*\frac{\gamma'-1}{\gamma'}}} \right)$$

第二级的理想涡轮功为

$$w_{Ts,2} = \frac{\gamma' R}{\gamma' - 1} T_2^* \left( 1 - \frac{1}{\pi_{T,2}^{*\frac{\gamma'-1}{\gamma'}}} \right)$$

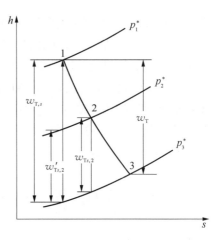

图 6.10 多级涡轮 $h\text{-}s$ 图

整机中第二级理想涡轮功为

$$w'_{Ts,2} = \frac{\gamma' R}{\gamma' - 1} T_{2s}^* \left( 1 - \frac{1}{\pi_{T,2}^{*\frac{\gamma'-1}{\gamma'}}} \right)$$

由于

$$T_2^* > T_{2s}^*$$

可知:

$$w_{Ts,2} > w'_{Ts,2}$$

又

$$w_T = w_{T,s} \eta_T^* = w_{Ts,1} \eta_{T1}^* + w_{Ts,2} \eta_{T,2}^*$$

若假设两级涡轮的效率相同,即

$$\eta_{T,1}^* = \eta_{T,2}^*$$

则有

$$w_{T,s} \eta_T^* = (w_{Ts,1} + w_{Ts,2}) \eta_{T1}^*$$

因为

$$w_{T,s} = w_{Ts,1} + w'_{Ts,2} < (w_{Ts,1} + w_{Ts,2})$$

所以

$$\eta_T^* > \eta_{T,1}^*$$

该式表明,整台涡轮的效率大于各级涡轮的效率。

整台涡轮的效率大于各级涡轮效率的原因是:理想情况下第一级出口的总温低于实际情况第二级进口的总温,总温的不同是由于在实际膨胀过程中,损失的功转变为气体的内能,而使温度提高。涡轮前燃气总温越高,所做的膨胀功越大,也就是说,燃气在膨胀过程中所损失的功,在其后的膨胀过程中可回收一部分,称为再生热的利用。

但不能以此认为:通过增加涡轮的级数来提高涡轮效率;提高涡轮效率的正确途径是减少燃气流经涡轮的流动损失。

例:一台双级涡轮,各级的落压比 $\pi_{T,1}^* = \pi_{T,2}^* = 1.7$,各级的效率 $\eta_{T,1}^* = \eta_{T,2}^* = 0.90$,求该双级涡轮的总效率 $\eta_T^*$ 是多少? 并说明涡轮总效率与各级效率不同的原因。(燃气的绝热指数 $\gamma' = 1.33$)

解:第一级涡轮功为

$$w_{T,1} = c_p'(T_3^* - T_{3.5}^*) \quad w_{T,1} = c_p' T_3^* \left(1 - \frac{T_{3.5}^*}{T_3^*}\right) = c_p' T_3^* \left(1 - \frac{1}{\pi_T^* \frac{\gamma'-1}{\gamma'}}\right) \eta_{T,1}^*$$

可得

$$\frac{T_{3.5}^*}{T_3^*} = 1 - \left(1 - \frac{1}{\pi_{T,1}^* \frac{\gamma'-1}{\gamma'}}\right) \eta_{T,1}^*$$

又

$$w_T = w_{T,1} + w_{T,2} = c_p' T_3^* \left(1 - \frac{1}{\pi_{T,1}^* \frac{\gamma'-1}{\gamma'}}\right) \eta_{T,1}^* + c_p' T_{3.5}^* \left(1 - \frac{1}{\pi_{T,2}^* \frac{\gamma'-1}{\gamma'}}\right) \eta_{T,2}^*$$

$$= c_p' \left(1 - \frac{1}{\pi_{T,1}^* \frac{\gamma'-1}{\gamma'}}\right) \eta_{T,1}^* (T_3^* + T_{3.5}^*) = c_p' T_3^* \left(1 - \frac{1}{\pi_{T,1}^* \frac{\gamma'-1}{\gamma'}}\right) \eta_{T,1}^* \left(1 + \frac{T_{3.5}^*}{T_3^*}\right)$$

同时:

$$w_T = c_p' T_3^* \left(1 - \frac{1}{\pi_T^* \frac{\gamma'-1}{\gamma'}}\right) \eta_T^*$$

由于

$$\pi_T^* = \pi_{T,1}^* \pi_{T,2}^* = \pi_{T,1}^{*\,2}$$

有

$$w_T = c_p' T_3^* \left[\left(1 - \frac{1}{\pi_{T,1}^* \frac{2(\gamma'-1)}{\gamma'}}\right)\right] \eta_T^* = c_p' T_3^* \left(1 - \frac{1}{\pi_{T,1}^* \frac{\gamma'-1}{\gamma'}}\right) \left(1 + \frac{1}{\pi_{T,1}^* \frac{\gamma'-1}{\gamma'}}\right) \eta_{T,1}^*$$

比较上述两式有

$$\eta_{T,1}^* \left(1 + \frac{T_{3.5}^*}{T_3^*}\right) = \left(1 + \frac{1}{\pi_{T,1}^* \frac{\gamma'-1}{\gamma'}}\right) \eta_T^*$$

可得

$$\eta_T^* = \frac{\eta_{T,1}^* \left[ 2 - \left( 1 - \frac{1}{\pi_{T,1}^{*\frac{\gamma'-1}{\gamma'}}} \right) \eta_{T,1}^* \right]}{\left( 1 + \frac{1}{\pi_{T,1}^{*\frac{\gamma'-1}{\gamma'}}} \right)} = \frac{\left[ 2 - \left( 1 - \frac{1}{1.7^{\frac{1.33-1}{1.33}}} \right) \times 0.9 \right]}{1 + \frac{1}{1.7^{\frac{1.33-1}{1.33}}}} \times 0.9$$

$$= 0.906$$

从该例可以看出：两级涡轮的效率要比单级的效率要大。这一点和我们前面证明的结论一致。

4. 涡轮功率

在单位时间内涡轮所输出的功是涡轮功率，用符号 $N_T$ 表示，即

$$N_T = q_{m,g} w_T = \frac{\gamma' R}{\gamma' - 1} T_3^* \left( 1 - \frac{1}{\pi_T^{*\frac{\gamma'-1}{\gamma'}}} \right) q_{m,g} \eta_T^* \tag{6.10}$$

可知影响涡轮功率的因素有 $T_3^*$、$\pi_T^*$、$\eta_T^*$ 和 $q_{m,g}$。

下面来分析涡轮功率 $N_T$ 的变化规律：

（1）涡轮前燃气总温 $T_3^*$ 一定时，涡轮功率 $N_T$ 随转速 $n$ 的变化规律。

a. 燃气流量 $q_{m,g}$ 随转速 $n$ 的变化规律

通过涡轮导向器最小截面处的燃气流量为

$$q_{m,g} = K \frac{p_t^*}{\sqrt{T_t^*}} A_t q(\lambda_t)$$

导向器内为绝能流，所以 $T_t^* = T_3^*$，而 $p_t^* = \sigma_t p_3^*$，上式变为

$$q_{m,g} = K \frac{p_3^* \sigma_t}{\sqrt{T_3^*}} A_t q(\lambda_t)$$

式中，$p_t^*$ 为导向器最小截面处的总压；$T_t^*$ 为导向器最小截面处的总温；$A_t$ 为导向器最小截面处横截面积；$\lambda_t$ 为导向器最小截面处速度系数；$\sigma_t$ 为导向器的总压恢复系数。

当转速 $n$ 增大时，压气机增压比 $\pi_c^*$ 增大，压气机出口总压 $p_2^*$ 提高，涡轮进口总压 $p_3^*$ 随之提高，通过导向器的燃气流量 $q_{m,g}$ 增多。

若导向器最小截面是亚临界状态，则使速度系数 $\lambda_t$ 变大，流量函数 $q(\lambda_t)$ 变大；

若导向器最小截面处是临界或超临界状态，$\lambda_t = 1$，$q(\lambda_t) = 1$。

综合上述两点，当转速 $n$ 上升时，通过涡轮导向器的燃气流量 $q_{m,g}$ 增大。但开始增加得快，后来增加得慢。

b. 涡轮效率 $\eta_T^*$ 随转速 $n$ 的变化规律

图 6.11 是涡轮效率随转速的变化规律。由

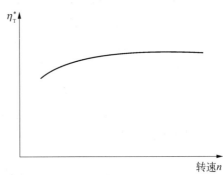

图 6.11 涡轮效率随转速的变化规律

于涡轮内燃气流动是顺压梯度,故不容易产生分离,流动损失较小,只有低于设计转速较远时,损失较大,随着转速增加,损失不断减小,效率增大,在大部分转速下,涡轮效率保持不变。

综上可知:当涡轮前总温保持一定时,随着转速 $n$ 的增大,涡轮输出的功率 $N_T$ 也增大,如图 6.12 所示。

（2）转速 $n$ 保持不变,$T_3^*$ 变化时涡轮功率的变化规律。

根据涡轮功率计算式可以看出,当涡轮前总温 $T_3^*$ 上升时,涡轮理想功 $w_{T,s}$ 增加,使涡轮功率增大;另一方面涡轮前总温 $T_3^*$ 的上升,使通过涡轮的燃气的流量 $q_{m,g}$ 减小,造成涡轮功率下降。总体上,燃气流量变化的影响要小于涡轮理想功变化的影响。

所以,当转速保持一定时,随着 $T_3^*$ 上升,涡轮输出功率 $N_T$ 也上升,如图 6.13 所示。

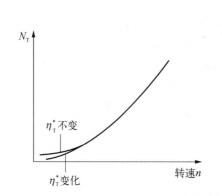

图 6.12　$T_3^*$ 一定时涡轮功率随转速的变化

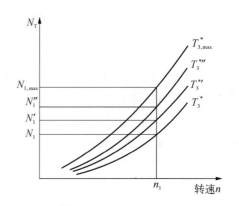

图 6.13　$T_3^*$ 对涡轮功率的影响

# 6.4　涡　轮　特　性

## 6.4.1　涡轮相似参数和特性

涡轮的基本性能参数有涡轮功 $w_T$、燃气流量 $q_{m,g}$ 和涡轮效率 $\eta_T^*$。

实践证明:决定涡轮工作状态的参数有涡轮的转速 $n$、涡轮前燃气总温 $T_3^*$、涡轮前燃气总压 $p_3^*$ 及涡轮后的静压 $p_4$。

涡轮特性就是涡轮的基本性能参数与决定涡轮工作状态的参数间的关系。

和研究压气机特性一样,用相似参数绘制的涡轮特性具有通用性,而不管 $n$、$T_3^*$、$p_3^*$、$p_4$ 的绝对数值如何。同样,在涡轮中流动相似时,应满足几何相似、运动相似和动力相似。在自模化的情况下,涡轮中动力相似的条件也是对应点的马赫数 $Ma$ 相等。由此得到涡轮的两个相似参数分别为

$$转速相似参数 \frac{n}{\sqrt{T_3^*}}$$

$$\text{流量相似参数}\quad \frac{q_{m,\,\mathrm{g}}\sqrt{T_3^*}}{p_3^*}$$

所以,对同一台涡轮,当其雷诺数 $Re > (3.5 \sim 4) \times 10^4$ 时,只要 $\dfrac{n}{\sqrt{T_3^*}}$、$\dfrac{q_{m,\,\mathrm{g}}\sqrt{T_3^*}}{p_3^*}$ 分别相等,其流动状态就相似。

当涡轮流动状态相似时,所有无因次参数如落压比 $\pi_\mathrm{T}^*$ 和效率 $\eta_\mathrm{T}^*$ 也分别相等。可见落压比和效率是转速相似参数和流量相似参数的函数,即

$$\pi_\mathrm{T}^* = f_1\left(\frac{n}{\sqrt{T_3^*}},\ \frac{q_{m,\,\mathrm{g}}\sqrt{T_3^*}}{p_3^*}\right)$$

$$\eta_\mathrm{T}^* = f_2\left(\frac{n}{\sqrt{T_3^*}},\ \frac{q_{m,\,\mathrm{g}}\sqrt{T_3^*}}{p_3^*}\right)$$

在航空燃气涡轮中常把转速相似参数和流量相似参数表示为相对转速相似参数和相对流量相似参数,即

相对转速相似参数 $\left(\dfrac{n}{\sqrt{T_3^*}}\right) \Big/ \left(\dfrac{n}{\sqrt{T_3^*}}\right)_\mathrm{d}$

相对流量相似参数 $\left(\dfrac{q_{m,\,\mathrm{g}}\sqrt{T_3^*}}{p_3^*}\right) \Big/ \left(\dfrac{q_{m,\,\mathrm{g}}\sqrt{T_3^*}}{p_3^*}\right)_\mathrm{d}$

其中,下标"d"表示设计状态。

对于涡轮功有

$$w_\mathrm{T} = \frac{\gamma' R}{\gamma' - 1} T_3^* \left(1 - \frac{1}{\pi_\mathrm{T}^{*\frac{\gamma'-1}{\gamma'}}}\right) \eta_\mathrm{T}^*$$

由于落压比和效率是转速相似参数和流量相似参数的函数,所以 $\dfrac{w_\mathrm{T}}{T_3^*}$ 也是转速相似参数和流量相似参数的函数,即

$$\frac{w_\mathrm{T}}{T_3^*} = f_3\left(\frac{n}{\sqrt{T_3^*}},\ \frac{q_{m,\,\mathrm{g}}\sqrt{T_3^*}}{p_3^*}\right)$$

式中,称 $\dfrac{w_\mathrm{T}}{T_3^*}$ 为涡轮功相似参数。显然,当涡轮中的流动相似时,涡轮功相似参数也为定值。

特别要强调的是:如果涡轮中有一排叶栅(无论是导向器还是工作叶栅)处于临界或超临界工作时,再增加落压比,流量相似参数并不改变,如图 6.14 所示。所以又把落压比和转速相似参数当作自变量,这样涡轮通用特性可以表示为

$$\frac{q_{m,\,\mathrm{g}}\sqrt{T_3^*}}{p_3^*} = f_4\!\left(\pi_{\mathrm{T}}^*,\ \frac{n}{\sqrt{T_3^*}}\right)$$

$$\frac{w_{\mathrm{T}}}{T_3^*} = f_5\!\left(\pi_{\mathrm{T}}^*,\ \frac{n}{\sqrt{T_3^*}}\right)$$

$$\eta_{\mathrm{T}}^* = f_6\!\left(\pi_{\mathrm{T}}^*,\ \frac{n}{\sqrt{T_3^*}}\right)$$

这就是用相似参数表示的涡轮通用特性,绘制成的相应曲线就是涡轮通用特性曲线。当然,这些表达式对涡轮的亚临界工作状态也是完全适用的。

## 6.4.2 涡轮特性

本节重点分析单级涡轮特性,对应的涡轮特性曲线如图 6.14 所示。图中曲线 1 对应 $\dfrac{n}{\sqrt{T_3^*}}$ 等于设计值,曲线 2 对应 $\dfrac{n}{\sqrt{T_3^*}}$ 小于设计值,曲线 3 对应 $\dfrac{n}{\sqrt{T_3^*}}$ 大于设计值,可以发现下列特点。

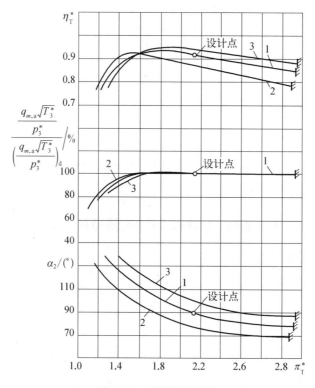

**图 6.14　单级涡轮特性**

（1）当转速相似参数保持不变时,随着落压比增大,导向器中的压降也相应增大,则导向器出口流速增大,流量相似参数增大,但当导向器出口达到声速之后,流量相似参数保持不变。

（2）$\pi_T^*$ 变化时，$\eta_T^*$ 的改变主要是由于速度三角形和攻角变化。当 $\pi_T^*$ 偏离设计值降低或升高时，都会影响工作叶轮进口的攻角，使损失增加。但从图中看出，变化比较平缓，这与涡轮一般不出现分离有关。

（3）图中还给出了 $\alpha_2$ 的变化，$\alpha_2$ 是燃气离开涡轮时的绝对速度的方向，当 $\alpha_2 = 90°$ 时，则流动方向与发动机轴向一致。对于单级涡轮或多级涡轮的最后一级，希望 $\alpha_2$ 接近 $90°$，这样可以减少涡轮后的流动损失。

与压气机特性曲线相比，涡轮特性曲线要平缓得多，而且不容易出现不稳定的工作现象。需要注意的是：涡轮工作范围受到膨胀极限的限制，极限 $\pi_T^*$ 对应涡轮出口气流速度达到声速，即涡轮出口动叶叶栅斜切口达到极限膨胀能力。

# 6.5　涡轮的冷却

## 6.5.1　涡轮叶片的冷却

根据循环分析可知：提高涡轮前燃气温度是提高燃气涡轮发动机性能的有效措施。然而涡轮前燃气温度受到涡轮部件结构强度的限制。为了解决这个问题，需对涡轮叶片（无论涡轮的导向器还是工作叶片）采取冷却保护措施。通常第一级涡轮受热最为严重，后面各级涡轮由于做功输出，温度降低很快，所以一般只有第一级涡轮叶片或第一、二级涡轮叶片需要冷却。

冷却涡轮叶片的冷空气来自高压压气机出口的引气管道，冷却后空气随燃气一起流过涡轮。因此，需要冷却的叶片是空心的，以满足冷却空气流动的需要，典型结构如图 6.15 所示。可以看到：冷却空气从叶根的榫头进入涡轮动叶内部，在中空的通道内流动换热，最后通过叶片表面的小孔流出，在叶片表面形成气膜保护。

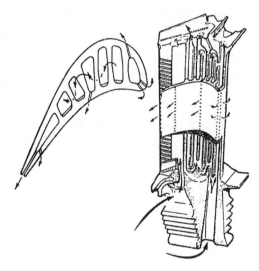

图 6.15　涡轮叶片的冷却

涡轮叶片常见的冷却方法有导热、对流换热、冲击冷却和气膜冷却等。详细的涡轮结构设计可参考民航发动机构造方面的资料。

## 6.5.2　涡轮间隙控制

涡轮机匣与工作叶片叶尖之间的距离称作涡轮径向间隙，涡轮径向间隙对涡轮效率有很大的影响。据估算，对一台先进的双级涡轮来说，涡轮的径向间隙若增加 1 mm，涡轮效率下降 2.5%，这将使发动机耗油率也相应增加。所以为了减少二次损失，提高效率，应保持较小的径向间隙。

涡轮径向间隙是随发动机工作状态和飞行条件的不同而变化的。在没有特殊冷却的机匣中,发动机工作状态改变时,径向间隙随之急剧变化,如图6.16所示。

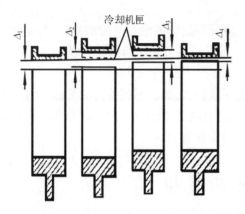

| 机匣形式 | 径向间隙(毫米) | | | |
|---|---|---|---|---|
| | $\Delta_1$ | $\Delta_2$ | $\Delta_3$ | $\Delta_4$ |
| 无冷却机匣 | 2 | 7 | 5 | 0 |
| 有冷却机匣 | 2 | 3.2 | 1.2 | 0 |

图6.16 涡轮径向间隙变化图

假设在冷状态时装配间隙为$\Delta_1$,起动时,机匣受热温度升高比轮盘快,膨胀也快,所以机匣间隙增大为$\Delta_2$,随着转速的增高,工作叶片和盘都得到加热,并因离心力的影响,使径向间隙减小为$\Delta_3$,当发动机停车时,机匣冷却比较快,因此径向间隙减小为$\Delta_4$最小。

由此可知,涡轮冷状态的装配间隙$\Delta_1$应根据发动机停车时机匣与工作叶片不得相碰(即$\Delta_4 > 0$)为条件来决定。图6.16右表中的数据是某无冷却式机匣及冷却机匣时径向间隙的数值,从这些数据中可以看出:加速时冷却式机匣的间隙($\Delta_3 = 1.2$ mm)比无冷却式的($\Delta_3 = 5$ mm)小得多。

冷却式机匣可采用被动冷却(外部冷却式和内部冷却式)和主动冷却两种方式。

### 1. 外部冷却式机匣

外部冷却式机匣如图6.17所示。涡轮外环的外面装有薄钢板制成的外套,或称环形空气收集器,利用飞行中外界大气的速度头通过进口a流入空气收集器内,并经过内壁上沿周向均匀分布的许多孔b去冷却涡轮外环,然后再冷却尾喷管并排入大气。这种冷却方法构造简单,加工方便,重量较轻,但冷却效果较差。

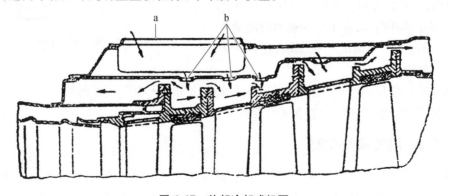

图6.17 外部冷却式机匣

### 2. 内部冷却式机匣

内部冷却式机匣如图 6.18 所示,涡轮机匣内表面上装有块状的底座,用以保护外环,
这底座可与导向器叶片制成一体,成为叶片的
外冠,外冠用螺钉固定在机匣上,外叶冠与机
匣之间有间隙,形成双层壁,将燃烧室的二股
气流引入此间隙中进行冷却和隔热,使机匣内
表面不与高温燃气接触,这种涡轮机匣在发动
机工作过程中膨胀较少,涡轮径向间隙比较稳
定,并且热应力较小,不致出现收缩变形,翘曲
及裂纹等故障。

### 3. 主动间隙控制

为了在各种工作状态下均能保持最佳涡
轮径向间隙,目前民航发动机采用主动间隙控
制技术,这种技术根据发动机的工作状态,主
动控制机匣的膨胀量,以保证涡轮径向间隙最
佳。通常是在涡轮机匣外面加上数圈冷气管,
如图 6.19 所示,按预定调节规律改变冷却空
气的流量和温度。

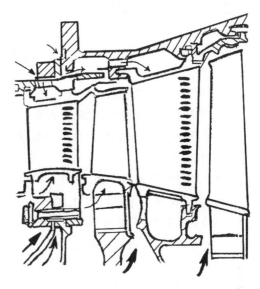

图 6.18　内部冷却式机匣

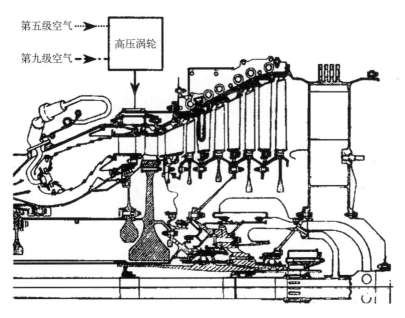

图 6.19　主动机匣间隙控制

例如:CFM56-3 发动机高压涡轮机匣外面设置一集气室,根据控制叶间径向间隙
的要求,在不同的工作状态下,引入不同温度的冷却空气。在慢车和起飞时,供给高压
9 级后的空气;爬升时供给高压 9 级和 4 级的混合后的空气。巡航时,供给高压 4 级的空

气,以取得较小的径向间隙。

类似的主动控制在民航发动机上得到广泛的应用。采用主动控制间隙会增加冷却空气的消耗量,造成发动机推力下降,同时还会使发动机的结构复杂,重量增加。

# 习　题

1. 在涡轮中为什么将涡轮喷嘴环置于工作叶轮前面?
2. 试将压气机和涡轮作比较,从结构、工作原理、参数、特性等方面比较两者的异同点。
3. 在燃气涡轮发动机中,为什么一级涡轮输出的功远远大于一级轴流式压气机所消耗的功?
4. 单级涡轮燃气进口总温 $T_3^* = 1\,200\,K$, 出口总温为 $935\,K$,涡轮效率为 $0.89$,进口总压为 $5.4 \times 10^5\,Pa$,求涡轮出口总压和涡轮功。
5. 涡轮的"反力度"概念和压气机的"反力度"概念是否一样? 反力度的数值与涡轮的两种基本类型(冲击式涡轮和反力式涡轮)有什么关系? 在焓熵图上画出零反力度的涡轮基元级中燃气的膨胀过程。
6. 某涡轮燃气进口总温 $T_3^* = 1\,015\,℃$ ,总压 $p_3^* = 0.8\,MPa$,出口燃气总压 $p_4^* = 0.25\,MPa$,求理想涡轮功。

# 第7章
# 喷　管

　　喷管安装在涡轮后面,也是燃气涡轮发动机的一个重要部件。喷管主要作用是将从涡轮流出的燃气膨胀加速,将燃气一部分热焓转变为动能,提高燃气速度,使燃气以很大速度排出,这样可以产生反作用推力;其次是通过反推力装置改变喷气方向,使向后的喷气变为向斜前方的喷气,产生反推力,以迅速降低飞机落地后的滑跑速度,缩短飞机的滑跑距离;第三是降低发动机的排气噪声,最后是可通过调节喷管的临界面积来改变发动机的工作状态。

　　喷管分为亚声速喷管和超声速喷管。亚声速喷管是收缩形的管道,而超声速喷管是先收缩后扩张形的管道。

## 7.1　亚声速喷管

### 7.1.1　亚声速喷管的组成

　　亚声速喷管由排气管(中介管)和喷口组成。排气管包括壳体、后整流锥和支板三个部分,如图 7.1 所示。

　　排气管安装在涡轮的后面,其作用是为燃气提供一个流动通道并使燃气减速,以减小损失。后整流锥使气流通道由环形逐渐变为圆形,以减小燃气的涡流。支板是迫使方向偏斜的气流变为轴向流动,以减小流动损失。喷口是收缩形的管道,使燃气加速,以获得较大的推力。

　　在中介管内燃气减速增压;在喷口内燃气加速降压。

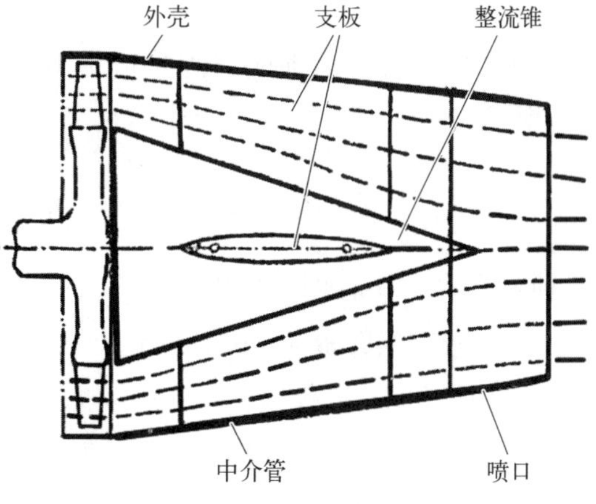

**图 7.1　亚声速喷管**

### 7.1.2　喷管的性能参数

1. 喷管的落压比

(1) 可用落压比:喷管进口处总压与喷管外大气压的比值称为可用落压比,即

$$\pi_b^* = \frac{p_4^*}{p_b} \tag{7.1}$$

（2）实际落压比：喷管进口处总压与喷管出口静压比值称为实际落压比，即

$$\pi_e^* = \frac{p_4^*}{p_5} \tag{7.2}$$

实际落压比小于或等于可用落压比，但实际落压比不会大于可用落压比。

2. 喷管的总压恢复系数

喷管出口处总压与喷管进口处的总压的比值称为喷管的总压恢复系数，用符号 $\sigma_e$ 表示：

$$\sigma_e = \frac{p_5^*}{p_4^*} \tag{7.3}$$

喷管的总压恢复系数是小于 1 的一个数字。这是由于燃气流过喷管时存在着流动损失，使总压下降的结果。目前喷管的总压恢复系数 $\sigma_e$ 约为 0.96。

3. 喷气速度

可将喷管内流动看作是绝能流，由绝能流能量方程、落压比和总压恢复系数的定义及总温静温之比与总压静压之比的关系可得

$$V_5 = \sqrt{2c_p' T_4^* \left[ 1 - \left( \frac{1}{\sigma_e \pi_e^*} \right)^{\frac{\gamma'-1}{\gamma'}} \right]} \tag{7.4}$$

式(7.4)表明影响喷气速度的因素有喷管进口总温 $T_4^*$、喷管落压比 $\pi_e^*$ 和流动损失。

当喷管落压比 $\pi_e^*$ 保持不变时，$T_4^*$ 越高，则喷气速度 $V_5$ 越高；当喷管进口总温 $T_4^*$ 保持不变时，$\pi_e^*$ 越高，则喷气速度 $V_5$ 越高；流动损失越小，则喷气速度 $V_5$ 越高。

4. 喷管效率

喷管实际排气的动能与理想情况下排气的动能之比称为喷管效率，用符号 $\eta_e$ 表示，即

$$\eta_e = \frac{V_5^2}{V_{5s}^2} \tag{7.5}$$

目前喷管的效率 $\eta_e$ 约为 0.98。

定义喷气系数 $\phi = \sqrt{\eta_e}$，因此有

$$V_5 = \phi V_{5s} = \phi \sqrt{2c_p' T_4^* \left( 1 - \frac{1}{\pi_e^{*\frac{\gamma'-1}{\gamma'}}} \right)} \tag{7.6}$$

### 7.1.3 收缩喷管三种工作状态

在理想流动时，可根据可用落压比 $\pi_b^*$ 和临界压比 $\pi_{cr}$ 的关系，来判断收缩喷管的工

作状态。如果对实际流动则要考虑喷管的总压恢复系数,用 $p_5^*/p_b$ 和 $\pi_{cr}$ 的关系来判断。其中: $p_5^*/p_b = \pi_b^* \cdot \sigma_e$;对燃气而言,$\pi_{cr} = 1/\beta_{cr} = 1.85$。收缩喷管的工作状态分为三种:亚临界工作状态、临界工作状态和超临界工作状态,下面分别讨论。

1. 亚临界工作状态

当 $p_5^*/p_b < \pi_{cr}$ 时,喷管处于亚临界工作状态,这时喷管出口气流马赫数 $Ma_5 < 1$,出口静压 $p_5$ 等于反压(外界大气压),属于完全膨胀,实际落压比等于可用落压比,而且随着反压的降低,通过喷管的质量流量不断地增加。所以定义:喷管出口反压大于气流的临界压力,喷管内和喷管出口处气流的速度全部为亚声速气流的工作状态称为亚临界工作状态。临界压力定义为:$p_{cr} = p_5^*/\pi_{cr}$。

2. 临界工作状态

当 $p_5^*/p_b = \pi_{cr}$ 时,喷管处于临界工作状态,这时喷管出口气流马赫数 $Ma_5 = 1$,出口静压 $p_5$ 等于反压 $p_b$,而且正好都等于临界压力 $p_{cr}$,属于完全膨胀,实际落压比等于可用落压比,在理想情况下都等于临界压比。这时,当来流总压和总温不变时,通过喷管的质量流量达到最大值。所以定义:喷管出口反压等于气流的临界压力,喷管出口处气流的速度等于声速的工作状态称为临界工作状态。

3. 超临界工作状态

当 $p_5^*/p_b > \pi_{cr}$ 时,喷管处于超临界工作状态,这时喷管出口气流马赫数 $Ma_5$ 仍等于1,出口静压 $p_5$ 等于临界压力而大于反压 $p_b$,属于不完全膨胀,因为这时出口静压本来还可以继续进行膨胀,但是收缩喷管不能提供继续膨胀的条件。这时实际落压比小于可用落压比,当来流总压和总温不变时,通过喷管的质量流量将不随反压的变化而变化,始终保持为最大值。所以定义:喷管出口反压小于气流的临界压力,喷管出口处气流的速度等于声速的工作状态称为超临界工作状态。

要特别指出的是:在进行喷管计算时,必须首先判别喷管的工作状态。在实际流动情况下,应考虑到喷管的总压恢复系数。

## 7.2　超声速喷管

超声速喷管是一个先收缩后扩张形的管道,如图 7.2 所示。

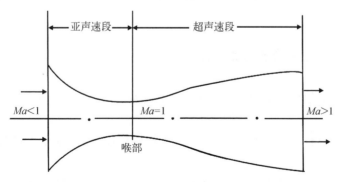

**图 7.2　超声速喷管**

### 7.2.1　定熵流中的面积比公式

面积比指的是缩-扩形喷管中,任意一个截面的面积 $A$ 与临界截面的面积 $A_{cr}$ 之比。该比值与面积为 $A$ 处的气流马赫数 $Ma$ 或速度系数($\lambda$)的关系为

$$\frac{A_{cr}}{A} = q(Ma) = q(\lambda) \quad \text{或} \quad \frac{A}{A_{cr}} = \frac{1}{Ma}\left(\frac{1 + \dfrac{\gamma - 1}{2}Ma^2}{\dfrac{\gamma + 1}{2}}\right)^{\frac{\gamma + 1}{2(\gamma - 1)}} \tag{7.7}$$

按式(7.7)绘制曲线,如图 7.3 所示。

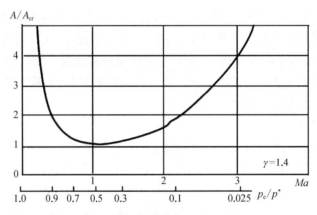

图 7.3　面积比公式

由此图可以看出:每一个马赫数 $Ma$,对应着一个 $\dfrac{A}{A_{cr}}$ 的值,而每一个 $\dfrac{A}{A_{cr}}$ 的值,一般有两个马赫数 $Ma$ 与之对应,其中一个是亚声速的,另一个是超声速的。对此可以理解为:在缩-扩形喷管内有两个截面具有同一个 $\dfrac{A}{A_{cr}}$ 的值,其中一个截面在缩-扩形喷管的亚声速段,另一个截面在缩-扩形喷管的超声速段。也可以理解为在缩-扩形喷管的超声速段,对应每一个 $\dfrac{A}{A_{cr}}$ 值的截面,气流可能有两个马赫数 $Ma$,一个是亚声速 $Ma < 1$,另一个是超声速 $Ma > 1$。

### 7.2.2　定熵流中的压力比公式

收缩喷管出口截面上的压比 $\dfrac{p_e}{p^*}$ 不能小于临界压比 $\beta_{cr}$。而缩-扩形喷管与此不同,缩-扩形喷管出口截面上的压比 $\dfrac{p_e}{p^*}$ 可以小于临界压比 $\beta_{cr}$。由于出口截面上的马赫数 $Ma$ 或速度系数 $\lambda$ 是与面积比 $\dfrac{A_e}{A_{cr}}$ 对应的,即 $\dfrac{A_e}{A_{cr}} = \dfrac{1}{q(\lambda_e)}$,而压力比 $\dfrac{p_e}{p^*}$ 又是与 $Ma$ 或

速度系数 $\lambda_e$ 对应的，即 $\dfrac{p_e}{p^*} = \pi(\lambda_e)$，因此压力比 $\dfrac{p_e}{p^*}$ 与面积比 $\dfrac{A}{A_{cr}}$ 也是对应的，即气动函数中的 $\pi(\lambda)$ 与 $q(\lambda)$ 的对应关系，其关系为

$$\frac{A_e}{A_{cr}} = \frac{1}{y(\lambda_e)} \frac{p^*}{p_e} \tag{7.8}$$

### 7.2.3　缩-扩形喷管中的流动

面积比公式告诉我们：要建立一定马赫数的超声速气流，就必须有一定的管道面积比。但这仅仅是一个必要条件，具备了面积比的条件后，能否实现超声速流动，还要由气流本身的总压和一定的反压条件来决定。为了方便，现仅讨论保持来流总压 $p^*$ 不变，看反压 $p_b$ 的变化对缩-扩形喷管内流动所产生的影响。

（1）$p_b = p^*$ 时，由于反压与总压相等，缩-扩形喷管内各截面上的压力均相等，故喷管内的气体没有流动，沿喷管轴线的压力和马赫数的分布如图 7.4 上的曲线①表示，点①表示通过喷管的质量流量和出口截面的压比。

（2）$p_b < p^*$ 时，由于反压小于总压，在缩-扩形喷管上下游压差的作用下，喷管内的气体流动，但流速较低，通过喷管的质量流量也较小。这时喷管内气流参数的变化是：在收缩段气流的压力不断下降，马赫数不断上升，在喉部压力最低，但大于临界压力 $p_{cr}$，马赫数达到最大值，但小于 1，在扩张段气流的压力又不断地上升，马赫数逐渐下降，在出口截面压力等于反压 $p_b$，如图 7.4 上的曲线②所示。在这种情况下，随着反压的下降，通过喷管的质量流量 $q_m$ 不断增加，如图 7.4 上的点②所示。

（3）$p_b$ 继续下降时，随着 $p_b$ 不断下降，当下降到某一数值时，使喷管喉部的压比 $\dfrac{p_t}{p^*}$ 达到临界压比 $\beta_{cr}$，这时喉部气流达到声速，即 $Ma_t = 1$。但由于这时反压 $p_b$ 的值大于喉部气流的压力，所以，气流流入扩张段后，其压力又重新回升，到出口截面，气流的压力 $p_e$ 等于反压 $p_b$，整个扩张段内仍为亚声速流动。由于在这种情况下喉部气流已达到声速，所以流量也达到临界值，从此以后，如果再降低反压，已不能影响喉部以上的整个收缩段内的流动，即流动已达到壅塞状态。这时的反压记作 $p_{b1}$，$p_{b1}$ 是一个划界限的压力。图 7.4 上的曲线③表示这时的压力和马赫数的分布，点③表示这时通过喷管的质量流量。

（4）继续降低反压 $p_b$，喉部以后，气流加速到超声速，但是，最初不能使整个扩张段内的流动全为超声速，因为这时的反压仍然大于为获得全超声速所需的出口压力，所以，由喉部下游的超声速气流在高反压的作用下，在扩张段的某个截面上形成一道正激波，激波的位置随反压的大小而变，反压越高，激波离喉部越近。超声速气流通过激波后突变为亚声速气流，压力突然升高，而后气流在扩张段内流动马赫数逐渐减小，压力逐渐增高，到出口截面气流的压力等于反压。这时管内气流压力和马赫数的分布如图 7.4 中的曲线④所示，通过喷管的质量流量仍为与 $p^*$、$T^*$ 相应的临界值，如图 7.4 中的点④所示。

（5）随着反压 $p_b$ 的降低，扩张段内的激波的位置向远离喉部的方向移动，当反压降

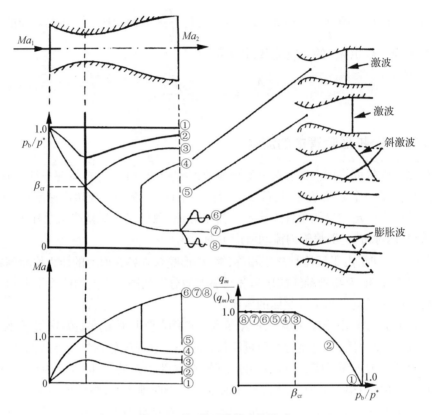

图 7.4  缩-扩形喷管中的流动

到某一数值时,正激波的位置刚好在拉瓦尔喷管的出口处,这时喷管的扩张段已全部为超声速流动,超声速气流通过正激波后变为亚声速气流。出口截面气流的压力恒等于反压,将此反压记作 $p_{b2}$,$p_{b2}$ 也是一个划界线的压力。这时拉瓦尔喷管内气流压力和马赫数的分布如图 7.4 中的曲线⑤所示,通过喷管的流量仍保持不变,如图 7.4 中的点⑤所示。

（6）反压 $p_b$ 再降低,激波移出管口变为斜激波系,这时喷管内的整个流动已固定下来不再随反压而变化。反压的变化只影响管外的波系。反压降低,激波强度变弱。这时喷管内外气流压力和马赫数的分布,通过喷管的流量如图 7.4 中的曲线⑥和点⑥所示。

（7）当反压 $p_b$ 下降到某一数值时,出口截面处气流的压力 $p_e$ 恰好等于反压 $p_b$,出口处既不产生激波,也不产生膨胀波,这时的反压记作 $p_{b3}$,$p_{b3}$ 又是一个划界限的反压。图 7.4 中的曲线⑦和点⑦所示。

（8）再降低反压,喷管出口截面处气流的压力大于反压,喷管外产生膨胀。图 7.4 中的曲线⑧和点⑧所示。

从上述的流动情况可以看出,有三个划界限的反压,将缩-扩形喷管内的流动划分为四种流动类型。三个划界限的反压是

$$p_{b1} = p^* \pi (Ma_e)_{sub} \qquad (7.9)$$

$$p_{b2} = p_{b3}\left(\frac{2\gamma}{\gamma+1}\right)(Ma_e)_{sup}^2 - p_{b3}\frac{\gamma-1}{\gamma+1} \qquad (7.10)$$

$$p_{b3} = p^*\pi(Ma_e)_{sup} \qquad (7.11)$$

四种流动类型如下。

(1) 亚声速流态：当 $p^* > p_b \geqslant p_{b1}$ 时，缩-扩形喷管内全为亚声速流，$\lambda_e < 1$，是完全膨胀状态。

(2) 管内产生激波的流态：当 $p_{b1} > p_b \geqslant p_{b2}$ 时，缩-扩形喷管的喉部为临界状态，其下游一段为超声速气流，激波后为亚声速气流，所以，$p_e = p_b$，也是完全膨胀状态。

(3) 管外产生斜激波的流态：当 $p_{b2} > p_b \geqslant p_{b3}$，喷管的扩张段全部为超声速气流，所以，$\lambda_e > 1$。由于 $p_e < p_b$，所以这种流态是过度膨胀状态。

(4) 管外产生膨胀波的流态：当 $p_{b3} > p_b$ 时，喷管的扩张段全部为超声速气流，所以，$\lambda_e > 1$。由于 $p_e > p_b$，所以这种流态是未完全膨胀状态。

综上所述，可以看出在缩-扩形喷管出口建立超声速流的条件有两个，这就是：要满足面积比公式和压力比公式。

# 7.3 反推和消声

## 7.3.1 反推力装置

反推力装置的作用是改变喷气的方向，产生反推力，使飞机在着陆后比较快地减速，以缩短飞机着陆后的滑跑距离。

反推力装置产生反推力的原理是改变喷气方向，将向后的喷气转变为向斜前方喷气。

反推力装置的使用：飞机着陆后，将油门收到慢车再拉起反推手柄，打开反推力装置，产生反推力。飞机的滑跑速度降低，当飞机滑跑速度降至 80 n mile/h（约 40 m/s），关闭反推力装置，不再使用反推力装置。

在民航发动机中，常见的反推力装置类型有旋转门式反推力装置（图 7.5）和格栅式反推力装置（图 7.6）。

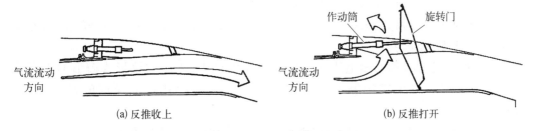

图 7.5　旋转门式反推力装置

反推力装置使用不当，会造成超温；当飞机滑跑速度很低时，反推力装置仍在工作，则会造成排出的燃气又重新被吸入发动机，从而会造成喘振。

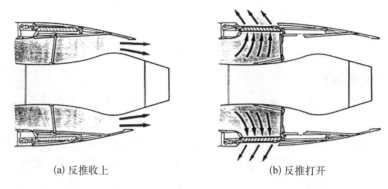

(a) 反推收上             (b) 反推打开

图 7.6 格栅式反推力装置

### 7.3.2 消声

涡喷发动机的噪声源通常有三个：一个是喷出的高温高速燃气与外界大气混合所产生的噪声；另一个是空气进入进气道及在发动机流过压气机和涡轮的过程中产生的噪声；第三个是发动机的振动所产生的噪声。但前两个是主要的噪声源。

排气噪声是由于排出的燃气与大气猛烈撞击，而产生紊流度极强的混合所造成的，它受由排气流和大气之间的相对速度引起的剪切作用的影响。在排气口附近产生的小涡流引起高频噪声，在排气流后部大的涡流产生低频噪声。另外，当排气流速超过当地声速时，在排气流的核心形成激波，将产生单一频率的噪声。

压气机和涡轮产生的噪声是由于转动叶片和静止叶片压力场和紊流尾流的相互作用而产生影响的，分为两种不同的噪声——离散噪声和宽频噪声。

离散噪声是由于叶片尾流流过下游各级产生，尾流的强度取决于各级转子叶片和静止叶片间的距离，距离短，相互作用强烈，导致较强的噪声。在高涵道比的发动机中，低压压气机(风扇)叶片尾流流过下游静止叶片就产生离散噪声。宽频噪声是由每个叶片与流过其表面的气流相互作用而产生的，流过叶片的气流的紊流越大，则宽频噪声的强度越强。

1. 消声的方法

消声的方法有两种：降低喷气速度和利用吸声材料。

（1）降低喷气速度，因为噪声的能级与喷气速度的八次方成正比，所以降低一点速度就可以大大地降低噪声。

涡轮喷气发动机和低涵道比的涡轮风扇发动机中，采用波纹形或瓣形的消声器通过增大排气流与大气接触面积来达到降低喷气速度和降低噪声的目的，如图7.7所示。

（2）利用吸声材料将声能转变成热能，是一种非常有效的降低噪声技术。

（3）改变振动的频率，因为噪声的传播与振动的频率有关，高频振动很容易被大气所吸收，所以高频振动传播的距离不远；而低频振动不容易被大气所吸收，传动传播的距离较远；利用这个原理，将低频振动转变为高频振动，以缩小噪声的影响范围。

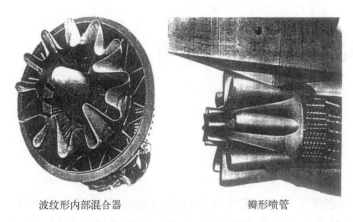

波纹形内部混合器　　　　　　　瓣形喷管

**图 7.7　波纹形或瓣形的消声器**

## 2. 消声的部位

对于涡轮风扇发动机,需要进行消声处理的部位有:① 进气整流罩内壁面;② 风扇机匣内壁面;③ 尾喷管内壁面。

# 习　题

1. 收缩喷管出口面积为 650 cm²,在海平面标准大气条件下工作,喷管进口的总温为 700 K,总压分别为 1.5 daN/cm²、2.0 daN/cm²、3.0 daN/cm²。喷管的速度系数为 0.98,求喷管出口的温度、压力、马赫数、质量流量和推力。

2. 某发动机在地面静止状态下工作,大气条件为海平面标准大气,已知流过发动机的空气流量为 75 kg/s,发动机的工作参数 $\pi_c^* = 8.8$, $T_3^* = 1\,200$ K,各部件的效率及损失系数分别为: $\sigma_i = 1.0$, $\eta_c = 0.825$, $\sigma_b = 0.915$, $\zeta_b = 0.97$, $\eta_T^* = 0.905$, $v_{col} = 0.03$, $\eta_m = 0.98$, $\sigma_e = 0.94$,求各截面的气流参数以及发动机的推力和燃油消耗率。

# 第 8 章
# 燃气涡轮发动机性能分析

航空发动机在翼工作时,其外界条件和发动机工作状态随着飞行阶段不断变化。例如,起飞时要求发动机的推力比较大;飞机巡航飞行时,要求在提供一定推力的同时,燃油消耗率要尽可能小;着陆时要求发动机以尽可能小的推力稳定工作,并具备迅速地重新加速的能力。所有这些,都要求我们了解发动机在非设计状态下的性能,即发动机的特性。本章将从研究部件共同工作开始,作为深入讨论其性能的基础。

## 8.1　稳态下的共同工作

发动机五大部件组合在一起,构成发动机的本体,而这些部件是相互影响和共同工作的。由于民用航空发动机的进气道和喷管均是不可调的,所以五大部件的共同工作就是压气机、燃烧室和涡轮的共同工作。通常将压气机、燃烧室和涡轮称为燃气发生器,它是各类燃气涡轮发动机的核心机。所以研究压气机和涡轮的共同工作,是研究各种类型燃气涡轮发动机各部件共同工作的基础。

发动机工作时,压气机和涡轮组成的转子不停地转动,按转子工作的具体情况,可以把发动机的工作分为稳态和过渡态两种。所谓稳态是指发动机在某一转速下连续工作的状态,或者说是发动机的转速不随时间而变化的工作状态;而过渡态是指发动机从某一转速变到另一转速下工作状态的总和。所以共同工作分为稳态下的共同工作和过渡态下的共同工作。

### 8.1.1　稳态下发动机各部件的相互制约关系

如果改变飞行状态或改变燃油流量或改变发动机某一部件的几何参数,都将使发动机进入另一新的工作状态。由于发动机的各个部件是协同工作的,任何一个部件工作状态的变化都将影响其他部件的工作,它们相互影响,相互制约。

举例来说,某发动机在某转速下稳定工作,若喷管出口面积 $A_5$ 减小,于是引起各部件工作状态的一系列变化。首先,由公式:

$$\pi_{\mathrm{T}}^* = \left[ \frac{\sigma_e A_5 q(\lambda_5)}{\sigma_t A_t q(\lambda_t)} \right]^{\frac{2n'}{n'+1}}$$

可以看出:喷管出口面积 $A_5$ 减小,将引起涡轮落压比 $\pi_T^*$ 的下降,从而导致涡轮功 $w_T$ 的减少。这是因为

$$w_T = \frac{\gamma' R}{\gamma' - 1} T_3^* \left( 1 - \frac{1}{\pi_T^{* \frac{\gamma'-1}{\gamma'}}} \right) \eta_T^*$$

涡轮功 $w_T$ 的下降,使涡轮输出的功小于压气机所消耗的功,造成转速 $n$ 的下降,这时,燃油调节系统感受到了发动机转速的下降,为了保持转速 $n$ 不变,燃油调节系统将自动增加供油量,即 $q_{m,f}$ 上升,这就使涡轮前燃气总温 $T_3^*$ 上升,其结果是使涡轮功 $w_T$ 上升;发动机转速恢复到原来的数值。这时,由于

$$q_{m,g} = K \frac{p_3^* \sigma_t}{\sqrt{T_3^*}} A_t q(\lambda_t)$$

使通过涡轮的燃气流量 $q_{m,g}$ 减少。又由于

$$q_{m,g} = q_{m,a} + q_{m,f} - q_{m,col}$$

则通过压气机的空气流量 $q_{m,a}$ 也下降。根据压气机特性,压气机的工作点将沿等转速线向左上方移动,其结果是使压气机的增压比 $\pi_c^*$ 增大,压气机的喘振裕度减小(图 8.1)。

根据:

$$w_c = \frac{\gamma R}{\eta_c^* (\gamma - 1)} T_1^* ( \pi_c^{* \frac{\gamma-1}{\gamma}} - 1)$$

压气机消耗功 $w_c$ 变大,继续调供油量,使 $w_T = w_c$,保证发动机在转速 $n$ 下稳定工作。

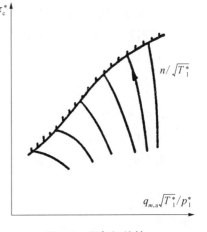

图 8.1　压气机特性

由于 $\pi_c^*$ 增大,$T_3^*$ 升高,使单位推力 $F_s$ 增大,发动机的推力 $F$ 变大;由于 $q_{m,a}$ 减少,又使推力 $F$ 下降,但前者作用大,故总的结果是使推力增加。

单位推力 $F_s$ 的增加,使燃油消耗率 sfc 下降,但 $T_3^*$ 提高,又使燃油消耗率 sfc 上升,而后者作用大,故总的结果是使 sfc 增加。

这个例子形象地说明了发动机在稳态下工作时各部件之间的相互制约的关系。那么发动机各部件之间通过哪些因素相互影响,相互制约的呢?

### 8.1.2　稳态下压气机和涡轮的共同工作条件

发动机在稳定工作状态下的共同工作条件有以下几点。

1. 转速一致

对于单转子涡轮喷气发动机,压气机和涡轮由同一根轴连接,所以压气机和涡轮的转速是一致的,即压气机转子的转速等于涡轮转子的转速:

$$n_c = n_T \tag{8.1}$$

**2. 流量连续**

进入压气机的空气,由压气机进行压缩后,在燃烧室中与燃油进行混合燃烧,再通过涡轮和喷管排出,其流量是连续的,即流过涡轮的燃气流量 $q_{m,g}$ 等于流入压气机的空气流量 $q_{m,a}$ 加上进入燃烧室的燃油流量 $q_{m,f}$,再减去引气系统引走的空气流量 $q_{m,col}$,即

$$q_{m,g} = q_{m,a} + q_{m,f} - q_{m,col}$$

此式可以写成:

$$q_{m,g} = \beta q_{m,a} \tag{8.2}$$

式中,

$$\beta = (q_{m,a} + q_{m,f} - q_{m,col})/q_{m,a} = 1 + f - v_{col}$$

**3. 压力平衡**

涡轮进口处燃气的总压 $p_3^*$ 等于压气机出口处空气的总压 $p_2^*$ 乘以燃烧室的总压恢复系数 $\sigma_b$,即

$$p_3^* = \sigma_b p_2^* \tag{8.3}$$

**4. 功率平衡**

压气机是由涡轮带动工作的,所以要使压气机和涡轮在某一转速下稳定工作涡轮提供给压气机的功率与压气机压缩空气所消耗的功率应平衡,即

$$N_c = N_T \eta_m \tag{8.4}$$

考虑到:

$$N_c = q_{m,a} w_c, \quad N_T = q_{m,g} w_T = q_{m,a} \beta w_T$$

所以

$$w_c = w_T \beta \eta_m \tag{8.5}$$

### 8.1.3 稳定工作的共同工作方程

1. 压气机特性图上的等 $\dfrac{T_3^*}{T_1^*}$ 线

根据压气机和涡轮流量连续有

$$q_{m,g} = K' \frac{P_3^* \sigma_t}{\sqrt{T_3^*}} A_t q(\lambda_t) = \beta q_{m,a} = K\beta \frac{p_1^*}{\sqrt{T_1^*}} A_1 q(\lambda_1)$$

$$K' \frac{p_2^* \sigma_b \sigma_t}{\sqrt{T_3^*}} A_t q(\lambda_t) = K \frac{p_1^*}{\sqrt{T_1^*}} A_1 q(\lambda_1)\beta$$

$$\pi_c^* = \frac{p_2^*}{p_1^*} = \frac{K}{K'} \frac{A_1}{A_t} \sqrt{\frac{T_3^*}{T_1^*}} \frac{q(\lambda_1)}{q(\lambda_t)} \frac{\beta}{\sigma_b \sigma_t} = D\beta q(\lambda_1) \sqrt{\frac{T_3^*}{T_1^*}}$$

如果取 $K'/K = 1$，$q(\lambda_t) = 1$，$\sigma_b \sigma_t = 1$，则 $D = A_1/A_t$，所以常数 $D$ 为压气机进口和涡轮导向器喉部面积之比，变形为

$$\pi_c^* = C \sqrt{\frac{T_3^*}{T_1^*}} \frac{q_m \sqrt{T_1^*}}{P_1^*} \tag{8.6}$$

其中，$T_3^*/T_1^*$ 称为温度相似参数；$C$ 为常数。由此式可以看出以下几点。

（1）当温度的相似参数 $T_3^*/T_1^*$ 保持不变时，可以在压气机通用特性图上得到一条通过坐标原点的直线，如图 8.2 所示，通常称作等温度相似参数线，其斜率为 $C\sqrt{T_3^*/T_1^*}$。当然，这是在导向器最小面积等于常数和 $q(\lambda_t) = 1$ 的情况下得到的。

（2）当温度相似参数 $\sqrt{T_3^*/T_1^*}$ 取不同数值时，就得到一簇斜率不同的通过原点的直线。随着温度相似参数的增加，直线的斜率也随之增大。

（3）在发动机转速很小时，涡轮导向器处于亚临界工作状态，$C$ 值不再为常数，等温度相似线变得弯曲，并交汇于 $\pi_c^* = 1$ 的点。

（4）当飞行条件一定，涡轮前燃气总

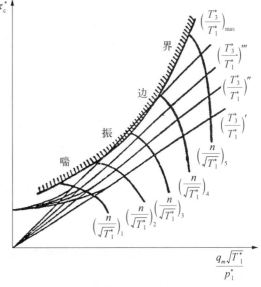

**图 8.2　等温度相似参数线**

温保持不变时，则 $T_3^*/T_1^* =$ 常数，这时流过发动机的空气流量与压气机的增压比 $\pi_c^*$ 成正比。所以，压气机的增压比 $\pi_c^*$ 是决定发动机流通能力的一个主要因素。

（5）在给定压气机转速的相似参数 $n/\sqrt{T_1^*}$ 和涡轮前燃气总温的相似参数时，可以在压气机特性图上给定一个工作点。当飞行条件和发动机转速一定时，$T_3^*$ 增加将使流量 $q_m$ 减小，压气机增压比 $\pi_c^*$ 增大。但是，$T_3^*$ 增加，使 $T_3^*/T_1^* =$ 常数线的斜率增大，与给定转速的等转速线的交点（即共同工作点）向喘振边界靠近。如果 $T_3^*$ 瞬时增加过多，将会使共同工作点进入喘振区引起发动机喘振。

（6）在给定压气机转速的相似参数 $n/\sqrt{T_1^*}$ 和流量相似参数时，$\dfrac{q_m \sqrt{T_1^*}}{p_1^*}$ 如为设计值，式（8.6）可变为

$$\sqrt{T_3^*/T_1^*} = D' A_t$$

其中, $D'$ 为常数。该式表明,若要使发动机工作在设计状态下,则要求涡轮导向器最小截面面积与涡轮前燃气总温的相似参数的比值应为常数。若 $A_t$ 过大或过小,均不能达到设计值,所以在制造时保证 $A_t$ 正确十分重要。

2. 稳定工作的共同工作方程

根据压气机和涡轮功率平衡,有

$$w_c = w_T \beta \eta_m$$

$$w_c = \frac{\gamma R}{\eta_c^* (\gamma - 1)} T_1^* \left( \pi_c^{* \frac{\gamma-1}{\gamma}} - 1 \right)$$

$$w_T = \frac{\gamma' R}{\gamma' - 1} T_3^* \left( 1 - \frac{1}{\pi_T^{* \frac{\gamma'-1}{\gamma'}}} \right) \eta_T^*$$

令

$$\left( 1 - \frac{1}{\pi_T^{* \frac{\gamma'-1}{\gamma'}}} \right) = e_T^*, \quad e_c^* = \pi_c^{* \frac{\gamma-1}{\gamma}}$$

$$T_3^* / T_1^* = \frac{B}{\beta} \frac{e_c^* - 1}{\eta_c^*} \tag{8.7}$$

式中, $B = \dfrac{c_p}{c_p' e_T^* \eta_T^* \eta_m}$ ,主要反映涡轮落压比 $\pi_T^*$ 的影响。

当 $\pi_T^*$ =常数时, $e_T^*$ =常数,所以 $B$ =常数。将式(8.7)代入式(8.6)中,令 $\beta = 1$ ,则有

$$\frac{\pi_c^*}{\sqrt{\dfrac{e_c^* - 1}{\eta_c^*}}} = C' q(\lambda_1) \tag{8.8}$$

其中, $C' = D\sqrt{B}$ ,当 $\pi_T^*$ =常数时, $C'$ =常数; $C'$ 反映涡轮落压比 $\pi_T^*$ 和面积比 $A_1/A_t$ 的影响。

式(8.8)就为 $\pi_T^*$ =常数条件下的涡轮和压气机共同工作方程,它是涡轮喷气发动机在稳定工作情况下,按照确定的调节规律( $A_5$ =常数),同时满足压气机和涡轮流量连续、压力平衡和功率平衡条件而获得的。

在该方程中仅仅包含了压气机特性的参数,其常数 $C'$ 可以通过压气机特性图上设计点的数值来确定,记做 $C_d$ ,这样就可以在压气机特性图上绘出共同工作线。

绘制共同工作线的方法采用试凑法。首先在压气机特性图中的任一个等换算转速线上任选取一点,读出该点的 $\pi_c^*$ 、 $\eta_c^*$ 和 $q(\lambda_1)$ 的值,将这些数据代入式(8.8),求出常数 $C'$

与 $C_d$ 进行比较,看它们是否相等,如果不等,则在等换算转速线上另选一点,再进行计算,直至满足方程两边恒等为止,这样就找到了该换算转速下的共同工作点。

依次找出各不同换算转速上的共同工作点,将这些共同工作点连接起来就是涡轮和压气机的共同工作线,如图 8.3 中的 $A-B$ 线所示。这种共同工作线获取前提是将一些参数视为常数,所以是一种近似表示。

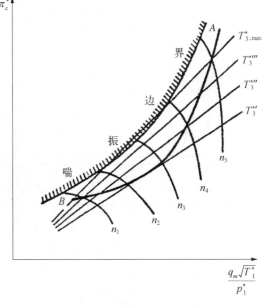

为研究方便,压气机功与涡轮功相等的条件也可以写成:

$$w_c = w_T \beta \eta_m$$
$$= \frac{\gamma' R}{\gamma' - 1} T_3^* \left( 1 - \frac{1}{\pi_T^{*\frac{\gamma'-1}{\gamma'}}} \right) \eta_T^* \beta \eta_m$$

图 8.3　压气机特性图上的共同工作线

所以

$$\frac{w_c}{T_3^*} = \frac{\gamma' R}{\gamma' - 1} \left( 1 - \frac{1}{\pi_T^{*\frac{\gamma'-1}{\gamma'}}} \right) \eta_T^* \beta \eta_m$$

可以看出,为了满足压气机与涡轮功相等的条件,压气机功 $w_c$、涡轮前燃气总温 $T_3^*$ 和涡轮落压比 $\pi_T^*$ 这三者之间必须保持一定的关系。如果涡轮落压比 $\pi_T^*$ 保持不变,压气机功 $w_c$ 越大,则所需要的涡轮前燃气总温 $T_3^*$ 越高。如果压气机功 $w_c$ 保持不变,涡轮落压比 $\pi_T^*$ 增大,则涡轮前燃气总温 $T_3^*$ 可以相应降低。

### 8.1.4　影响共同工作线位置的因素

1. 喷管的工作状态

1) 喷管处于超临界状态

当发动机的转速保持不变,由于大气温度降低,或飞行马赫数减小,或飞行高度升高,导致压气机进口总温 $T_1^*$ 下降时,共同工作点将沿共同工作线向上移动,压气机的增压比 $\pi_c^*$ 和流量相似参数 $\dfrac{q_{m,a}\sqrt{T_1^*}}{p_1^*}$ 随之增大。所以,当转速相似参数增大时,共同工作点沿共同工作线向上移动;当转速相似参数减小时,共同工作点沿共同工作线向下移动。这些情况均不会改变共同工作线的位置,共同工作点只会沿共同工作线移动。

2) 喷管处于亚临界状态

随着发动机转速相似参数的减小,喷管将处于亚临界工作状态,这时,涡轮的落压比 $\pi_T^*$ 不再保持常数,它将随飞行马赫数和飞行高度的减小而减小,式(8.8)中的系数 $C'$ 将

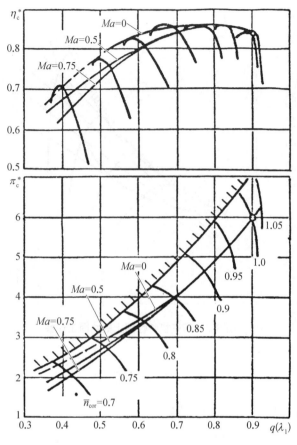

**图 8.4　亚临界状态的共同工作线**

随涡轮落压比的变化而变化,所以不同的飞行马赫数 $Ma$ 将对应着不同的共同工作线。随飞行马赫数 $Ma$ 的减小,涡轮落压比 $\pi_T^*$ 将减小,为了保持转速不变,必须要提高涡轮前燃气总温 $T_3^*$,以增大涡轮功。换言之,在同一转速下,喷管处于亚临界状态时所需要的涡轮前燃气总温 $T_3^*$ 要高于喷管处于临界或超临界状态时的涡轮前燃气总温,于是共同工作点将沿等转速相似参数线向喘振边界方向移动一定的距离,共同工作线也更接近喘振边界。

飞行马赫数 $Ma$ 越小,喷管出口从临界状态转变为亚临界状态时对应的相似转速越大,转变点对应的增压比也越大,即共同工作线在较大的增压比和转速下就与喷管为超临界状态所对应的共同工作线分开,如图 8.4 所示。

当喷管处于亚临界工作状态时,飞行马赫数的大小将影响涡轮和喷管的落压比。这是因为根据涡喷发动机的压力平衡,可以推导出下列方程:

$$\pi_e^* \pi_T^* = \sigma_i \sigma_b \left(1 + \frac{\gamma - 1}{2} Ma^2\right)^{\frac{\gamma}{\gamma - 1}} \pi_c^* = \sigma_b \pi^* \tag{8.9}$$

飞行马赫数增大时,总增压比 $\pi^* = \pi_i^* \pi_c^*$ 增加,涡轮和喷管的总落压比也相应增加,结果使 $\pi_e^*$ 增加,$\pi_T^*$ 也增加。导致共同工作点沿转速线向右下方移动,使共同工作线出现分支。

马赫数大的工作线分支位于下方,马赫数小的工作线更接近喘振边界。所以:当换算转速增大时,不同马赫数的共同工作线,按马赫数的大小先后在不同的换算转速上与超临界状态时的共同工作线交汇。

2. 喷管面积

涡轮和压气机的共同工作方程(8.8)中的系数 $C'$ 取决于 $\pi_T^*$ 的大小。而 $\pi_T^*$ 的值是由涡轮与喷管的共同工作所决定的。涡轮与喷管的共同工作条件就是流过涡轮与流过喷管的流量相等,由此得到下式:

$$\pi_{\rm T}^* = \left[ \frac{\sigma_{\rm e} A_5 q(\lambda_5)}{\sigma_{\rm t} A_{\rm t} q(\lambda_{\rm t})} \right]^{\frac{2n'}{n'+1}} \qquad (8.10)$$

当涡轮导向器和喷管都处于临界或超临界工作状态时：

$$q(\lambda_{\rm t}) = q(\lambda_5) = 1$$

则有

$$\pi_{\rm T}^* = \left( \frac{\sigma_{\rm e} A_5}{\sigma_{\rm t} A_{\rm t}} \right)^{\frac{2n'}{n'+1}} \qquad (8.11)$$

由上式可知,在涡轮导向器不可调的情况下 $\pi_{\rm T}^*$ 的变化与 $A_5^{\frac{2n'}{n'+1}}$ 成正比。当喷管面积增大时,涡轮后的反压立刻下降,因此 $\pi_{\rm T}^*$ 变大,在保证压气机与涡轮功率平衡的前提下, $T_3^*$ 将下降。由压气机特性图上的等相似温度线可知 $T_3^*$ 低的工作点落在右下方,所以压气机工作点将沿等转速线向下移动,使工作点远离喘振边界,如图 8.5 所示。

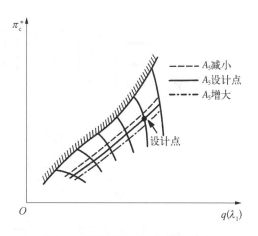

图 8.5 喷管面积对工作线的影响

若喷管出口面积 $A_5$ 减小,将引起涡轮落压比 $\pi_{\rm T}^*$ 的下降,从而导致涡轮功 $w_{\rm T}$ 的减少;涡轮功 $w_{\rm T}$ 的下降,使涡轮输出的功率小于压气机所消耗的功率,将会使转速 $n$ 下降,这时,燃油调节系统感受到了发动机转速的下降,为了保持转速 $n$ 不变,燃调系统将自动增加供油量,即 $q_{m,\rm f}$ 上升,这就使涡轮前燃气总温 $T_3^*$ 上升,其结果是使涡轮功 $w_{\rm T}$ 上升;发动机转速恢复到原来的数值。涡轮前燃气总温 $T_3^*$ 上升,使通过压气机的空气流量 $q_{m,\rm a}$ 下降,压气机的增压比 $\pi_{\rm c}^*$ 增大,其结果是使共同工作点沿等转速相似参数线向喘振边界方向移动一段距离。

上述分析表明:在一定范围内改变喷管面积,将影响共同工作点的位置,而且还可以得出:等 $A_5$ 线就是等 $\pi_{\rm T}^*$ 线,也就是喷管面积一定时涡轮和压气机的共同工作线。

3. 压气机设计增压比

研究表明:压气机设计增压比影响共同工作线的位置。图 8.6 是压气机设计增压比分别为 12 和 3 时,涡喷发动机的压气机特性和共同工作线。可以发现:对低设计增压比的压气机,喘振边界较平坦,共同工作线较陡,换算转速降低时,共同工作线远离喘振边界;而对高设计增压比的压气机,喘振边界较陡,共同工作线较平坦,换算转速降低时,共同工作线将向喘振边界靠拢,出现共同工作线与喘振边界可能相交的情况。

这种情况的发生主要由于多级轴流式压气机在偏离设计点时出现前后级不协调的现象,压气机的设计增压比不同,共同工作线的斜率不同,$\pi_{\rm c,d}^*$ 越高,共同工作线越平坦。为了解释这一点,如图 8.7(a)所示的多级轴流压气机,假定各级在设计点时,各级工作叶片

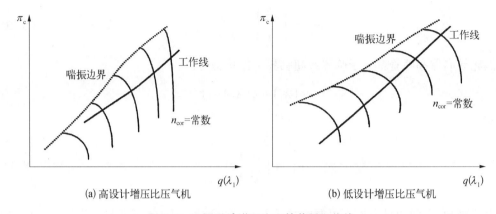

(a) 高设计增压比压气机　　　　　　　　　　(b) 低设计增压比压气机

**图 8.6　不同设计增压比下的共同工作线**

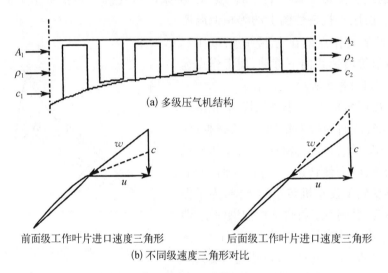

(a) 多级压气机结构

前面级工作叶片进口速度三角形　　　　后面级工作叶片进口速度三角形

(b) 不同级速度三角形对比

**图 8.7　多级轴流压气机前后级不协调**

的攻角在零度,如图 8.7(b)实线所示。

在非设计点时,为保持压气机物理转速不变,增加飞行马赫数 $Ma_0$,压气机换算转速 $n_{cor}$ 减小,发动机共同工作点下移,导致压气机增压比减小;另一方面由于 $Ma_0$ 增加,进气道冲压比增加,压气机进口空气密度 $\rho_1$ 相对增加,根据流量连续:

$$\rho_1 A_1 c_{1a} = \rho_2 A_2 c_{2a} \tag{8.12}$$

压气机进出口截面积保持不变,由于 $\rho_1$ 相对增加而 $\rho_2$ 相对减小,会导致 $c_{1a}$ 下降而 $c_{2a}$ 增加;物理转速不变,牵连速度不变,根据速度三角形变化可得出压气机前后级气流攻角变化出现不一致,如图 8.7(b)中虚线所示。

具体而言:换算转速减小时压气机前面级攻角增加,气流转折角变大,压气机功增加,严重时叶背气流可能出现气流分离;而后面级的气流出现负攻角,压气机功减小,严重时会出现堵塞现象,这就是多级压气机在相似转速减小出现的"前喘后堵"的不协调现象,而且压气机级数越多,设计增压比越大,这种情况越严重。

所以对于高设计增压比压气机,当换算转速下降时压气机进口密流 $q(\lambda_1)$ 下降较快,共同工作线较平,容易进入喘振。而对于低设计增压比压气机,当换算转速下降时, $q(\lambda_1)$ 下降较慢,共同工作线较陡,会远离喘振边界,如图 8.8 所示。图中密流用相对密流表示:

$$\bar{q}(\lambda_1) = \frac{q(\lambda_1)}{q(\lambda)_d}$$

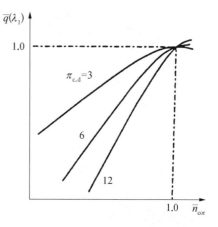

图 8.8　进口密流的变化

图 8.9 表示出相对稳定裕度 $\overline{\Delta SM} = \dfrac{\Delta SM}{\Delta SM_d}$ 随换算转速 $\bar{n}_{cor}$ 和设计增压比 $\pi_{c,d}^*$ 的变化,可以看出,对于高设计增压比的压气机,当 $\bar{n}_{cor}$ 下降时,压气机的稳定裕度迅速下降,所以高设计增压比的压气机通常要采用一些防喘的调节措施,如可调导向叶片,中间级放气等。

图 8.10 表示压气机功 $\bar{w}_c$ 随换算转速 $\bar{n}_{cor}$ 和设计增压比 $\pi_{c,d}^*$ 的变化,从图中可以看出,对于高设计增压比的压气机,当 $\bar{n}_{cor}$ 下降时, $\bar{w}_c$ 增大,对于低设计增压比的压气机,随着 $\bar{n}_{cor}$ 下降, $\bar{w}_c$ 降低,只有 $\pi_{c,d}^*=6$ 左右的中等增压比,可以近似认为压气机功保持不变。需要注意的是:这种现象通常是在物理转速不变的情况下发生。

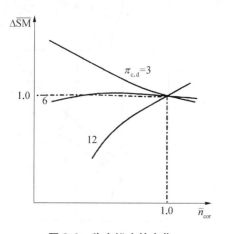

图 8.9　稳定裕度的变化

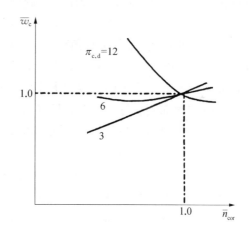

图 8.10　压气机功的变化

综上,压气机设计增压比不同,压气机相对密流、相对稳定裕度和相对压气机功有显著的差别,特别对于高设计增压比的压气机,随相对转速参数下降,相对密流、相对稳定裕度会下降,而相对压气机功会增加。

4. 压气机中间级放气

如压气机一章所述,压气机中间级放气可以增大压气机进口的空气流量,消除前几级的喘振状态,同时又使后几级流量减小,从而脱离"涡轮状态",即中间级放气使共同工作点向压气机进口流量增大的方向移动,也就是远离喘振边界,扩大了稳定工作的范围,如图 8.11 所示。

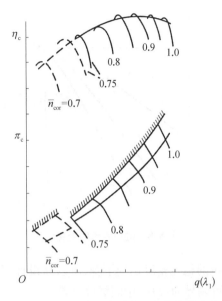

**图 8.11　中间级放气对共同工作线的影响**

种措施,在民航发动机中应用广泛。

当发动机的换算转速减小时,压气机的喘振裕度将减小,这时可调导向叶片顺压气机旋转的方向转动一个角度,即减小导向叶片和前几级静子叶片的安装角,使转子叶片上气流攻角减小,喘振边界线左移,同时使共同工作线右移,从而增大了喘振裕度,如图 8.12 所示。图中的实线和虚线分别表示了压气机不可调和带可调导向器时的压气机特性线及在同样喷管面积条件下发动机的共同工作线。

可以看出:采用可调导向叶片使喘振裕度增大,但是在同样转速下,压气机的增压比将减小,流过发动机的空气流量也将减小。如喷管处于亚临界状态时,涡轮落压比也将减小,涡轮前燃气总温将增高。

由于压气机中间级放气,使前几级的流量系数 $\bar{C}$ 增大,攻角 $\alpha$ 变小,气流折转角 $\Delta\beta$ 变小,扭速 $\Delta w_u$ 减小,压气机功 $w_c$ 减小,增压比 $\pi_c^*$ 减小;放气又使后几级的流量系数 $\bar{C}$ 减小,折转角 $\Delta\beta$ 变大,扭速 $\Delta w_u$ 增大,压气机功 $w_c$ 增大,增压比 $\pi_c^*$ 增大,但整台压气机的增压比将减小。

当喷管处于亚临界时,$\pi_c^*$ 的下降使涡轮的落压比 $\pi_T^*$ 也下降,进入压气机的空气一部分从中间级放走,虽然会使 $w_c$ 减小,但流过涡轮的燃气流量减小,涡轮功 $w_T$ 必须增大,才能满足涡轮和压气机功率平衡的条件。涡轮落压比 $\pi_T^*$ 下降和要求涡轮功 $w_T$ 增大,都使涡轮前燃气总温 $T_3^*$ 增高,排气温度 $T_4^*$ 也跟着提高。

**5. 可调导向叶片和整流叶片**

可调导向叶片和整流叶片是压气机防喘的另一

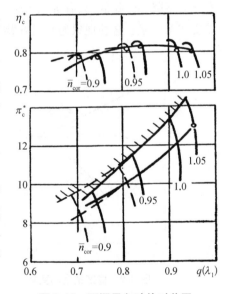

**图 8.12　可调导向叶片对共同工作线的影响**

## 8.1.5　共同工作方程的应用

已知某单转子涡轮喷气发动机中压气机的效率 $\eta_c^* = 0.85$,进气总温 $T_1^* = 288$ K,增压比 $\pi_c^* = 3.55$,涡轮效率 $\eta_T^* = 0.90$,涡轮前燃气总温 $T_3^* = 1\,100$ K,若不计机械损失和带动其他附件所消耗的功率,也不考虑流过压气机的空气流量与流过涡轮燃气的流量的差别,求涡轮的落压比 $\pi_T^*$ 和涡轮后燃气的总温 $T_4^*$。已知:空气 $\gamma = 1.40$, $R = 287.06$ J/(kg·K);燃气 $\gamma' = 1.33$, $R' = 287.40$ J/(kg·K)。

解:根据压气机功率与涡轮功率相平衡有

$$N_c = N_T , \quad N_c = q_{m,a} w_c , \quad N_T = q_{m,g} w_T$$

根据题中假设：

$$q_{m,a} = q_{m,g} , \quad \eta_m = 1.0$$

故有

$$w_c = w_T$$

$$w_c = \frac{\gamma R}{\gamma - 1} T_1^* \left( \frac{\pi_c^{*\frac{\gamma-1}{\gamma}} - 1}{\eta_c^*} \right) , \quad w_T = \frac{\gamma' R'}{\gamma' - 1} ( T_3^* - T_4^* )$$

$$T_4^* = T_3^* - \frac{\dfrac{\gamma R}{\gamma - 1} T_1^* ( \pi_c^{*\frac{\gamma-1}{\gamma}} - 1 )}{\dfrac{\gamma' R'}{\gamma' - 1} \eta_c^*} = 1\,100 - \frac{\dfrac{1.4 \times 287.06}{1.4 - 1} \times 288 ( 3.55^{\frac{1.4-1}{1.4}} - 1 )}{\dfrac{1.33 \times 287.4}{1.33 - 1} \times 0.85}$$

$$= 972\ \text{K}$$

根据涡轮效率定义：$\eta_T^* = \dfrac{T_3^* - T_4^*}{T_3^* - T_{4s}^*}$，$T_{4s}^*$ 为等熵情况下涡轮出口总温，且 $T_{4s}^* / T_3^* = \pi_T^{*\frac{1-\gamma'}{\gamma'}}$，可得

$$\pi_T^* = \left( \frac{T_3^* \eta_T^*}{T_3^* \eta_T^* - T_3^* + T_4^*} \right)^{\frac{\gamma'}{\gamma'-1}} = \left( \frac{1\,100 \times 0.90}{1\,100 \times 0.90 - 1\,100 + 972} \right)^{\frac{1.33}{0.33}} = 1.749$$

## 8.2　调　节　规　律

一台涡轮喷气发动机安装在飞机上,在任何飞行状态下,驾驶员将油门杆放在不同的位置上,使飞机加速或减速、爬高或下降,这就使发动机经常处于非设计状态下工作。假定油门杆放在最大位置不变,随着飞行条件的改变,希望物理转速保持在最大值不变,以使发动机产生最大推力,为减轻驾驶员劳动强度,通常采用自动控制器,通过对燃油量的自动控制来控制转速不受飞行条件和大气条件的变化影响。这种转速随飞行条件的变化规律称为调节规律或控制规律。

为了扩大发动机的稳定工作范围,发动机的一些部件必须装有相应的调节机构,如转动压气机导向叶片、压气机中间级放气等,这些调节机构都需要由发动机的自动调节器根据不同的飞行状态和不同的油门杆位置按一定的规律自动地进行调节。

从发动机共同工作考虑,只有给定调节规律才能在给定的飞行条件下确定发动机的共同工作点,进而确定在非设计点的性能。调节规律包括稳定工作状态和过渡状态的调节规律。稳定状态调节规律包括最大状态调节规律和巡航状态调节规律。

发动机的最大状态调节规律是指由自动调节器保证的发动机最大工作状态随飞行状态的变化规律。而巡航状态调节规律是指发动机由最大工作状态减小推力时所遵循的规律。

### 8.2.1 发动机的最大状态调节规律

最大状态调节规律的选择,应使发动机在任何飞行状态下都能产生尽可能大的推力。

有哪些因素限制了发动机推力的进一步提高呢? 首先是发动机的实际转速 $n$,由于发动机转子零件强度的限制,不允许超过规定的最大值 $n_{max}$;其次是涡轮前燃气总温 $T_3^*$,由于涡轮部件材料耐受温度的限制,不允许超过规定的最大值 $T_{3,max}^*$。 此外,在任何情况下,不应使压气机产生喘振。

根据上述分析,可以使发动机保持最大转速 $n_{max}$ 和最高涡轮前燃气总温 $T_{3,max}^*$ 作为最大状态调节规律。但是,采用这种 $n =$ 常数和 $T_3^* =$ 常数的最大状态调节规律时,随着飞行状态的变化需要调节喷管出口截面面积 $A_5$,这样增加了自动调节器的复杂性。为此提出采用 $n =$ 常数和 $A_5 =$ 常数的最大状态调节规律。

本节主要讨论采用上述两种最大工作状态调节规律时,飞行状态的变化对发动机的工作所产生的影响。

飞行状态的变化引起进气道前方气流总温 $T_0^*$ 和总压的 $p_0^*$ 改变,也导致压气机进口总温 $T_1^*$ 和总压 $p_1^*$ 的改变。下面分析压气机进口参数变化对发动机性能的影响。

压气机进口总压 $p_1^*$ 的变化在一般情况下(喷管在临界或超临界状态工作时),只是使发动机各截面上气流压力成比例的变化,相应地改变通过发动机的空气流量 $q_{m,a}$ 和发动机的推力而在压气机特性图上的工作点保持不变。

压气机进口总温 $T_1^*$ 的变化使得压气机转速相似参数 $\dfrac{n}{\sqrt{T_1^*}}$ 变化,压气机在特性图上的工作点也随之移动,使得发动机性能随之变化。

当发动机采用某一种调节规律时,共同工作点在压气机特性图上移动的轨迹称为发动机在该调节规律时的共同工作线。

1. $n = n_{max} =$ 常数和 $A_5 =$ 常数的最大工作状态调节规律

有不少涡轮喷气发动机采用 $n =$ 常数和 $A_5 =$ 常数的最大状态调节规律。

几何面积不变的发动机,当飞行状态变化时,通过转速调节器改变供油量 $q_{m,f}$ 的方法来保持转速一定,即

$$q_{m,f} \rightarrow n = n_{max}$$

其中,$q_{m,f}$ 为调节参数;$n$ 为被调参数。

当压气机进口总温 $T_1^*$ 变化使得压气机转速相似参数 $\dfrac{n}{\sqrt{T_1^*}}$ 随之变化时,压气机在特性图上的工作点位置可以根据上一节讨论的方法来确定,即取一系列的压气机进口总温 $T_1^*$ 值,利用共同工作方程(8.8),可以在压气机特性图上得到一系列的工作点,将这些工作点连接成线,就是发动机在 $n =$ 常数和 $A_5 =$ 常数调节规律下的共同工作线,如图 8.3 所示。相应的共同工作方程就是式(8.8),可以改写成:

$$\frac{1}{\pi_c^*}\frac{q_m\sqrt{T_1^*}}{p_1^*}\sqrt{\frac{\pi_c^{*\frac{\gamma-1}{\gamma}}-1}{\eta_c^*}}=常数 \tag{8.13}$$

式中,常数与涡轮导向器面积和涡轮落压比有关。当喷管处于临界或超临界状态时,涡轮落压比决定于喷管出口面积和导向器最小面积之比,面积比增加时,涡轮落压比随之增加。

根据 8.1 节分析,压气机喘振边界和共同工作线的走向以及两者相对位置与压气机设计增压比的大小有关,如图 8.6 所示。

设计增压比高的压气机,其喘振边界线较陡而共同工作线较平,如图 8.6(a)所示。它在转速相似参数较低的范围内工作时容易发生喘振。因此,必须采用专门的防喘措施,如从压气机中间级放气或用可调导向叶片等。

设计增压比低的压气机,其喘振边界线较平而共同工作线较陡,如图 8.6(c)所示。它在转速相似参数较低的范围内工作时不易发生喘振,在转速相似参数较高的范围内工作时容易发生喘振。

还必须指出,当发动机转速相似参数降低,使压气机在特性线上的工作点沿共同工作线移动时,压气机功的变化趋势随压气机设计增压比的不同有很大的差异。图 8.10 给出了压气机设计增压比对压气机功沿共同工作线变化趋势的影响。

从图中可以看出,对于高设计增压比的压气机,当转速相似参数降低时,压气机功是增加的,从发动机各部件相互制约的关系可以知道,喷管出口面积保持不变时,涡轮前燃气总温将增加。

对于低设计增压比的压气机,情况恰恰相反,当转速相似参数降低时,压气机功随之降低,从发动机各部件相互制约的关系可以知道,喷管出口面积保持不变时,涡轮前燃气总温也将随之降低。

设计增压比为 6 左右的压气机,当转速相似参数降低时,不会引起压气机功和涡轮前燃气总温有明显的变化。在这种情况下,采用 $n=$常数,$A_5=$常数的最大工作状态调节规律也就是采用 $n=$常数,$T_3^*=$常数的调节规律。

在一般情况下,采用 $n=$常数,$A_5=$常数的最大工作状态调节规律,涡轮前燃气总温 $T_3^*$ 将随着发动机转速相似参数的变化而变化。涡轮前燃气总温 $T_3^*$ 的数值超过规定时,会影响发动机的正常工作和使用寿命。涡轮前燃气总温 $T_3^*$ 的数值低于规定值时,发动机就不能达到可能产生的最大推力。

为了使发动机在任何飞行状态下,既能完全可靠地工作,又能产生尽可能大的推力,可采用 $n=n_{max}=$常数和 $T_3^*=$常数的最大工作状态调节规律。

2. $n=n_{max}=$常数和 $T_3^*=$常数的最大工作状态调节规律

在这种调节规律下,压气机功和涡轮功的平衡关系是通过燃油调节系统自动来保证的即由转速调节器改变供油量 $q_{m,f}$,以保证转速 $n=$常数,喷管面积调节器来保证涡轮前燃气总温 $T_3^*=$常数,即

$$q_{m,f}\rightarrow n=n_{max},\quad A_5\rightarrow T_3^*=常数$$

其中，$q_{m,f}$ 和 $A_5$ 为调节参数；$n$ 和 $T_3$ 为被调参数。

根据功率平衡有

$$w_c = \frac{\gamma' R}{\gamma' - 1} T_3^* \left( 1 - \frac{1}{\pi_T^{*\frac{\gamma'-1}{\gamma'}}} \right) \eta_T^* \beta \eta_m$$

当 $T_3^*$ = 常数时，所需 $w_c$ 的变化，可以用改变 $\pi_T^*$ 的值来得到。又由于

$$\pi_T^* = \left( \frac{\sigma_z A_5}{\sigma_t A_t} \right)^{\frac{2n'}{n'+1}}$$

$\pi_T^*$ 的值可以由改变喷管出口面积 $A_5$ 来得到。

对于具有高设计增压比的发动机，采用 $n$＝常数、$T_3^*$＝常数的调节规律，喷管出口面积 $A_5$ 就必须随着转速相似参数的降低而加大；相反对于具有低设计增压比的发动机，采用 $n$＝常数、$T_3^*$＝常数的调节规律，喷管出口面积 $A_5$ 就必须随着转速相似参数的降低而减小。

在这种调节规律下，用如下方法来确定工作点和共同工作线。

（1）根据压气机进口总温 $T_1^*$，可以确定转速相似参数 $\frac{n}{\sqrt{T_1^*}}$ 和涡轮前燃气总温相似参数 $T_3^*/T_1^*$，由压气机特性图上 $\frac{n}{\sqrt{T_1^*}}$＝常数和 $T_3^*/T_1^*$＝常数两条曲线的交点就确定了工作点。

（2）取一系列的压气机进口总温 $T_1^*$，可以在压气机特性图上得到一系列的工作点，将这些工作点连接成线，就是发动机在 $n$＝常数、$T_3^*$＝常数的调节规律下的共同工作线，如图 8.13 所示。

当涡轮导向器处于临界或超临界工作状态时，上述共同工作线方程可以由流量连续的条件推导出来，根据流量连续的条件有

$$q_{m,g} = \beta q_{m,a} = K \frac{\sigma_t \sigma_b \pi_c^* p_1^* \sqrt{T_1^*}}{\sqrt{T_1^*} \sqrt{T_3^*}} A_t q(\lambda_t)$$

$$\frac{1}{\pi_c^*} \frac{q_{m,a} \sqrt{T_1^*}}{p_1^*} \frac{n}{\sqrt{T_1^*}} = nK \frac{\sigma_t \sigma_b A_t q(\lambda_t)}{\beta \sqrt{T_1^*}}$$

该式右侧为常数，故得

$$\frac{1}{\pi_c^*} \frac{q_{m,a} \sqrt{T_1^*}}{p_1^*} \frac{n}{\sqrt{T_1^*}} = 常数 \tag{8.14}$$

这就是调节规律为 $n$＝常数、$T_3^*$＝常数的共同工作线方程，可以在压气机特性曲线图上作出该共同工作线，如图 8.13 中的实线所示。为便于对比，在图中用虚线表示 $n$＝常

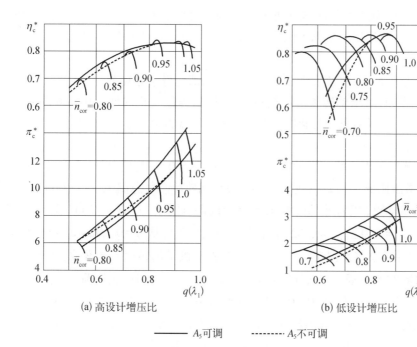

(a) 高设计增压比　　　　　　　　　(b) 低设计增压比

——— $A_5$ 可调　　　------ $A_5$ 不可调

**图 8.13  两种不同调节规律的共同工作线的比较**

数、$A_5$ = 常数时的共同工作线。

假设在两种调节规律下,发动机有相同的设计点 $A$,随着转速相似参数 $\dfrac{n}{\sqrt{T_1^*}}$ 的减小,对于低设计增压比的发动机来说,压气机功 $w_c$ 是减小的。若保持 $A_5$ = 常数,则涡轮前燃气总温 $T_3^*$ 随 $w_c$ 的减小而降低;若保持 $T_3^*$ = 常数,则 $A_5$ 随 $w_c$ 的减小而减小。这就是说,如果沿着 $A_5$ = 常数的共同工作线,则随着转速相似参数 $\dfrac{n}{\sqrt{T_1^*}}$ 的减小,$T_3^*$ 必逐渐降低;如沿着 $T_3^*$ = 常数的共同工作线,则随着参数 $\dfrac{n}{\sqrt{T_1^*}}$ 的减小,$A_5$ 必逐渐减小。显然,$A_5$ = 常数共同工作线的位置应在 $T_3^*$ = 常数共同工作线位置的右下方,如图 8.13(b) 所示。对于高设计增压比的发动机来说,随着 $\dfrac{n}{\sqrt{T_1^*}}$ 的减小,压气机功 $w_c$ 是增大的,若保持 $T_3^*$ = 常数,则 $A_5$ 随 $w_c$ 的增大而增大。因此,$A_5$ = 常数共同工作线的位置应在 $T_3^*$ = 常数共同工作线位置的左上方,如图 8.13(a) 所示。对于中等设计增压比的发动机来说,$A_5$ = 常数共同工作线与 $T_3^*$ = 常数共同工作线基本上是重合的。

实际民航发动机多采用的是第一种方案,其主要原因如下:

(1) 转速是强度和推力的敏感参数,应力随转速的变化是平方次的关系,一般不允许超转;而推力随转速的变化一般是三次方的关系,转速低了将严重影响推力,同样是不希望的,为了获得最大的推力,必须精确地保证转速一定,是必调参数;

（2）以温度作为被调参数，必须要及时正确地感受温度的变化、且能长期可靠使用的敏感元件，这在实际使用中是相当困难的，又由于温度场的不均匀性，使得采用第二种调节规律的很少；

（3）调节喷管面积，将使发动机的结构和控制都变得十分复杂。

实际情况表明，对于单转子的涡轮喷气发动机，当压气机的增压比在 6 左右时，采用第一种调节规律，当外界条件变化时，涡轮前燃气总温的变化不大，故不会影响发动机工作的可靠性。

例：某一单转子涡轮喷气发动机，在飞行高度 $H = 0$，马赫数 $Ma = 0$ 以最大转速工作时，压气机的增压比 $\pi_c^* = 12.0$，效率 $\eta_c^* = 0.85$，涡轮后燃气总温 $T_4^* = 1\,000$ K，若该发动机采用转速 $n =$ 常数，喷管喉部面积 $A_5 =$ 常数的调节规律，当 $H = 11$ km$(T = 216.5$ K$)$，$Ma = 2.0$ 时，$\pi_c^* = 8.0$，$\eta_c^* = 0.82$，试计算：当飞行条件从 $H = 0$，$Ma = 0$ 变到 $H = 11$ km，$Ma = 2.0$ 时，涡轮前燃气总温 $T_3^*$ 等于多少？若发动机采用转速 $n =$ 常数，涡轮前燃气总温 $T_{3,\,\max}^* =$ 常数的调节规律，试计算：$H = 11$ km，$Ma = 2.0$ 时，涡轮前、后燃气总温 $T_3^*$、$T_4^*$ 各为多少？当飞行条件从 $H = 0$，$Ma = 0$ 变到 $H = 11$ km，$Ma = 2.0$ 时，喷管喉部面积 $A_5$ 变化了多少？［假设涡轮导向器，喷管均处于超临界状态，空气和燃气的流量相同、比定压热容分别为 $1.005$ kJ/(kg·K) 和 $1.158$ kJ/(kg·K)，绝热指数分别为 $1.40$、$1.33$，其他各种损失系数和部件效率等于 $1.0$］

解：根据共同工作条件，当飞行条件为 $H = 0$，$Ma = 0$ 时，有

$$w_T = w_c, \quad w_c = c_p T_1^* \left( \frac{\pi_c^{*\frac{\gamma-1}{\gamma}} - 1}{\eta_c^*} \right), \quad w_T = c_p'(T_3^* - T_4^*)$$

根据给定的条件有

$$T_3^* = T_4^* + T_1^* \left( \frac{\pi_c^{*\frac{\gamma-1}{\gamma}} - 1}{\eta_c^*} \right) \frac{c_p}{c_p'} = 1\,000 + 288 \left( \frac{12^{\frac{0.40}{1.40}} - 1}{0.85} \right) \frac{1.005}{1.158} = 1\,304 \text{ K}$$

由于涡轮的效率 $\eta_T^* = 1.0$，所以有

$$\pi_T^* = \left( \frac{T_3^*}{T_4^*} \right)^{\frac{\gamma'}{\gamma'-1}} = \left( \frac{1\,304}{1\,000} \right)^{\frac{1.33}{0.33}} = 2.915$$

当飞行条件为 $H = 11$ km，$Ma = 2.0$ 时，则

$$T_1^* = T_1 \left( 1 + \frac{\gamma-1}{2} Ma^2 \right) = 216.5(1 + 0.2 \times 2^2) = 390 \text{ K}$$

考虑到功率平衡的条件，则有

$$w_T = w_c, \quad w_T = c_p' T_3^* \left( 1 - \frac{1}{\pi_T^{*\frac{\gamma'-1}{\gamma'}}} \right) \eta_T^* = w_c = c_p T_1^* \left( \frac{\pi_c^{*\frac{\gamma-1}{\gamma}} - 1}{\eta_c^*} \right)$$

若发动机采用转速 $n=$ 常数，喷管喉部面积 $A_5=$ 常数的调节规律，当 $H=11$ km，$Ma=2.0$ 时，根据涡轮导向器和喷管均处于超临界状态的假设，$\pi_\mathrm{T}^*=$ 常数 $=2.915$，则涡轮前、后燃气总温 $T_3^*$、$T_4^*$ 为

$$T_3^* = T_1^*\left[\frac{\pi_\mathrm{c}^{*\frac{\gamma-1}{\gamma}}-1}{\eta_\mathrm{c}^*\left(1-\dfrac{1}{\pi_\mathrm{T}^{*\frac{\gamma'-1}{\gamma'}}}\right)\eta_\mathrm{T}^*}\right]\frac{c_p}{c_p'}$$

$$T_3^* = 390\left[\frac{8.0^{\frac{0.40}{1.40}}-1}{0.82\left(1-\dfrac{1}{2.951^{\frac{0.33}{1.33}}}\right)}\right]\times\frac{1.005}{1.158}=1\,436\text{ K}$$

$$T_4^* = \frac{T_3^*}{\pi_\mathrm{T}^{*\frac{\gamma'-1}{\gamma'}}}=\frac{1\,436}{2.915^{\frac{1.33-1}{1.33}}}=1\,101\text{ K}$$

若发动机采用调节规律变为：转速 $n=$ 常数，涡轮前燃气总温 $T_{3,\max}^*=$ 常数时，当 $H=11$ km，$Ma=2.0$ 时，涡轮出口燃气总温 $T_4^*$ 为

$$T_4^{*'} = T_3^{*'}-T_1^*\left(\frac{\pi_\mathrm{c}^{*\frac{\gamma-1}{\gamma}}-1}{\eta_\mathrm{c}^*}\right)\frac{c_p}{c_p'}=1\,304-390\left(\frac{8^{\frac{1.4-1}{1.4}}-1}{0.82}\right)\left(\frac{1.005}{1.158}\right)=969\text{ K}$$

$$\pi_\mathrm{T}^* = \left(\frac{T_3^*}{T_4^*}\right)^{\frac{\gamma'}{\gamma'-1}}=\left(\frac{1\,304}{969}\right)^{\frac{1.33}{0.33}}=3.305$$

由于

$$\pi_\mathrm{T}^* = \left[\frac{\sigma_\mathrm{e}A_5q(\lambda_5)}{\sigma_\mathrm{t}A_\mathrm{t}q(\lambda_\mathrm{t})}\right]^{\frac{2\gamma'}{\gamma'+1}}$$

考虑到涡轮导向器和喷管均处于超临界状态，各种损失系数和部件效率都等于 1.0，上式可改写成：

$$\pi_\mathrm{T}^* = \left(\frac{A_5}{A_\mathrm{t}}\right)^{\frac{2\gamma'}{\gamma'+1}}$$

当飞行条件从 $H=0$，$Ma=0$ 变到 $H=11$ km，$Ma=2.0$ 时，喷管喉部面积 $A_5$ 变化为

$$\frac{A_5'}{A_5} = \left(\frac{\pi_\mathrm{T}^{*'}}{\pi_\mathrm{T}^*}\right)^{\frac{\gamma'+1}{2\gamma'}}=\left(\frac{3.305}{2.915}\right)^{\frac{2.33}{2.66}}=1.116$$

可以看出：由于涡轮落压比要变大，需要喷管喉部面积 $A_5$ 增加来实现。

### 8.2.2　发动机的巡航状态调节规律

飞机在飞行过程中,发动机并不需要始终在最大推力状态下工作,而大部分巡航飞行是在小于最大推力的状态下工作。发动机巡航调节的目的是在保证所需推力的条件下,使发动机有较低的燃油消耗率,且使发动机有较低的机械负荷和热负荷,这有利于发动机长时间可靠地工作。

最简单的巡航调节是保持喷管出口面积不变,而降低发动机的转速,这样就可以减小发动机的推力,同时,涡轮前燃气总温也随之降低。

如果降低发动机转速的同时,增大喷管出口面积,可使燃油消耗率始终保持为最小,称为最佳巡航调节。但这种巡航调节要求喷管出口面积连续可调,调节系统和结构比较复杂。

# 8.3　过渡态下的共同工作

发动机转速变化着的工作状态称为过渡态。过渡态包括加速过程、减速过程和起动过程。转速增大的过程称作加速过程,转速减小的过程称作减速过程,转速从静止加速到慢车转速的工作过程称作起动过程。在这些过程中,发动机的工作参数随时间很快地变化,所以它们又被称作动态过程,动态过程是一种非定常的工作状态。

### 8.3.1　加速过程中压气机和涡轮的共同工作

要使发动机从某一转速增加到另一转速,涡轮输出的功率必须大于压气机所消耗的功率,通常将涡轮功率与压气机功率之差称作剩余功率,即

$$\Delta N = N_T - N_c \tag{8.15}$$

所以发动机加速的必要条件是要有剩余功率。

改变发动机转速的最好方法是改变涡轮前燃气温度以改变涡轮功率,而涡轮前燃气温度的改变,可以通过改变供油量来实现。当快推油门时,发动机转速快速上升的能力称作加速性,定义发动机由慢车转速上升到最大转速所需的时间称作加速性。加速时间越短,加速性越好。对于已给定的发动机,转子的惯性矩是个不变的常数,加速时间只取决于剩余功率的大小,剩余功率越大,加速性越好。

1. 加速过程

要增大发动机转速,就要推油门,增大供油量,提高涡轮前燃气总温,使涡轮功率大于压气机功率,从而产生剩余功率。加速过程可以用压气机功率与涡轮功率的曲线来说明。

图 8.14 是加速过程的示意图,从图中可以看出,发动机在转速 $n_1$ 稳定工作时,涡轮功率曲线与压气机功率曲线交于 $A$ 点,功率相等。在推油门使供油量刚增大的一瞬间,由于空气流量没有改变,余气系数 $\alpha$ 减小,涡轮前燃气总温 $T_3^*$ 增高,如图 8.15 所示,涡轮功率随之增大,而压气机功率由于转速来不及改变仍然不变,于是,涡轮功率大于压气机功率,产生了剩余功率,转速开始增大。

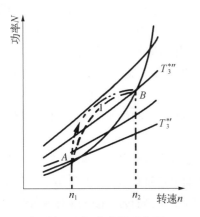

图 8.14　加速过程示意图

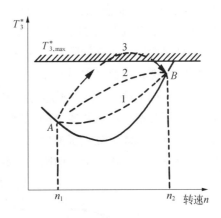

图 8.15　加速过程中 $T_3^*$ 变化

在转速增大的过程中,一方面,压气机功率随转速的增大而增大;另一方面,由于空气流量和压气机增压比都随转速的增大而增大,从而使燃气流量和涡轮落压比都增大。所以涡轮功率也随之增大。随着转速的增大,供油量和空气流量都增大,起初供油量比空气流量增大得多,涡轮前燃气总温继续升高,后来空气流量比供油量增加得多,涡轮前燃气总温便逐渐下降,剩余功率便越来越小,这个变化趋势可以从加速时的涡轮功率曲线(图 8.14 中曲线 1)看出。由于在加速过程中,涡轮功率始终大于压气机功率,所以转速一直增大,当转速增大到 $n_2$ 时,压气机功率曲线与加速时的涡轮功率曲线相交于 $B$ 点,压气机功率与涡轮功率相等,发动机便在转速 $n_2$ 达到新的稳定工作状态。图 8.15~图 8.17 分别给出在加速过程中涡轮前燃气总温、共同工作线以及余气系数的变化。

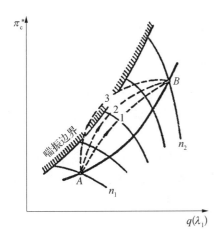

图 8.16　加速过程共同工作线

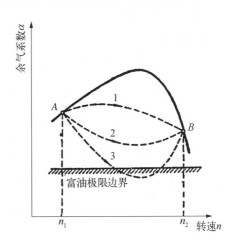

图 8.17　加速过程中余气系数变化

2. 最佳加速过程

显然,为了缩短加速过程所需要的时间,应尽可能地增大加速过程中的涡轮前燃气总温,以增大剩余功率。但是,提高 $T_3^*$ 可能会遇到如下几种情况的限制。

首先,是压气机稳定工作裕度的限制。如果供油量增加过快, $T_3^*$ 上升使流量下降,则压气机可能进入喘振状态,如图 8.15 所示。为了在加速过程的每一点上保证压气机稳定可靠地工作,加油量或 $T_3^*$ 的最大值应当使压气机的稳定工作裕度不低于 5%~7%。

其次,是涡轮强度条件的限制。在加速过程中,发动机转速小于最大转速,叶片离心力较小;同时考虑到加速过程时间短暂,因此 $T_3^*$ 可以略高于最大状态的 $T_{3,\,\mathrm{max}}^*$,但是也不能太大,一般比稳定状态 $T_{3,\,\mathrm{max}}^*$ 不超过 40%~70%。

最后,是燃烧室稳定工作要求的限制。加速过程中,供油量迅速加大,使燃烧室内余气系数减小,可能导致燃烧室富油熄火。

在加速过程中,上述三个方面限制所起的作用是有主有次的。一般说来,在中转速以下工作时,供油量增加的程度,主要是从压气机能否稳定工作来考虑;在高转速范围内对增加供油量起限制作用的主要是涡轮叶片的过热;在高空限制供油量的条件是燃烧室的稳定工作。

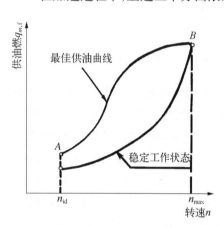

图 8.18　最佳加速供油线

为了使加速时转速能尽快地增大,每一个转速有一个最大的供油量,这个供油量是根据上述的几个限制确定的,通常称为最佳加速供油量,把各个转速正常加速所允许最大供油量的数值标在坐标图上,并且连成曲线,就得到最佳加速供油线,如图 8.18 所示。

发动机按照最佳加速供油线进行加速,则在加速过程中,剩余功率为在正常工作条件下所能得到的最大值,所以,转速增加得最快,加速时间最短,发动机的加速性最好。

3. 大气状态和飞行状态对加速过程的影响

剩余功率为

$$\Delta N = N_\mathrm{T} - N_\mathrm{c} = q_{m,\,\mathrm{a}}(w_\mathrm{T} - w_\mathrm{c}) \tag{8.16}$$

因此剩余功率与空气流量 $q_{m,\,\mathrm{a}}$ 以及涡轮功与压气机功之差 $(w_\mathrm{T} - w_\mathrm{c})$ 成正比。

大气温度降低、大气压力升高或飞行速度增大时,都会引起空气流量增大,剩余功率随之增大,发动机加速过程经历的时间缩短,加速性变好。

飞行高度升高时,除了因空气流量减小,加速性变差以外,还由于高空燃烧条件变差,稳定燃烧范围缩小,加速时供油量的增加受到限制,所以加速时涡轮前燃气温度可能提高的数值比地面的小,使涡轮功增大得比地面的少,以致剩余功率减小,加速性变差。

## 8.3.2　减速过程中压气机和涡轮的共同工作

要实现减速通常通过收油门实现,在收油门过程中,供油量减少,涡轮前燃气总温降低,涡轮功率小于压气机所需功率,转速逐渐降低。

图 8.19 是减速过程的示意图,从图中可以看出,发动机在转速 $n_2$ 稳定工作时,涡轮功率线与压气机功率线交于 $B$ 点,功率相等。在收油门使供油量刚减小的一瞬间,空气流

量没有改变,余气系数变大,涡轮前燃气总温 $T_3^{*'}$ 降低,涡轮功率随之减小。在转速减小的过程中,起初空气流量减小得多,涡轮前燃气总温下降,使涡轮功率减小较快,后来空气流量减小得少,涡轮前燃气总温逐渐升高,涡轮功率减小缓慢,这个变化趋势可以从减速时的涡轮功率线(曲线 3)看出。由于在减速过程中,涡轮功率始终小于压气机功率,所以转速一直减小,当转速减小到 $n_1$ 时,压气机功率线与减速时的涡轮功率线相交于 $A$ 点,压气机功率与涡轮功率相等,发动机便在转速 $n_1$ 达到新的稳定工作状态。这时涡轮前燃气总温为 $T_3^{*'}$。

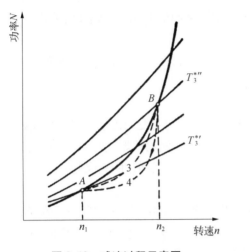

图 8.19　减速过程示意图

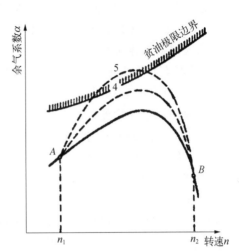

图 8.20　减速状态下余气系数

减速过程中,在任何一个转速下的供油量都比用同一转速稳定工作时的小,空气流量却因为涡轮前燃气总温低而比稳定工作时的大,因此,减速状态下混合气比相应稳态下的贫油,即余气系数比稳定工作时的大,如图 8.20 所示。如果供油量减小得过多,余气系数过大,会超过贫油极限而熄火,如曲线 5 所示。因此减速时收油门不能过快。飞行高度越高,燃烧条件越差,稳定燃烧范围越小,供油量越不能过多地减小。所以减速过程受到燃烧室贫油熄火的限制。

# 8.4　单轴涡喷发动机的特性

发动机推力 $F$ 和燃油消耗率 sfc 随着发动机的转速 $n$、飞行速度 $V$、飞行高度 $H$ 的变化规律称作发动机特性。分为转速特性、高度特性和速度特性。除此之外,本节还将讨论大气温度 $T_0$、大气压力 $p_0$、大气湿度 $\varphi$ 以及防喘系统工作对发动机推力 $F$ 和燃油消耗率 sfc 的影响。

在研究发动机特性前,先了解涡轮喷气发动机常用的基本工作状态。

## 8.4.1　发动机的基本工作状态

根据推力的大小,民用航空发动机的工作状态可分为下述几种:

### 1. 起飞工作状态

这是使用不喷水的发动机,在起飞时批准使用的最大推力,发动机转速和涡轮前燃气总温也接近可使用的最大值,即这时 $F = F_{max}$, $n = n_{max}$, $T_3^* = T_{3,\,max}^*$;发动机在这一状态下连续工作时间受到严格限制,一般在 5~10 min。而且仅限于起飞时使用。过去还有一种带喷水的起飞工作状态,在高温条件下使用,通过在压气机进口或燃烧室进口处喷水和乙醇混合液以增加起飞推力。

### 2. 最大连续工作状态

此工作状态是发动机连续工作时批准使用的最大推力,为了延长发动机的使用寿命,此工作状态仅在确保飞行安全时,由机长决定使用。例如单发或应急爬高时使用。

### 3. 最大爬高工作状态

此工作状态是飞机正常爬高时批准使用的最大推力,在一些飞机上,最大爬高工作状态与最大连续工作状态相同。

### 4. 最大巡航工作状态

巡航时批准使用的最大推力,巡航时,根据飞行计划调定发动机推力保持所需的飞行速度。这时 $F_{cru} = (50\% \sim 80\%)F_{max}$;发动机的转速 $n$ 和涡轮前燃气总温 $T_3^*$ 离最大限制值较远,在此状态下发动机的工作时间不受限制,用于长时间和远距离飞行。

### 5. 慢车工作状态

这是发动机能够保持稳定工作的最小转速工作状态,通常 $F_{id} = (3\% \sim 5\%)F_{max}$;由于在这一状态下涡轮前燃气总温 $T_3^*$ 较高,所以在这一状态下发动机的工作时间也受限制。适用于在地面或飞行时需最小推力时使用,常用于着陆及滑行。

### 6. 进近慢车工作状态

这是一种高慢车工作状态,发动机转速和推力会高于地面慢车,常用于着陆前,便于飞机的复飞。

## 8.4.2 发动机的转速特性

### 1. 转速特性

在保持飞行高度和飞行速度不变的条件下,发动机的推力 $F$ 和燃油消耗率 sfc 随发动机转速 $n$ 的变化规律,称作发动机的转速特性,又称作节流特性。

几何面积不可调的涡轮喷气发动机的转速特性如图 8.21 所示,从图中可以看出,推力随转速的增大一直增大,而且转速越大,推力随转速增大而增长得越快。

燃油消耗率随转速的增大而减小,到接近最大转速时,又略有增大。

下面来分析转速特性上述变化的原因。

由推力公式 $F = q_m F_s$ 可知,影响发动机推力

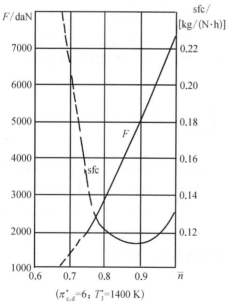

图 8.21 涡轮喷气发动机的转速特性

的因素是：通过发动机的空气流量 $q_m$ 和单位推力 $F_s$。

当保 $F_s$ 持不变时，$q_m$ 越大，$F$ 越大；当 $q_m$ 保持不变时，$F_s$ 越大，$F$ 越大。

由燃油消耗率的定义和推力公式

$$\mathrm{sfc} = \frac{3\,600 q_f}{F} = 3\,600 C\,\frac{T_3^* - T_2^*}{F_s}$$

由此式可以看出：影响燃油消耗率 sfc 的因素是：单位推力 $F_s$ 和燃烧室出口与进口总温之差 $(T_3^* - T_2^*)$ 两个。

当 $(T_3^* - T_2^*)$ 保持不变时，$F_s$ 越大，sfc 越低；当 $F_s$ 保持不变时，$(T_3^* - T_2^*)$ 越大，sfc 越高。

流量：通过发动机的空气流量随转速的增大而增大，在低转速时增加得快，在高转速时增加得较慢。

单位推力：当燃气在喷管中完全膨胀时，单位推力 $F_s = V_5 - V$，所以单位推力随转速的变化取决于喷气速度 $V_5$ 随转速的变化。由于

$$V_5 = \phi_e \sqrt{2 c_p' T_4^* \left[ 1 - \left( \frac{p_5}{p_4^*} \right)^{\frac{\gamma'-1}{\gamma'}} \right]}$$

喷气速度 $V_5$ 的大小取决于涡轮后燃气的总温 $T_4^*$ 和总压 $p_4^*$ 的变化。而这两个参数的变化又取决于沿发动机流程各部件的气流参数的变化。

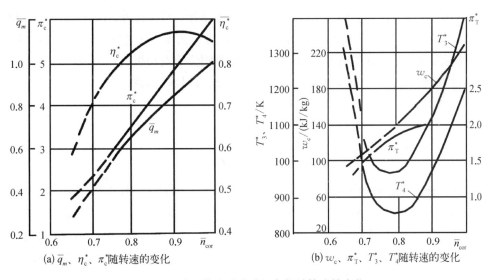

(a) $\bar{q}_m$、$\eta_c^*$、$\pi_c^*$ 随转速的变化　　(b) $w_c$、$\pi_T^*$、$T_3^*$、$T_4^*$ 随转速的变化

**图 8.22　地面节流时发动机参数随转速的变化**

从图 8.22(a) 可以看出，随着发动机转速从设计转速的下降，压气机的增压比 $\pi_c^*$ 是下降的，压气机的效率 $\eta_c^*$ 起先略有增加，然后急剧减小。在图 8.22(b) 上给出了压气机功 $w_c$、涡轮落压比 $\pi_T^*$、涡轮前燃气总温 $T_3^*$、涡轮后燃气总温 $T_4^*$ 随转速的变化规律。飞行条件一定时，压气机功近似地与转速的平方成正比，即

$$w_c = Kn^2$$

在设计转速附近,燃气在涡轮导向器和喷管中为临界或超临界状态工作,涡轮的落压比为常数;只有当发动机转速偏离设计转速很多时,涡轮落压比随转速的降低而减小。

同样,在设计转速附近,涡轮效率和设计值基本相同,当发动机转速下降得较多时,涡轮的效率才开始降低。

根据上述参数的变化规律,就可以分析涡轮前燃气总温随转速的变化规律。

当发动机平衡工作时:

$$w_c = w_T \eta_m$$

$$w_c = Kn^2$$

$$w_T = \frac{\gamma' R}{\gamma' - 1} T_3^* \left( 1 - \frac{1}{\pi_T^{* \frac{\gamma'-1}{\gamma'}}} \right) \eta_T^*$$

可以得出:

$$T_3^* = K \frac{n^2}{\left( 1 - \dfrac{1}{\pi_T^{* \frac{\gamma'-1}{\gamma'}}} \right) \eta_T^* \eta_m} \tag{8.17}$$

随着转速从设计转速下降时,起初因 $\pi_T^*$、$\eta_T^*$ 为常数,$T_3^*$ 和转速平方成正比地下降;当 $\pi_T^*$ 和 $\eta_T^*$ 也随转速的下降而下降时,$T_3^*$ 的下降减慢;当转速进一步下降时,$\pi_T^*$ 和 $\eta_T^*$ 的下降起主导作用,使 $T_3^*$ 反而急剧增加。这就是为什么慢车转速时,$T_3^*$ 较高的原因,所以,要规定慢车状态工作的时间,而且不许超过,否则会使发动机过热而损坏。

涡轮后燃气总温 $T_4^*$ 的变化规律和 $T_3^*$ 一样,这可以从下式看出:

$$T_4^* = T_3^* - \frac{w_T}{c_p'}$$

$$T_4^* = T_3^* - Kn^2 \tag{8.18}$$

随着转速从设计转速下降时,起初 $T_4^*$ 也是下降的,而在 $T_3^*$ 增高时,$T_4^*$ 也是增大的。从图 8.22 和式(8.18)还可以看出,当发动机的转速比较低时,$T_3^*$ 和 $T_4^*$ 的差值将减小。所以,在使用中规定慢车时的排气温度 $T_4^*$(EGT)高于最大状态时的排气温度,仍能保证涡轮前燃气总温不超过一定的数值。由于 $T_4^*$ 和 $T_3^*$ 有这种关系,在发动机的实际性能监控中采用测量 $T_4^*$(EGT)来间接监测 $T_3^*$ 是否超温。

由于 $\pi_c^*$ 是随转速而下降的,所以压气机出口的总温 $T_2^*$ 也随之下降。

转速从设计转速下降时 $(T_3^* - T_2^*)$ 起初随之下降,当转速较低时,又随转速的下降而增大。

根据气流参数随转速的变化规律,可以知道单位推力随转速的变化规律。当发动机的转速从设计转速下降时,起初,由于 $T_4^*$、$p_4^*$ 都是下降的,所以排气速度和单位推力都是下降的;当转速下降较多时,虽然 $T_4^*$ 将增高,但 $p_4^*$ 的下降起主导作用,单位推力仍是下降的。综合上述参数随转速的变化关系,可以得出:当发动机的转速从设计转速下降时,空气流量和单位推力都是减小的,所以发动机的推力随转速的下降而减小。

燃油消耗率:燃油消耗率 sfc 随转速的变化关系也可以用上述发动机参数的变化关系来解释。随着发动机转速从设计转速下降时,$(T_3^* - T_2^*)$ 起初随之下降,单位推力也下降,但前者起主导作用,燃油消耗率 sfc 随之减小,而后单位推力的下降起主导作用,所以燃油消耗率 sfc 随转速的下降而增加,当转速较低时,由于 $(T_3^* - T_2^*)$ 随转速的下降而增大,而且单位推力随转速的下降而下降,所有这些都使燃油消耗率 sfc 随转速的下降而急剧增加。

**2. 压气机中间级放气时的转速特性**

几何面积不可调的涡轮喷气发动机当相对换算转速低于 0.75 时,由于压气机喘振裕度过小,不能稳定工作,必须采取必要的调节措施,压气机中间级放气是避免压气机喘振的一种方法。图 8.23 就是压气机中间级放气时的压气机特性和共同工作线。

从图 8.23 可以明显地看出,由于压气机中间级放气,使压气机的等转速线向左下方移动,增大了喘振裕度。通过发动机的空气流量稍有下降,$\pi_c^*$ 和 $\eta_c^*$ 也下降。

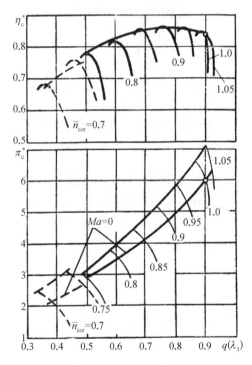

**图 8.23 中间级放气时共同工作线**

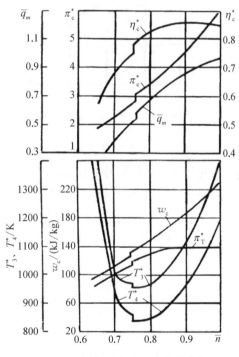

**图 8.24 放气时发动机参数的变化**

当喷管处于亚临界工作状态时,$\pi_c^*$ 下降,使涡轮落压比 $\pi_T^*$ 也下降。进入压气机的空气,一部分从中间级放走,虽然会使压气机功 $w_c$ 减小,但流过涡轮的流量减小了,为了满足涡轮和压气机功率平衡的共同工作条件,必须增大涡轮功 $w_T$,涡轮落压比 $\pi_T^*$ 的下降和涡轮功 $w_T$ 必须要增大,这两个因素都促使涡轮前燃气总温 $T_3^*$ 必须增大,$T_4^*$ 也随之增大(图 8.24)。

放气后,主要由于发动机燃气流量减小,使发动机的推力减小,而 $\pi_c^*$ 和 $\eta_c^*$ 的下降,又使燃油消耗率增大,所以在打开放气门的瞬间,推力 $F$ 和燃油消耗率 sfc 都出现阶梯式的变化(图 8.25)。

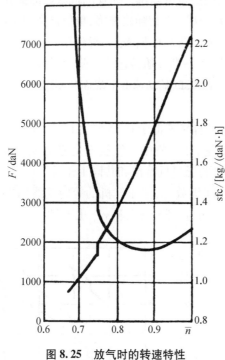

图 8.25　放气时的转速特性

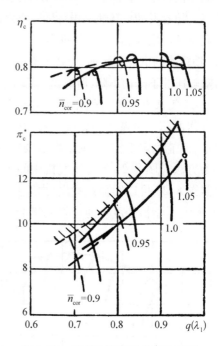

图 8.26　可调叶片时的共同工作线

3. 压气机可调导流叶片的转速特性

避免压气机喘振的另一种方法是可调导向叶片和整流叶片。当发动机的转速从最大下降到某一转速时,压气机的喘振裕度减小,可调导向叶片顺压气机旋转的方向转动一个角度,以减小工作叶轮进口处的攻角,压气机喘振裕度加大。可调导向叶片转动的角度 $\Delta\phi$ 可以是一个固定值,也可以是随换算转速 $n_{cor}$ 而改变的,即

$$\Delta\phi = f(n_{cor})$$

图 8.26 是压气机不可调和带可调导向叶片的压气机特性和共同工作线。

很明显,采用了可调导向叶片,使压气机的喘振裕度加大,但在同样转速下,压气机的增压比 $\pi_c^*$ 将减小,流过发动机的空气流量 $q_m$ 也将减小。

喷管处于亚临界状态下工作时,涡轮的落压比 $\pi_T^*$ 也将减小,$T_3^*$ 和 $T_4^*$ 都将增大。因此,压气机有可调导向叶片时的推力将略为降低,而燃油消耗率将略有加大。

图 8.27 中实线和虚线分别表示了不可调压气机和压气机有可调导向叶片的发动机的推力和燃油消耗率随转速的变化关系。

4. 大气条件对转速特性的影响

1) 大气温度对转速特性的影响

大气温度上升,空气密度变小,在同样的发动机转速下,流过发动机的空气流量减小,

此外,从共同工作线上看出,发动机进口温度提

高,换算转速 $\dfrac{n}{\sqrt{T_1^*}}$ 下降,工作点向左下方移

动,使压气机增压比 $\pi_c^*$ 下降,单位推力下降,
这两个因素都使发动机的推力减小,而 $\pi_c^*$ 和
单位推力的下降,还使燃油消耗率增加,见图
8.28。

2）大气压力对转速特性的影响

大气压力 $p_0$ 上升,使总压 $p_0^*$ 上升,造成流
量和沿流程各截面上的总压增加,工作点不变,
推力由于流量增加而增加,但燃油消耗率不受
影响。

3）大气湿度对转速特性的影响

图 8.27　可调叶片对转速特性的影响

大气湿度上升,折合摩尔质量下降,空气密度下降,空气流量下降,发动机的推力下
降。大气湿度上升,空气的比定压热容增大,要达到原来的燃烧室出口温度就必须多喷
油,所以使发动机的燃油消耗率上升。

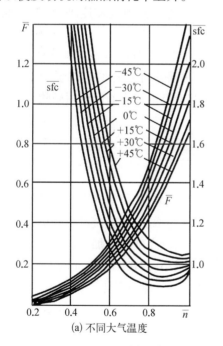

(a) 不同大气温度

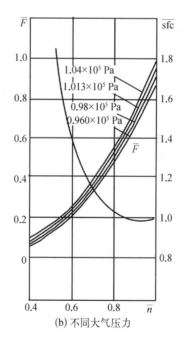

(b) 不同大气压力

图 8.28　大气条件对转速特性的影响

## 8.4.3　发动机的高度特性

涡轮喷气发动机的高度特性是:在给定的调节规律下,保持发动机的转速和飞行速
度不变时,发动机的推力和燃油消耗率随飞行高度的变化规律。

假设调节规律是 $n=$ 常数，$T_3^*=$ 常数，气流在喷管中完全膨胀。

飞行高度改变时，大气压力、大气温度和密度都随之而变。在 11 000 m 以下，随着高度的增加，大气压力 $p_0$、大气温度 $T_0$ 和密度 $\rho_0$ 都下降；在 11 000 m 以上的同温层，大气温度 $T_0$ 不随高度而变化，大气压力 $p_0$ 和密度 $\rho_0$ 随高度的增加继续下降。

图 8.29 是一台地面设计增压比为 6 的燃气涡轮喷气发动机在飞行马赫数为 0.9 时的高度特性。

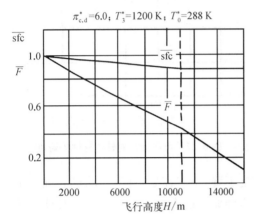

$\pi_{c,d}^*=6.0$；$T_3^*=1200$ K；$T_0^*=288$ K

**图 8.29　涡轮喷气发动机的高度特性**

可以看出：在 $H \leqslant 11\,000$ m 时，随着飞行高度的增加，单位推力增加，燃油消耗率下降。

在 $H > 11\,000$ m 的同温层，随着飞行高度的增加，单位推力和燃油消耗率都不变，发动机的推力随高度的增加而继续下降，而且下降得更快一些。

高度 $H$ 增加，大气温度 $T_0$ 下降，压气机进口总温 $T_1^*$ 下降，换算转速上升，共同工作点沿同一共同工作线向右上方移动，使压气机增压比增加，总增压比增大，喷管可用落压比 $\pi_b^*$ 也跟着增大，这导致喷气速度 $V_5$ 和单位推力 $F_s$ 增大。

随着高度的增加，空气密度 $\rho_0$ 都下降，流过发动机的空气流量 $q_{m,a}$ 减小。

推力的变化由单位推力 $F_t$ 和空气流量 $q_{m,a}$ 这两部分的变化来决定，其中空气流量变化较大，所以推力随飞行高度的增加而降低，但在 11 000 m 以上时降低得较快。

根据：

$$T_2^* = T_1^* + \frac{w_c}{c_p}$$

在转速一定时，压气机功 $w_c$ 基本上不变，故随着高度的增加，$T_1^*$ 的下降，导致 $T_2^*$ 下降，$T_3^*$ 一定时，$(T_3^* - T_2^*)$ 增大，这就是说随着飞行高度的增加，加给流过发动机每千克空气的热量是加大的。但在 11 000 m 以下时，由于随着飞行高度的增加，单位推力增加起主导作用，因此使燃油消耗率 sfc 随飞行高度的增加而减小，而在 11 000 m 以上时，由于单位推力和都不随 $(T_3^* - T_2^*)$ 高度而变化，故燃油消耗率 sfc 也不变化。

### 8.4.4　发动机的速度特性

发动机的速度特性是：在给定的调节规律下，保持发动机的转速和飞行高度不变时，发动机的推力和燃油消耗率随飞行速度（或马赫数）的变化规律。

假设调节规律是 $n=$ 常数，$T_3^*=$ 常数，气流在喷管中完全膨胀。

图 8.30 是不同燃气温度下，设计增压比为 6 的单轴涡喷发动机的单位推力、燃油消耗率、空气流量和推力随飞行马赫数的变化规律。

可以看出：随着飞行马赫数的增大，发动机的推力开始略有下降或缓慢地增加，而在

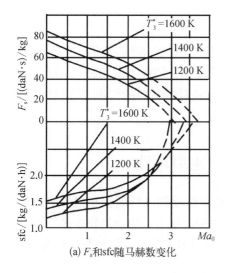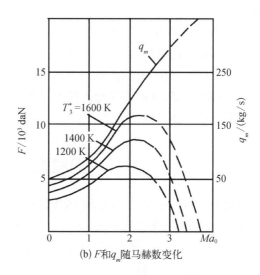

(a) $F_s$ 和 sfc 随马赫数变化　　　　　(b) $F$ 和 $q_m$ 随马赫数变化

**图 8.30　不同涡轮前燃气总温下的速度特性**

超声速范围内增加较快,当马赫数继续增加时,推力转为下降,直至推力为零。燃油消耗率随着马赫数的增大而增大,且在高马赫数范围增加得更为急剧。

1. 流量随马赫数的变化规律

随着马赫数的增加,冲压比 $\pi_i^*$ 增加,而压气机增压比 $\pi_c^*$ 下降,两者相乘的结果,总增压比 $\pi$ 增加。

总增压比的增加,意味着 $p_2^*$ 和 $p_3^*$ 的增加,而调节规律是 $T_3^*$ 不变,通常涡轮导向器处于超临界状态下工作,流量正比于 $p_3^*$,其结果是随着飞行马赫数的增加,流量增加。在超声速飞行时,随着马赫数的增大,流量增加得尤为显著。

2. 单位推力随马赫数的变化规律

随着飞行马赫数的增加,总增压比 $\pi$ 增加,这将引起对单位推力影响两个方面的效果,一方面是总增压比的增加,使循环的热效率提高;另一方面是压气机出口的总温增加,而涡轮前的燃气总温保持不变,则加热量减小。计算表明,后者起主导作用,因而,随着飞行马赫数的增加,循环功不断地减小。又由于

$$F_s = \sqrt{2w + V^2} - V$$

所以单位推力随飞行马赫数的增加也是不断地减小,只是在马赫数较低时,变化较小,在马赫数较高时,变化较大,直至变为零。

综上,飞行马赫数增大时,喷管出口气流的总压 $p_5^*$ 上升,喷气速度 $V_5$ 增大,但喷气速度增大的程度始终小于飞行速度增大的程度,所以单位推力 $F_s = V_5 - V$ 总是减小的。

3. 推力随马赫数的变化规律

由上述分析可知,在飞行马赫数较低时($Ma<0.4$),冲压效应较小,流量增加缓慢而单位推力下降起主要作用,使发动机的推力略有下降;

当飞行马赫数继续增大时,空气流量的增加起主要作用,发动机的推力增大;当飞行马赫数进一步增大时,推力又因为单位推力的急剧下降而减小;当单位推力为零时,推力

也为零。

4. 燃油消耗率随飞行马赫数的变化规律

随着马赫数的增加,总增压比 $\pi$ 增加,从而使压气机出口的总温 $T_2^*$ 增高,而 $T_3^*$ 不变,故 $(T_3^* - T_2^*)$ 随马赫数的增加而降低,这一因素使燃油消耗率减小,但是,随马赫数的增加单位推力下降,从而使燃油消耗率增大,这一因素起着主要的作用,所以燃油消耗率随马赫数的增加而增加。

# 8.5 涡喷发动机的通用特性

发动机的特性主要通过地面台架试验、高空模拟试验和飞行试验获得。地面台架试验时,由于外界大气条件的不同,同一台发动机实测到的推力和燃油消耗率曲线也会有差异。所以有必要将它们换算成标准大气条件下 ($p_0 = 101\,325\,\text{Pa}$,$T_0 = 288.15\,\text{K}$) 的通用转速特性,以便进行比较。

换算是基于"相似"这一概念进行的,对于具备几何相似条件的发动机,工作状态相似的充分条件是绝对运动和相对运动中的马赫数相等。绝对运动中的马赫数相等就是飞行马赫数 $Ma$ 相等,相对运动中的马赫数相等就是第一级压气机工作叶轮进口平均半径处的切线速度 $u_1$ 所算得的马赫数 $Ma_{u1}$ 相等。

## 8.5.1 发动机性能的相似参数

根据相似理论,当发动机处于相似状态时,发动机各截面上气流参数的无因次量都保持不变。例如:

$$\frac{p_i^*}{p_0^*} = 常数, \qquad \frac{p_i}{p_0} = 常数 \tag{8.19}$$

$$\frac{T_i^*}{T_0^*} = 常数, \qquad \frac{T_i}{T_0} = 常数 \tag{8.20}$$

$$\frac{V_i}{\sqrt{T_0^*}} = 常数, \qquad \frac{V_i}{\sqrt{T_0}} = 常数 \tag{8.21}$$

$$\eta_i^* = 常数$$

当发动机处于相似状态下工作时,发动机转速、通过发动机的空气流量 $q_{m,a}$、发动机单位推力 $F_s$、发动机推力 $F$、燃油消耗率 sfc 以及燃油消耗量 $q_{m,f}$ 等性能参数的绝对值一般各不相同,但对应的相似参数却保持不变。下面分别推导这些发动机的相似参数。

1. 发动机转速的相似参数

将发动机转速 $n$ 写成马赫数 $Ma_{u1}$ 的函数:

$$n = \frac{60u_1}{\pi D_1} = \frac{60}{\pi D_1} a_1 Ma_{u1} = \frac{60}{\pi D_1} a_{\text{cr}} \lambda_{u1} = \frac{60}{\pi D_1} \sqrt{\frac{2\gamma R T_0^*}{\gamma + 1}} \lambda_{u1}$$

当发动机处于相似状态下工作时，$Ma_{u1}(\lambda_{u1})$ 等于常数，于是可得

$$\frac{n}{\sqrt{T_0}} = 常数 \quad 或 \quad \frac{n}{\sqrt{T_0^*}} = 常数 \tag{8.22}$$

因此，对于同一台发动机，当发动机处于相似状态下工作时，发动机转速的相似参数 $\frac{n}{\sqrt{T_0}}$ 或 $\frac{n}{\sqrt{T_0^*}}$ 保持不变。

**2. 空气流量的相似参数**

由气体动力学知道空气流量的计算公式为

$$q_{m,\,a} = K\frac{p_0^*}{\sqrt{T_0^*}}A_0 q(Ma_0)$$

当发动机处于相似状态下工作时，$A_0$、$Ma_0$ 保持不变，所以

$$\frac{q_{m,\,a}\sqrt{T_0^*}}{p_0^*} = 常数 \tag{8.23}$$

因此，对于同一台发动机，当发动机处于相似状态下工作时，通过发动机的空气流量 $q_{m,\,a}$ 的相似参数 $\dfrac{q_{m,\,a}\sqrt{T_0^*}}{p_0^*}$ 保持不变。

**3. 发动机单位推力的相似参数**

在完全膨胀情况下，发动机的推力为

$$F = q_{m,\,a}(V_5 - V)$$

单位推力为

$$F_s = \frac{F}{q_{m,\,a}} = (V_5 - V) = \sqrt{T_0^*}\left(\frac{V_5}{\sqrt{T_0^*}} - \frac{V}{\sqrt{T_0^*}}\right)$$

当发动机处于相似状态下工作时，$\dfrac{V_5}{\sqrt{T_0^*}}$、$\dfrac{V}{\sqrt{T_0^*}}$ 保持不变，所以

$$\frac{F_s}{\sqrt{T_0^*}} = 常数 \tag{8.24}$$

因此，当发动机处于相似状态下工作时，发动机单位推力 $F_s$ 的相似参数 $\dfrac{F_s}{\sqrt{T_0^*}}$ 保持不变。

**4. 发动机推力的相似参数**

$$F = q_{min}F_s = K\frac{p_0^*}{\sqrt{T_0^*}}A_0 q(Ma_0)K_1\sqrt{T_0^*}$$

当发动机处于相似状态下工作时，$A_0$、$Ma_0$ 保持不变，所以

$$F = Kp_0^* = 常数$$

或

$$\frac{F}{p_0^*} = 常数 \qquad (8.25)$$

因此，当发动机处于相似状态下工作时，发动机推力 $F$ 的相似参数 $\dfrac{F}{p_0^*}$ 保持不变。

5. 燃油消耗率的相似参数

燃油消耗率的定义为

$$\mathrm{sfc} = \frac{3\,600 q_{m,\mathrm{f}}}{F} = \frac{3\,600 q_{m,\mathrm{f}}}{q_{m,\mathrm{a}} F_\mathrm{s}} = \frac{3\,600 f}{F_\mathrm{s}} = \frac{3\,600 c_p (T_3^* - T_2^*)}{\zeta H_\mathrm{L} F_\mathrm{t}}$$

$$\mathrm{sfc} = \frac{3\,600 c_p}{\zeta H_\mathrm{L}} \frac{\left(\dfrac{T_3^*}{T_0^*} - \dfrac{T_2^*}{T_0^*}\right)}{\dfrac{F_\mathrm{s}}{\sqrt{T_0^*}}} \sqrt{T_0^*}$$

当发动机处于相似状态下工作时，$\dfrac{T_3^*}{T_0^*}$、$\dfrac{T_2^*}{T_0^*}$、$\dfrac{F_\mathrm{s}}{T_0^*}$ 保持不变，所以如果使用相同的燃油，则燃油的低热值 $H_\mathrm{u}$ 相同，假定燃烧室的放热系数 $\xi$ 和比定压热容 $c_p$ 都相同，那么，上式可写成：

$$\mathrm{sfc} = K\sqrt{T_0^*}$$

或

$$\frac{\mathrm{sfc}}{\sqrt{T_0^*}} = 常数 \qquad (8.26)$$

因此，当发动机处于相似状态下工作时，燃油消耗率 sfc 的相似参数 $\dfrac{\mathrm{sfc}}{\sqrt{T_0^*}}$ 保持不变。

6. 燃油流量的相似参数

根据燃油流量的定义，可以写出：

$$q_{m,\mathrm{f}} = F\,\mathrm{sfc} = Kp_0^* \, K\sqrt{T_0^*}$$

$$\frac{q_{m,\mathrm{f}}}{p_0^* \sqrt{T_0^*}} = 常数 \qquad (8.27)$$

因此，当发动机处于相似状态下工作时，燃油流量 $q_{m,\mathrm{f}}$ 相似参数 $\dfrac{q_{m,\mathrm{f}}}{p_0^* \sqrt{T_0^*}}$ 保持不变。

### 8.5.2　发动机性能参数的换算参数

如前所述,将不同大气条件下测得的性能参数换算成标准大气条件下的数据,要求在实际条件下性能参数的相似参数值与标准大气条件下的相似参数的数值相等。将标准大气条件下的相似参数称为换算参数。用下标"cor"表示。

由上述相似参数得到发动机各性能参数的换算参数如下:

换算转速:

$$n_{\text{cor}} = n \sqrt{\frac{288}{T_0^*}} \tag{8.28}$$

换算空气流量:

$$q_{m,\text{cor}} = q_{m,\text{a}} \frac{760}{p_0^*} \sqrt{\frac{T_0^*}{288}} \tag{8.29}$$

换算单位推力:

$$F_{\text{s,cor}} = F_{\text{s}} \sqrt{\frac{288}{T_0^*}} \tag{8.30}$$

换算燃油消耗率:

$$\text{sfc}_{\text{cor}} = \text{sfc} \sqrt{\frac{288}{T_0^*}} \tag{8.31}$$

换算发动机推力:

$$F_{\text{cor}} = F \frac{760}{p_0^*} \tag{8.32}$$

换算燃油流量:

$$q_{m,\text{f,cor}} = q_{m,\text{f}} \frac{760}{p_0^*} \sqrt{\frac{288}{T_0^*}} \tag{8.33}$$

对于上述换算关系式可以理解为:发动机在大气条件 $T_0$、$p_0$ 下,以转速 $n$ 工作时,测得发动机的性能为:$q_{m,\text{a}}$、$F_{\text{s}}$、$F$、$q_{m,\text{f}}$、sfc。这样的工作状态与标准大气条件下发动机以转速 $n_{\text{cor}}$ 工作是相似的,所以在标准大气条件下以转速 $n_{\text{cor}}$ 工作时的性能应该对应计算所得的 $q_{m,\text{a,cor}}$、$F_{\text{s,cor}}$、$F_{\text{cor}}$、$q_{m,\text{f,cor}}$、$\text{sfc}_{\text{cor}}$。

例:一台涡喷发动机在地面试车时,大气温度为 37℃,大气压力为 740 mmHg,当发动机在转速 11 150 r/min 下工作时,测得发动机的推力为 1 950 daN,试将这种工作状态换成标准大气条件下的相似工作状态。

解:因为两种工作状态相似,所以在标准大气条件下换算转速:

$$n_{cor} = n\sqrt{\frac{288}{T_0^*}} = 11\,150\sqrt{\frac{288}{273+37}} = 10\,750 \text{ r/min}$$

换算发动机推力:

$$F_{cor} = F\frac{760}{p_0^*} = 1\,950\,\frac{760}{740} = 2\,000 \text{ daN}$$

### 8.5.3 发动机的通用特性

用换算参数绘制的转速特性称为发动机的通用特性,如图 8.31 所示。它适用于标准状态或非标准状态下,所有飞行高度、飞行速度和转速变化时的性能计算。例如:给定飞行高度、飞行马赫数和发动机转速,就可以求得 $p_0^*$、$T_0^*$ 和 $n/\sqrt{T_0^*}$,从曲线上可查得 $F/p_0^*$ 和 $\text{sfc}/\sqrt{T_0^*}$,从而可以算得 $F$ 和 $\text{sfc}$。

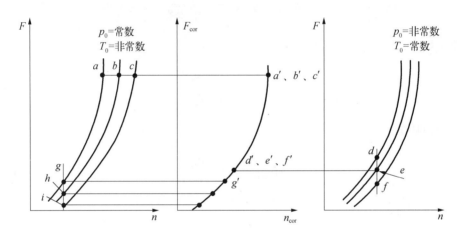

图 8.31 发动机的通用特性图

# 习 题

1. 某单转子涡轮喷气发动机,在地面标准大气条件下工作,油燃油调节器保持转速不变,若将发动机喷管的面积缩小,则涡轮落压比、燃油消耗量、涡轮前燃气总温、通过涡轮的燃气流量、通过发动机的空气流量、压气机的增压比、喘振裕度、燃油消耗率、单位推力和推力会发生什么变化? 为什么?

2. 单轴涡喷发动机中,当保持涡轮前燃气总温 $T_3^*$ 不变而加大喷管出口面积时,发动机转子转速如何变化? 说明原因。

3. 单转子涡轮喷气发动机稳态的共同工作条件是什么? 利用这些条件推导出共同工作线方程(假设喷管在超临界状态工作)。

4. 对于一台单转子涡轮喷气发动机,其压气机特性上常有一族等 $T_3^*/T_1^*$ 线,试绘出压气机特性及其对应的一族等 $T_3^*/T_1^*$ 线,并说明求得等 $T_3^*/T_1^*$ 线的条件、公式及意义。

5. 当涡轮导向器面积 $A_t$ 一定时,涡轮前温度相似参数 $T_3^*/T_1^*$ 的变化对压气机流通能力有什么作用?并解释。

6. 在几何面积不可调的单轴涡轮喷气发动机中,等 $A_5$ 线、等 $\pi_T^*$ 线和共同工作线之间是什么关系?为什么?

7. 已知某单转子涡轮喷气发动机中压气机的效率 $\eta_c^* = 0.85$,进气总温 $T_1^* = 288\,\mathrm{K}$,增压比 $\pi_c^* = 3.55$,涡轮效率 $\eta_T^* = 0.90$,涡轮前燃气总温 $T_3^* = 1\,100\,\mathrm{K}$,若不计机械损失和带动其他附件所消耗的功率,也不考虑流过压气机的空气流量与流过涡轮燃气的流量的差别,求涡轮的落压比 $\pi_T^*$。

8. 什么是发动机的最大状态调节规律和巡航状态调节规律?有几种可供选择的最大状态调节规律?各有什么优缺点?

9. 某单转子涡轮喷气发动机的最大调节规律为 $n = n_{\max}$,$T_{3}^* = T_{3,\max}^*$。试讨论当飞行马赫数提高时,发动机参数和喷管出口面积的变化情况,并解释原因。

10. 某单转子涡轮喷气发动机以国际标准大气条件为设计状态,其设计参数分别为: $n_d$、$\pi_{c,d}^*$、$T_{3,d}^*$、$q_{m,d}$、$F_d$、$\mathrm{sfc}_d$。若该发动机在某次地面试车时,测得大气温度为 $0\,℃$,大气压力仍为标准大气压力,问试车时发动机应置于什么转速才能与设计状态相似?此时发动机的 $\pi_c^*$、$T_3^*$、$q_m$、$F$、$\mathrm{sfc}$ 将为多少?

11. 某单轴涡喷发动机在 $H = 0$,$Ma = 0$ 以最大转速工作时,压气机的增压比 $\pi_c^* = 12.0$,效率 $\eta_c^* = 0.84$,涡轮后燃气总温 $T_4^* = 1\,100\,\mathrm{K}$,若发动机采用转速 $n =$ 常数,喷管喉部面积 $A_{cr} =$ 常数的调节规律,当 $H = 11\,\mathrm{km}$,$Ma = 2.0(T_0 = 216.5\,\mathrm{K})$ 时,$\pi_c^* = 8.0$,$\eta_c^* = 0.81$,试计算:当飞行条件从 $H = 0$、$Ma = 0$ 变到 $H = 11\,000\,\mathrm{m}$、$Ma = 2.0$ 时,涡轮前燃气总温 $T_3^*$ 等于多少?(假设涡轮导向器,喷管均处于超临界状态,燃气和空气的比定压热容相同,涡轮效率 $\eta_T^* = 1.0$)

12. 已知某一单转子涡喷发动机在 $H = 0$,$Ma = 0$ 工作时,压气机的增压比 $\pi_c^* = 12.0$,效率 $\eta_c^* = 0.84$,涡轮后燃气总温 $T_4^* = 1\,100\,\mathrm{K}$,若发动机采用转速 $n_{\max} =$ 常数,涡轮前燃气总温 $T_{3,\max}^* =$ 常数的调节规律,当 $H = 11\,\mathrm{km}$,$Ma = 2.0(T_0 = 216.5\,\mathrm{K})$ 时,$\pi_c^* = 8.0$,$\eta_c^* = 0.81$,试计算:当飞行条件从 $H = 0$、$Ma = 0$ 变到 $H = 11\,000\,\mathrm{m}$、$Ma = 2.0$ 时,涡轮前、后的燃气温度各为多少?喷管喉部面积 $A_t$ 变化了多少?(假设涡轮导向器,喷管均处于超临界状态,空气和燃气的流量相同、比定压热容分别为 $1.005\,\mathrm{kJ/(kg \cdot K)}$;$1\,158\,\mathrm{kJ/(kg \cdot K)}$,绝热指数分别为 $1.40$、$1.33$,其他各种损失系数和部件效率等于 $1.0$)

13. 一台几何不可调的单转子涡轮喷气发动机,已有带共同工作线的压气机特性,试问如何在该图上确定出给定的飞行高度、马赫数和转速下的共同工作点,以及增压比和涡轮前燃气总温?

14. 一台单转子涡轮喷气发动机在最大状态工作时涡轮导向器和喷管在超临界状态工作,通过收油门使转速减小以实现减小推力的目的,试问在节流特性中(转速变化是从最大到慢车)发动机的排气温度、空气流量、压气机增压比、涡轮落压比及燃油消耗率如何变化?

# 第 9 章
# 双转子涡轮喷气发动机

采用双转子发动机结构是防止压气机喘振的有效措施之一。双转子发动机将一台高设计增压比的压气机分为两台低设计增压比的压气机,分别由各自的涡轮带动,低压压气机与低压涡轮组成低压转子,高压压气机与高压涡轮组成高压转子,两个转子之间没有机械联系,它们具有各自的转速 $n_L$ 和 $n_H$(下标"L"指低压,"H"指高压),双转子发动机的结构如图 9.1 所示。

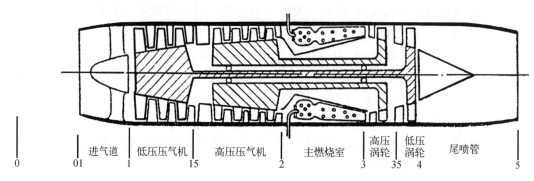

| | | 高压 | 低压 | |
|---|---|---|---|---|
| 进气道 | 低压压气机 | 高压压气机 | 主燃烧室 | 涡轮 | 涡轮 | 尾喷管 |

0　　01　　1　　15　　2　　3　35　4　　5

**图 9.1　双转子涡轮喷气发动机**

## 9.1　双转子发动机的特点

双转子发动机最重要的特点是:当转速相似参数降低偏离设计值时,两个转子会随着各自负荷的变化自动地调整其转速,保持各级进口的流量系数 $c_{1a}/u$ 不变或接近不变,以保证气流进入压气机的攻角始终接近设计值,有效地防止压气机喘振。

高设计增压比的单转子发动机在非设计状态下工作严重恶化,是由于压气机气流轴向速度的重新分配所引起的,根据压气机进口和出口流量相等的条件,可以得到:

$$q_m = \rho_1 A_1 c_{1a} = \rho_2 A_2 c_{2a}$$

该式可以改写为

$$\frac{c_{1a}}{c_{2a}} = \frac{\rho_2 A_2}{\rho_1 A_1}$$

由多变过程的关系有

$$\frac{\rho_2}{\rho_1} = \left(\frac{p_2}{p_1}\right)^{\frac{1}{n}} = \pi_{\mathrm{c}}^{\frac{1}{n}}$$

于是压气机进、出口的轴向速度比可以写成：

$$\frac{c_{1a}}{c_{2a}} = \frac{A_2}{A_1}\pi_{\mathrm{c}}^{\frac{1}{n}} = K\pi_{\mathrm{c}}^{\frac{1}{n}}$$

分别用压气机进、出口的周向速度 $u_1$ 和 $u_2$ 除上式的分子和分母，则有

$$\frac{\dfrac{c_{1a}}{u_1}}{\dfrac{c_{2a}}{u_2}} = \frac{\overline{c_1}}{\overline{c_2}} = K\pi_{\mathrm{c}}^{\frac{1}{n}} \tag{9.1}$$

式(9.1)表明，压气机增压比的变化将导致压气机进出口流量系数之比的变化。当发动机转速相似参数变化时，就会产生这种情况。

由压气机速度三角形可知，流量系数的变化影响着速度三角形的形状，使流入压气机叶片的攻角发生变化。例如，压气机进口流量系数 $\overline{c_1}$ 降低，将引起第一级压气机叶片的攻角增大，而压气机出口流量系数 $\overline{c_2}$ 增加，将引起末级压气机叶片的攻角减小。

因此，当发动机转速相似参数降低后，压气机的最前面几级和末后几级都将偏离它们的设计状态，而中间各级由于流量系数变化不大，工作状态变化后也就变化不大，压气机前后各级的攻角偏离设计状态，首先使压气机的效率降低，进一步发展将会导致压气机喘振。在非设计状态下，前后各级工作不协调的现象对于高设计增压比的压气机就更为严重。

通过上述分析可知，要达到在非设计状态下前后各级协调工作，最有效的方法是使各级的转速相应于各级进口轴向速度的重新分配而变化，以保证各级的流量系数不变，然而这在结构上是不可能的，也无必要，在一般情况下只要把压气机分为两组，即低压压气机和高压压气机，这就是双转子发动机结构的由来。

当双转子发动机的转速相似参数降低时，高压转子和低压转子的转速自动地进行调整使前后各级能够协调工作。首先分析产生这种现象的原因。

前已指出：压气机由设计状态过渡到非设计状态时，沿压气机气流通道的轴向速度和流量系数都将重新分配，如果压气机增压比降低，则前几级的流量系数降低、攻角加大；而后几级的流量系数加大、攻角减小。攻角的改变将引起各级加功量的变化。

对于前面几级，攻角加大时，工作叶轮出口的气流相对速度的方向基本不变，因而气流折转角 $\Delta\beta$ 加大，扭速 $\Delta w_u$ 加大，如果是压气机进口温度增加使转速相似系数降低而工作叶轮切线速度 $u$ 不变时，级的加功量 $w_{\mathrm{c}} = u\Delta w_u$ 也加大。

对于后面几级，攻角减小时，将使气流折转角 $\Delta\beta$ 减小，扭速 $\Delta w_u$ 减小，级的加功量

$w_c = u\Delta w_u$ 减小。所以,当压气机增压比降低时,低压压气机加功量与高压压气机加功量之比将加大。

$$\frac{w_{LPC}}{w_{HPC}} > \left(\frac{w_{LPC}}{w_{HPC}}\right)_d \tag{9.2}$$

所以,当转速相似参数降低时,将引起压气机加功量的重新分配。重新分配的结果,将使低压压气机要求较大的力矩才能带动,而高压压气机要求较小的力矩就可以了。换句话说,带动低压压气机显得较"重",而带动高压压气机显得较"轻"。

下面再分析涡轮的工作特点。目前涡轮喷气发动机上所采用的多级涡轮的导向器一般是在临界或超临界状态下工作,具有以下特点。

(1) 对于喷管面积不可调的发动机,当喷管处于临界或超临界状态下工作时,各级涡轮的落压比是不变的。这点可以用通过涡轮导向器和喷管的流量连续方程来证明:

$$q_{m,g} = K\frac{\sigma_{ht}p_3^*}{\sqrt{T_3^*}}A_{ht}q(\lambda_{ht}) = K\frac{\sigma_{1t}p_{3.5}^*}{\sqrt{T_{3.5}^*}}A_{1t}q(\lambda_{1t})$$

$$q_{m,g} = K\frac{\sigma_e p_4^*}{\sqrt{T_4^*}}A_5 q(\lambda_5)$$

式中,$A_{1t}$、$A_{ht}$ 和 $A_5$ 分别为低压涡轮、高压涡轮导向器的出口和喷管出口面积;$\lambda_{1t}$、$\lambda_{ht}$ 和 $\lambda_5$ 分别为低压涡轮、高压涡轮导向器和喷管出口的速度系数;$\sigma_{1t}$、$\sigma_{ht}$ 和 $\sigma_e$ 分别为低压涡轮、高压涡轮导向器和喷管的总压恢复系数;$T_3^*$、$T_{3.5}^*$ 和 $T_4^*$ 分别为高压涡轮、低压涡轮和喷管进口的总温;$p_3^*$、$p_{3.5}^*$ 和 $p_4^*$ 分别为高压涡轮、低压涡轮和喷管进口的总压。

$$\frac{p_3^*}{p_{3.5}^*}\sqrt{\frac{T_{3.5}^*}{T_3^*}} = \frac{\sigma_{1t}A_{1t}q(\lambda_{1t})}{\sigma_{ht}A_{ht}q(\lambda_{ht})}$$

若认为涡轮内进行的是绝热的多变过程,根据多变过程关系式可得

$$\frac{p_3^*}{p_{3.5}^*}\sqrt{\frac{T_{3.5}^*}{T_3^*}} = \left(\frac{p_3^*}{p_{3.5}^*}\right)^{\frac{n'+1}{2n'}} = (\pi_{HPT}^*)^{\frac{n'+1}{2n'}}$$

所以

$$\pi_{HPT}^* = \left[\frac{\sigma_{1t}A_{1t}q(\lambda_{1t})}{\sigma_{ht}A_{ht}q(\lambda_{ht})}\right]^{\frac{2n'}{n'+1}} \tag{9.3}$$

同理可得

$$\pi_{LPT}^* = \left[\frac{\sigma_e A_5 q(\lambda_5)}{\sigma_{1t}A_{1t}q(\lambda_{1t})}\right]^{\frac{2n'}{n'+1}} \tag{9.4}$$

式中,$\pi_{HPT}^*$ 和 $\pi_{LPT}^*$ 分别代表高压涡轮和低压涡轮的落压比。涡轮工作状态变化时,涡轮效率 $\eta_T^*$ 及多变指数变化不大。当喷管在临界或超临界状态下工作时,函数 $q(\lambda_{ht})$、

$q(\lambda_{lt})$、$q(\lambda_5)$ 都是常数,这时高压涡轮和低压涡轮的落压比都不变,即

$$\pi^*_{HPT} = 常数, \quad \pi^*_{LPT} = 常数$$

涡轮总落压比也不变,即

$$\pi^*_T = \pi^*_{HPT}\pi^*_{LPT} = 常数$$

（2）当喷管处于临界或超临界状态工作时,发动机转速降低使各级涡轮前燃气总温与 $T^*_3$ 成正比变化,涡轮功在各级中的分配保持同样的比例。这是因为:

高压涡轮功为

$$w_{HPT} = c_p T^*_3 \left( 1 - \frac{1}{\pi^{* \frac{\gamma'-1}{\gamma'}}_{HPT}} \right) \eta^*_{HPT}$$

低压涡轮功为

$$w_{LPT} = c_p T^*_{3.5} \left( 1 - \frac{1}{\pi^{* \frac{\gamma'-1}{\gamma'}}_{LPT}} \right) \eta^*_{LPT}$$

当喷管均处于临界或超临界状态时 $\pi^*_{HPT} = 常数 = C_1$;$\pi^*_{LPT} = 常数 = C_2$,所以有

$$\left( 1 - \frac{1}{\pi^{* \frac{\gamma'-1}{\gamma'}}_{HPT}} \right) = 常数 = C'_1$$

$$\left( 1 - \frac{1}{\pi^{* \frac{\gamma'-1}{\gamma'}}_{LPT}} \right) = 常数 = C'_2$$

$$\frac{w_{HPT}}{w_{LPT}} = \frac{C'_1 T^*_3}{C'_2 T^*_{3.5}}$$

其中,$T^*_3$ 和 $T^*_{3.5}$ 分别为高压涡轮进、出口的总温,可变换为

$$\frac{T^*_3}{T^*_{3.5}} = \left( \frac{p^*_3}{p^*_{3.5}} \right)^{\frac{n'-1}{n'}} = \pi^{* \frac{n'-1}{n'}}_{HPT} = 常数$$

所以

$$\frac{w_{HPT}}{w_{LPT}} = \frac{T^*_3}{T^*_{3.5}} = 常数 \tag{9.5}$$

从式（9.5）可知,当喷管处于临界或超临界状态工作时,高压涡轮功 $w_{HPT}$ 和低压涡轮功 $w_{LPT}$ 之比以及高压涡轮前燃气温度 $T^*_3$ 和低压涡轮前燃气温度 $T^*_{3.5}$ 之比都等于常数。

（3）当发动机转速相似参数降低使喷管进入亚临界状态工作时,涡轮落压比的减小首先发生在最后一级涡轮,使低压涡轮的落压比和涡轮功下降。只有当发动机转速相似参数降得很低时,高压涡轮的落压比才开始减小。

因此,当喷管处于亚临界状态工作时,涡轮功之比才发生变化,即

$$\frac{w_{LPT}}{w_{HPT}} < \left(\frac{w_{LPT}}{w_{HPT}}\right)_d$$

图 9.2 是当喷管处于亚临界状态时 $\pi_{HPT}^*$、$\pi_{LPT}^*$、$\frac{w_{LPT}}{w_{HPT}}$ 的变化规律。

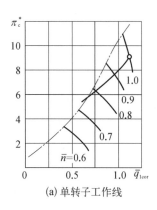

图 9.2 喷管亚临界时 $\pi_{HPT}^*$、$\pi_{LPT}^*$、$\frac{w_{LPT}}{w_{HPT}}$ 的变化规律

通过以上分析可以知道:当发动机转速相似参数降低时,高、低压压气机所需功之比有减小的趋势;而高、低压涡轮所输出的功之比保持常数,或者在喷管亚临界时甚至有增大的趋势,根据功率平衡原理,高低压转子的转速会自动进行调整,转速率增加,因而使压气机的稳定工作范围加宽。

双转子发动机与单转子发动机相比,具有如下优点。

(1)双转子发动机与具有相同设计增压比的单转子发动机相比,可使压气机在更广阔的转速相似参数范围内稳定工作,是防止压气机喘振的有效措施之一。

图 9.3 给出了设计增压比 $\pi_{c,d}^* = 9$ 时,单转子和双转子压气机特性图上喘振边界和工作线位置的比较。从图中可以看出,单转子涡轮喷气发动机的共同工作线在换算转速为 0.8 时就进入了喘振边界,而双转子涡轮喷气发动机的低压压气机特性图和高压压气机特性图上工作线与喘振边界不相交。因此,对于设计增压比 $\pi_{c,d}^* = 8 \sim 10$ 的双转子涡轮喷气发动机,在整个使用范围内都无须采用其他的防喘措施。

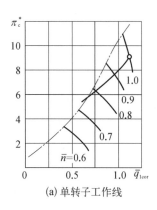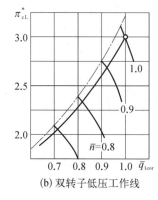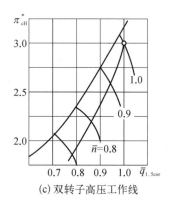

(a) 单转子工作线　　(b) 双转子低压工作线　　(c) 双转子高压工作线

图 9.3 设计增压比 $\pi_{c,d}^* = 9$ 的单转子和双转子压气机特性图上工作线的位置

(2)双转子发动机与单转子发动机相比,可以产生更大的推力,这是因为双转子发动机的压气机具有更高的增压比。

(3)双转子发动机在低转速下具有较高的压气机效率和较低的涡轮前燃气总温,因此双转子发动机在低转速工作时,燃油消耗率要比单转子发动机低得多。

图 9.4 给出了设计增压比 $\pi_{c,d}^* = 9 \sim 10$ 时，单转子涡轮喷气发动机中压气机的相对效率 $\overline{\eta_c^*} = \eta_c^* / \eta_{c,d}^*$，随相对换算转速 $\overline{n}_{cor} = n_{cor} / n_{cor,d}$ 的变化及双转子涡轮喷气发动机压气机效率随低压转子相对换算转速变化的情况，可以清楚地看出，双转子涡轮喷气发动机的压气机转速变化较大时，其效率仍接近设计转速时的效率。

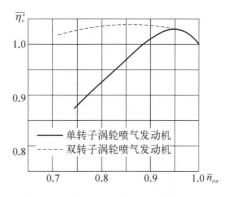

图 9.4　压气机效率随转速的变化

由于双转子涡轮喷气发动机具有较高的压气机效率，所以，双转子涡轮喷气发动机能在低于设计换算转速的飞行情况下具有较好的性能。

（4）双转子发动机与单转子发动机相比，由于在低转速下具有较低的涡轮前燃气总温，而且压气机不易产生喘振，因而在加速时可以喷入更多的富余燃料，使双转子发动机具有更好的加速性。

（5）双转子发动机在起动时，起动机只需要带动一个转子，与同样参数的单转子发动机相比，可以采用较小的起动机。

## 9.2　双转子发动机的共同工作

双转子发动机的共同工作分为高压转子的共同工作和低压转子的共同工作两部分。

1. 高压转子的共同工作

高压转子由高压压气机和高压涡轮组成，即高压涡轮带动高压压气机，位于低压压气机和低压涡轮之间。高压转子的转速为 $n_H$，常写成 $N_2$，即

$$N_2 = \frac{n_H}{n_{H,d}}$$

式中，$n_{H,d}$ 为高压转子的设计转速；$N_2$ 为一个百分数，其值允许大于 100%。

高压转子的共同工作条件与单转子发动机中压气机和涡轮的共同工作条件一样，也包括转速一致、流量连续、压力平衡和功率平衡四个方面。

由压气机和涡轮流量连续可以得到：

$$\pi_{HPC}^* = D_H \sqrt{\frac{T_3^*}{T_{1.5}^*}} \frac{q_m \sqrt{T_{1.5}^*}}{p_{1.5}^*} \tag{9.6}$$

式中，下标"1.5"表示高压压气机进口截面。

由高压转子功率平衡 $N_{HPT} = N_{HPC}$，可以得到：

$$\frac{\pi_{HPC}^*}{\sqrt{\dfrac{e_{HPC}^* - 1}{\eta_{HPT}^*}}} = C_H q(\lambda_{1.5}) \sqrt{\beta} \tag{9.7}$$

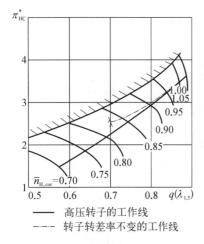

图9.5 高压转子的共同工作

该式为高压压气机和高压涡轮的共同工作方程,其形式与单转子涡喷发动机的共同工作方程类似。如图9.5,根据该式绘制出高压转子的共同工作线。由于该涡喷发动机的高压压气机是低增压比的压气机,所以共同工作线的走向是随着换算转速的下降而远离喘振边界。共同工作线上参数的变化趋势具有和低增压比的单转子压气机相类似的特征,图9.5中的转子转差率不变的工作线指的是采用同样增压比的单转子压气机的工作线,由于增压比较高,其走向会靠近喘振边界。

2. 低压转子的共同工作

低压转子由低压压气机和低压涡轮组成,即低压涡轮带动低压压气机。低压转子的转速为$n_L$,常写成$N_1$,即

$$N_1 = \frac{n_L}{n_{L,d}}$$

式中,$n_{L,d}$为低压转子的设计转速。

低压转子的共同工作条件与高压转子不同之点是,低压涡轮前的总压$p_{3.5}^*$不是正比于低压压气机后的总压,而是正比于高压压气机后的总压$p_2^*$,在高压涡轮落压比$\pi_{HPT}^*$等于常数的条件下,它是由压气机的总增压比$\pi_c^* = \pi_{LPC}^* \pi_{HPC}^*$确定的。所以低压转子的共同工作要受高压转子共同工作的影响。

取低压压气机进口截面与低压涡轮第一级导向器最小截面处流量相等的条件得到:

$$\pi_{HPC}^* \pi_{LPC}^* = D_L \sqrt{\frac{T_3^*}{T_1^*}} \frac{q_m \sqrt{T_1^*}}{p_1^*} \tag{9.8}$$

根据低压转子功率平衡条件和$\pi_{HPT}^* = $常数,$\eta_{HPT}^* = $常数可以得到共同工作方程:

$$\frac{\pi_{HPC}^* \pi_{LPC}^*}{\sqrt{\frac{e_{LPC}^* - 1}{\eta_{LPC}^*}}} = C_L q(\lambda_1) \sqrt{\beta} \tag{9.9}$$

式(9.9)告诉我们,高压转子影响低压转子的共同工作,因为在该式中包含有高压压气机增压比$\pi_{HPC}^*$,而$\pi_{HPC}^*$是由高压转子的共同工作确定的。因此,在研究共同工作时,一般是先确定高压转子的共同工作点,然后再用该式求低压转子的共同工作点。

当低压转子的换算转速降低时,高压转子的转速也将降低,这样就导致$\pi_{HPC}^*$和$\pi_{LPC}^*$都降低,由式(9.9)可以看出:$q(\lambda_1)$将减小,而且减小的较多,共同工作点也就更靠近喘振边界(图9.6)。

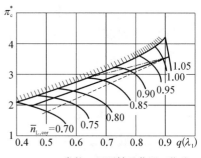

图9.6 低压转子的共同工作线

## 9.3 双转子发动机的调节规律

对于喷管面积不可调的双转子涡喷发动机,常用的调节规律以下几种。

1. 保持低压转子转速不变的调节规律

$$n_L = 常数, \quad A_5 = 常数$$

在这种调节规律下,当飞行状态变化使 $T_1^*$ 增高时,由于低压转子的转速 $n_L$ 不变,导致转速相似参数减小,低压转子的共同工作线沿共同工作线向下移动,$q(\lambda_1)$ 减小,低压压气机变"重",要保持低压转子的转速不变,在涡轮落压比 $\pi_{LPT}^*$ 不变时,必须提高 $T_3^*$,这就使高压转子的转速加大,转速比 $n_H/n_L$ 加大,总的压气机功加大,但由于 $T_1^*$ 增高了,所以总的增压比仍是下降的。

由于高压转子转速增大,使高压压气机的流量系数减小,攻角由负攻角增大接近于零攻角。对于低压转子,由于高压转子加速,对低压压气机产生抽吸作用,使低压压气机流量增大,流量系数增大,攻角由正攻角减小接近于零攻角,最终高低压压气机均接近恢复到设计状态。故两个转子的喘振裕度均得到改善。

除此之外,这种调节规律的优点还有,低压转子的转速不变,而高压转子的转速和涡轮前燃气总温的变化都不太大,在飞行马赫数 $Ma$ 加大时,$T_1^*$ 增大,涡轮前燃气总温 $T_3^*$ 会提高,如果涡轮叶片强度允许的话,可以得到较大的推力。

2. 保持高压转子转速不变的调节规律

$$n_H = 常数, \quad A_5 = 常数$$

当飞行状态变化使 $T_1^*$ 增高时,高压压气机变"轻",为保持高压转子的转速 $n_H$ 不变,必须减少 $T_3^*$,随之低压涡轮功减小,使低压转子的转速减小,转速比 $n_H/n_L$ 加大,也缓和前后级在非设计状态下不协调的问题。由于在低压下 $T_3^*$ 较高,该调节规律在低 $Ma$ 下推力较高。

这种调节规律的优点还有,随着飞行高度的增加,$T_1^*$ 下降,高压转子的转速不变,低压转子的转速将增大,这就缓和了推力的降低。

3. 保持涡轮前燃气总温不变的调节规律

$$T_3^* = 常数, \quad A_5 = 常数$$

这种调节规律 $T_3^*$ 不变,是介于 $n_L$ =常数及 $n_H$ =常数这两种之间的调节规律,随飞行速度的增加,在 $T_3^*$ =常数时,两个涡轮的功是不变的,在 $T_1^*$ 增大时,低压压气机需要的功加大,低压涡轮功就显得不够,因此低压转子的转速下降。高压压气机需要的功减小,高压涡轮功就显得太大,所以高压转子的转速加大,转子的转速比增加。

这种调节规律的优点是发动机始终在允许的最大热负荷的条件下工作,推力较大,但要直接感受涡轮前燃气总温目前还难以实现。

4. 双转子涡喷发动机转速的自动调节原理

假设流过高压压气机的空气流量等于流过涡轮的燃气流量,根据高压转子的共同工作条件,即高压压气机所消耗的功率等于高压涡轮所输出的功率,则有

$$w_{\text{HPT}} = w_{\text{HPC}}$$

而

$$w_{\text{HPT}} = c_p' T_3^* \left( 1 - \frac{1}{\pi_{\text{HPT}}^{*\frac{\gamma'-1}{\gamma'}}} \right) \eta_{\text{HPT}}^*$$

由于发动机在大多数工况下,涡轮导向器和喷管处于临界或超临界的工作状态,当转速变化时,涡轮的落压比和涡轮效率均保持不变,所以高压涡轮功就只与高压涡轮前燃气总温有关,即:在大部分转速范围内,高压涡轮前的燃气温度与涡轮功是一一对应的。所以,在给定高压转子转速和外界大气的情况下,高压压气机所消耗的功也是确定的,只要选定适当的高压涡轮前燃气总温,使高压涡轮输出的功等于高压压气机所消耗的功,这样高压转子就能稳定在给定转速下工作。

在低转速范围内,虽然高压涡轮的落压比不再保持不变,但对每个转速,落压比仍然有一定的数值,于是根据高压压气机功的大小,选择一个适当的高压涡轮前燃气总温达到功率平衡。

由此可见,保持高压转子在某个转速稳定工作可通过控制供油量,来控制高压涡轮前燃气总温,使高压涡轮输出的功等于高压压气机消耗的功。

这样就不能再根据低压转子的平衡关系的需要去调节供油量,而只能在满足高压转子平衡所需要的条件下,自动地建立低压转子的平衡关系。

为满足高压转子在给定转速下工作,调节供油量,使高压涡轮前燃气温度为一固定数值,相应地,低压涡轮前燃气温度也有确定的数值,这样低压涡轮输出的功也就确定了,对低压转子而言,总会存在某一转速使低压压气机所消耗的功恰好等于低压涡轮输出的功,于是低压转子就自动在该转速下稳定工作,这就是双转子发动机转速自动匹配的工作原理。

# 9.4 双转子涡喷发动机过渡工作特性

## 1. 加速过程

双转子发动机的高、低压转子间虽然没有任何的机械联系,但确有密切的气动联系,正是这种气动联系,决定了双转子发动机加速时的特点。与单转子发动机不同的是,双转子发动机加速时,高温、高压燃气首先冲击高压涡轮,高压转子加速快。

对高压转子而言,加速过程与单转子发动机类似,如图 9.7 所示。发动机从状态 $A$ 开始加速时,由于涡轮前温度急剧升高,燃气迅速膨胀、比容变大,高压涡轮导向器产生限流作用,由于低压转子转速上升相对较慢,对高压压气机空气流量产生节流作用。所以,开始加速时,高压压气机进口空气流量增加较慢,高压转子工作线向喘振边界方向移动。随着高压转子转速迅速增加,高压压气机功快速增加,剩余功率减小。当高压转子加速到状态 $B$ 时,高压涡轮功等于高压压气机功,发动机在状态 $B$ 稳定、连续工作。

对低压转子而言,加速过程较为复杂,如图 9.8 所示。发动机从状态 $A$ 开始加速时,由于高压转子转速迅速增加,高压压气机产生较强的抽吸作用,使发动机进口空气流量增加,低压压气机工作线很快向远离喘振边界方向移动。随着低压转子转速增加,空气流量进一步增加随着涡轮前温度的回落,剩余功率减小。当低压转子加速到状态 $B$ 时,低压涡轮功等于低压压气机功,发动机在状态 $B$ 稳定、连续工作。

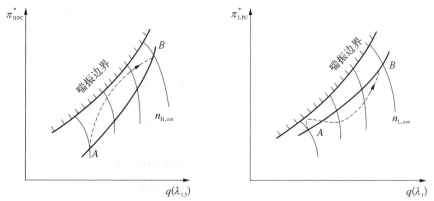

图9.7　高压转子的加速工作线　　　　　图9.8　低压转子的加速工作线

所以,双转子发动机加速时,加速供油量主要受到下列限制:

(1)压气机喘振限制(尤其是高压压气机喘振限制);

(2)涡轮叶片失效限制(加速时涡轮前温度超温或发动机超转,引起涡轮叶片失效);

(3)燃烧室过富油熄火限制。

实际发动机加速程序是由燃油调节器中加速装置自动实现,以保证发动机的最佳加速过程。

2. 减速过程

对高压转子而言,减速过程也与单转子发动机类似,如图9.9所示。发动机从状态 $A$ 开始减速时,随着涡轮前温度降低,高压涡轮功率减小,高压涡轮功率小于高压压气机功率,高压转子转速便降低;随着高压转子转速不断降低,进入燃烧室的空气流量也不断减少,涡轮前温度逐渐回升,涡轮功率也逐渐回升;最终当发动机减速到状态 $B$ 时,高压涡轮功率等于高压压气机功率,发动机在新的转速状态下稳定、连续工作。

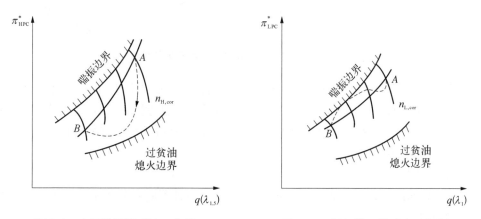

图9.9　高压转子的减速工作线　　　　　图9.10　低压转子的减速工作线

对低压转子而言,减速过程也较为复杂,如图9.10所示。发动机从状态 $A$ 开始减速时,由于高压转子转速迅速降低,高压压气机将产生较强的流动阻力,对低压压气机出口通道形成节流作用,使发动机进口空气流量进一步减小,低压压气机工作线将沿靠近喘振边界方向移动;随着低压转子转速降低,涡轮前温度的回升,剩余功率减小,当低压转子减速到状态 $B$ 时,低压涡轮功等于低压压气机功,发动机在状态 $B$ 稳定、连续工作。

## 9.5 双转子涡喷发动机特性

和单转子涡喷发动机类似,双转子涡喷发动机也具有三大特性,下面分别予以阐述。

1. 速度特性

双转子涡喷发动机的速度特性与采用的调节规律有关,如图 9.11 所示,从图中可以看出:采用 $n_L$ = 常数的调节规律,在高飞行马赫数时,涡轮前燃气总温较高,推力较大,在低飞行马赫数时,涡轮前燃气总温较低,推力也较低。显然,对于要求在高飞行马赫数下推力性能好的发动机,采用这种调节规律比较合适。

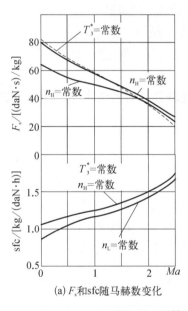 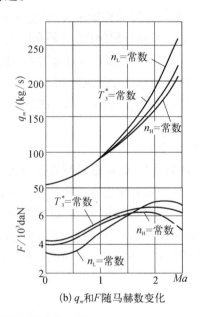

(a) $F_s$ 和 sfc 随马赫数变化　　(b) $q_m$ 和 $F$ 随马赫数变化

**图 9.11　双转子涡喷发动机的速度特性**

在采用 $n_H$ = 常数的调节规律,随着飞行马赫数的增大,低压转子的转速和涡轮前燃气总温将减小,因此,若在地面设计状态时涡轮前燃气总温为最高,则在飞行中,当转速相似参数小于设计值时,涡轮前燃气总温将低于最高值。在高飞行马赫数时的推力较低,在低飞行马赫数时的推力较高。

2. 高度特性

图 9.12 给出了 $n_L$ = 常数(a)和 $n_H$ = 常数(b)两种不同调节规律的双转子涡喷发动机的高度特性。

$n_L$ = 常数时,在对流层内,随着飞行高度的增加,大气温度降低,低压转子的转速相似参数增大,这时高压转子的转速和涡轮前燃气总温都要减小,更主要的是大气密度减小,

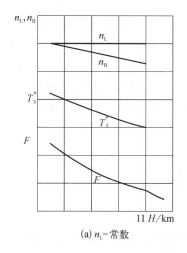 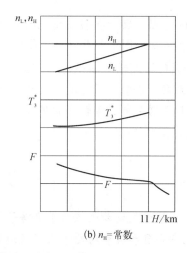

(a) $n_L=$ 常数        (b) $n_H=$ 常数

**图 9.12 双转子涡喷发动机的高度特性**

使推力减小。在同温层内,由于大气温度不变,高压转子的转速和涡轮前燃气总温也保持不变,但推力仍随大气密度的减小而减小。

$n_H =$ 常数时,当飞行高度为 11 000 m 时,低压转子的转速和涡轮前燃气总温为最大值,在对流层内,低压转子的转速和涡轮前燃气总温都小于最大值,在同温层内,低压转子的转速和涡轮前燃气总温都保持不变,发动机的推力主要因为大气密度的减小而减小。但由于 $n_L$ 上升,在爬升时可延缓推力的下降。

总之,随着飞行高度的升高推力将减小,在对流层内下降得较慢,而在同温层内下降得较快。推力减小的主要原因是大气密度的减小。

3. 转速特性

双转子涡喷发动机在同一个确定的工作状态下,两个转子的转速是不相同的,但它们之间有一定的关系,即有一个低压转子的转速,就有一个确定的高压转子的转速与之对应,如图 9.13 所示。

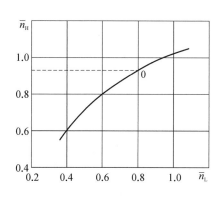

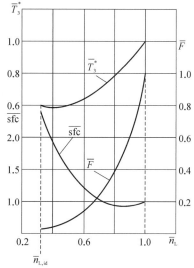

**图 9.13 高低压转子转速的关系**      **图 9.14 双转子涡喷发动机的转速特性**

图 9.14 是某双转子涡喷发动机的转速特性,从图中可以看出,它与单转子涡喷发动机的转速特性基本相同,只是 $T_3^*$ 回升的转速比单转子涡喷发动机要小,即单转子涡喷发动机 $T_3^*$ 回升的转速较高,而双转子涡喷发动机 $T_3^*$ 回升时的转速较低。这主要是在中等转速以下,双转子涡喷发动机的压气机效率比单转子涡喷发动机高的缘故。也正因为这样,它与设计参数相同的单转子涡喷发动机相比,在较宽广的工作范围内,双转子涡喷发动机的燃油消耗率较低。

# 习　题

1. 双转子涡轮喷气发动机相对于单转子发动机有何优势?
2. 在涡轮导向器和喷管均处于临界或超临界状态下,双转子涡轮喷气发动机的高压转子的共同工作方程与单转子涡喷发动机的共同工作方程是否相同? 为什么?
3. 双转子涡轮喷气发动机的两个转速为什么不是相互独立的?
4. 采用 $n_L$ =常数调节规律时,当飞行速度上升时,两个转子如何变化? 涡轮前燃气总温如何变化?
5. 双转子涡轮喷气发动机在加减速时,高低压转子的喘振裕度如何变化?

# 第 10 章
# 涡桨涡扇发动机

## 10.1　涡轮螺旋桨发动机

### 10.1.1　涡轮螺旋桨发动机工作原理

涡轮螺旋桨发动机由燃气轮机和螺旋桨组成,在它们之间还安排了一个减速器,如图 10.1 所示。螺旋桨的作用是产生拉力;而减速器的作用是在涡轮转速较大的情况下,使螺旋桨以较低的转速下工作,以保持螺旋桨较高的效率。减速器的传动比一般在 10~16。

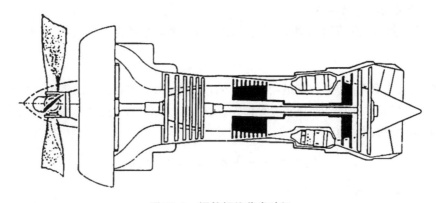

图 10.1　涡轮螺旋桨发动机

涡轮螺旋桨发动机的工作原理是：空气通过进气道进入压气机;压气机以高速旋转的叶片对空气做功压缩空气,提高空气的压力;高压空气在燃烧室内和燃油混合燃烧,将化学能转变为热能,形成高温高压的燃气;高温高压的燃气在涡轮内膨胀,推动涡轮旋转输出功去带动压气机和螺旋桨,大量的空气流过旋转的螺旋桨,其速度有一定的增加,使螺旋桨产生相当大的拉力;燃气流过喷管,产生反作用推力。

由涡桨发动机的工作原理可以看出：① 在涡桨发动机中,涡轮输出的功率大于压气机所消耗的功率,剩余的大部分功率传给螺旋桨;② 涡桨发动机的总推力由两部分组成,一是螺旋桨产生的拉力,另一部分是反作用推力,10%~15%的推力是反作用推力,85%~90%的推力是螺旋桨产生的拉力。

### 10.1.2 基本参数

**1. 有效功率 $N_e$**

涡桨发动机的有效功率是涡轮通过减速器传给螺旋桨轴的功率，即

$$N_e = q_m w_{TB} \tag{10.1}$$

式中，$w_{TB}$ 为带动螺旋桨的涡轮功。

**2. 螺旋桨功率 $N_B$**

涡桨发动机的螺旋桨功率是螺旋桨轴得到的功率，它等于有效功率 $N_e$ 乘以减速器的机械效率 $\eta_m$，即

$$N_B = N_e \eta_m \tag{10.2}$$

一般减速器的机械效率 $\eta_m = 0.97 \sim 0.98$。

螺旋桨功率也可以表示成：

$$N_B = q_m w_B \tag{10.3}$$

式中，$w_B$ 为螺旋桨从每千克燃气流量所得到的功。

**3. 螺旋桨的推进功率 $N_{Bp}$**

螺旋桨的推进功率等于飞机的飞行速度 $V$ 乘以螺旋桨产生的拉力 $F_B$，即

$$N_{Bp} = F_B V \tag{10.4}$$

在螺旋桨功率 $N_B$ 转换为推进功率 $N_{Bp}$ 的过程中，由于螺旋桨排出气流速度有周向分量，以及气流在流过螺旋桨时有摩擦等损失，使得 $N_{Bp}$ 小于 $N_B$，这部分损失的大小用螺旋桨的效率 $\eta_B$ 表示，因而有

$$N_{Bp} = N_B \eta_B = N_e \eta_m \eta_B = q_m w_{TB} \eta_m \eta_B \tag{10.5}$$

**4. 涡桨发动机的推进功率 $N_p$**

涡轮螺旋桨发动机的推进功率等于总推力 $F$ 乘以飞行速度 $V$，即

$$\begin{aligned} N_p = FV &= (F_B + F_e)V \\ &= N_B \eta_B + F_e V = N_B \eta_B + q_m(V_5 - V)V \end{aligned} \tag{10.6}$$

式中，$F_e$ 为反作用推力，$F_e = q_m(V_5 - V)$。

**5. 当量功率 $N_{eq}$**

涡桨发动机的当量功率是螺旋桨的轴功率与将反作用推力产生的功率折合为由螺旋桨轴产生的功率之和，即

$$N_{eq} = N_B + \frac{F_e V}{\eta_B} \tag{10.7}$$

当量功率是一个假想的功率，它等于螺旋桨为了产生与发动机总的推力同样大小的拉力所需要的功率。

涡桨发动机在台架上 $(V = 0)$ 工作时,由于螺旋桨的效率 $\eta_B = 0$,当量功率采用下述经验公式进行计算:

$$N_{eq} = N_B + (60 \sim 80) F_e \tag{10.8}$$

式中, $N_B$ 和 $F_e$ 是在 $V = 0$ 时测得的螺旋桨轴功率和反作用推力。

6. 当量功 $w_{eq}$

涡桨发动机的当量功是当量功率与流过发动机的空气流量之比,即

$$w_{eq} = \frac{N_{eq}}{q_m} \tag{10.9}$$

7. 当量燃油消耗率

涡桨发动机每产生单位当量功率,在一小时内所消耗的燃油质量称作当量燃油消耗率。用符号 $sfc_{eq}$ 表示,即

$$sfc_{eq} = \frac{3\,600 q_{m,\,f}}{N_{eq}} \tag{10.10}$$

8. 涡桨发动机的推进效率 $\eta_p$

涡轮螺旋桨发动机的推进效率等于推进功率 $N_p$ 与有效功率 $N_e$ 之比,即

$$\eta_p = \frac{N_p}{N_e} = \frac{(F_B + F_e)V}{q_m w_e} = \frac{N_B \eta_B}{q_m w_e} + \frac{(V_5 - V)V}{w_e}$$

$$= \frac{w_B}{w_e}\eta_B + \frac{(V_5 - V)V}{w_e} \tag{10.11}$$

由于在涡轮螺旋桨发动机中,实际循环有效功用于增加气流的动能和传递给螺旋桨,所以有

$$w_e = \frac{w_B}{\eta_m} + \frac{1}{2}(V_5^2 - V^2) \tag{10.12}$$

考虑到与 $w_B$ 相比,动能增量很小,这样可以近似地认为 $w_e = w_B$,故有

$$\eta_B = \eta_p \tag{10.13}$$

即涡桨发动机的推进效率近似等于螺旋桨的效率。

9. 总效率 $\eta_0$

涡桨发动机的总效率是涡桨发动机的总推进功率与加热量之比,即

$$\eta_0 = \frac{FV}{Q_0}$$

对空气的加热量 $Q_0 = q_{m,\,f} H_u$,而 $FV = N_{eq} \eta_B$,所以

$$\eta_0 = \frac{N_{eq} \eta_B}{q_{m,\,f} H_u} = \frac{3\,600 \eta_B}{H_u sfc_{eq}} \tag{10.14}$$

由此式可以看出：当量燃油消耗率越小，螺旋桨的效率越高，则涡轮螺旋桨发动机的总效率越高。在一定的螺旋桨效率下，当量燃油消耗率代表了发动机的经济性。

### 10.1.3 自由能的最佳分配

自由能是压气机涡轮后的参数完全膨胀到大气压力时的等熵膨胀功，即

$$w_g = c_p'(T_{gc}^* - T_{5i})$$

$$w_g = \frac{w_{TB}}{\eta_{TB}} + \frac{1}{2\phi_e^2}V_5^2 \tag{10.15}$$

式中，$w_g$ 为自由能；$w_{TB}$ 为带动螺旋桨的涡轮功；$\eta_{TB}$ 为带动螺旋桨的涡轮效率；$\phi_e$ 为喷管速度损失系数。

可见，在涡桨发动机中，自由能用于带动螺旋桨和增加燃气的动能，而且在发动机循环参数和飞行条件给定的情况下，自由能等于常数。所谓最佳能量分配，就是使发动机产生最大推力或单位推力的能量分配方法。

涡桨发动机的总推力为

$$F = q_m w_{TB}\frac{\eta_m \eta_B}{V} + q_m(V_5 - V)$$

$$F = q_m\left(w_g - \frac{V_5^2}{2\phi_e^2}\right)\frac{\eta_m \eta_B \eta_{TB}}{V} + q_m(V_5 - V) \tag{10.16}$$

将此式对 $V_5$ 微分并令其等于零，就可以得到最佳能量分配时的喷气速度公式：

$$\left(\frac{V_5}{V}\right)_{opt} = \frac{\phi_e^2}{\eta_m \eta_B \eta_{TB}} \tag{10.17}$$

由此式可以看出，飞行速度越高，则用于加速燃气的那部分自由能就越多。在设计的飞行条件下，为了使自由能接近最佳分配，通常在地面的自由能分配选择为 85%～90% 传给螺旋桨，10%～15% 用于增加气流的动能。

还应指出，当排气速度为最佳时，推力最大，推进功最大，发动机的总效率也最大。

涡桨发动机的实际循环与涡轮喷气发动机基本相近，仅在涡轮的膨胀过程略有差别，根据涡轮后的反压可能出现三种情况：

（1）涡轮后的反压大于外界大气压，燃气在收缩形喷管中继续膨胀；

（2）涡轮后的静压等于外界大气压，喷管差不多是圆柱形的管道；

（3）涡轮后的静压小于外界大气压，喷管是扩张形的管道，气流减速。在喷管出口处气流压力增加到外界大气压。

### 10.1.4 涡桨发动机的特性

涡桨发动机的当量功率和当量燃油消耗率随发动机转速、飞行速度和飞行高度的变

化规律,称为涡桨发动机的特性。分为转速特性、高度特性和速度特性。在此只研究几何面积不可调的单转子涡桨发动机的特性。

**1. 转速特性**

在飞行速度和飞行高度保持不变的条件下,涡桨发动机的当量功率和当量燃油消耗率随发动机转速的变化规律,称为涡桨发动机的转速特性。

涡桨发动机的转速特性与发动机的调节规律有关,几何面积不可调的涡喷发动机只有一个调节参数,即通过改变发动机的供油量,使发动机的转速改变,发动机的工作状态也随之而变。单转子涡桨发动机有两个调节参数,即除了通过改变供油量使 $T_3^*$ 一定或按一定的规律变化外,还可以通过改变桨叶角来保持转速一定或改变转速。由于桨叶角和涡轮前燃气总温随转速变化的规律不同,所以,发动机的转速特性也不相同,因此,在研究涡桨发动机的转速特性时,应该考虑桨叶角随转速变化的情况。

下面分析两种常见形式的涡桨发动机的转速特性。

**1) 非恒定工作转速涡桨发动机的转速特性**

图 10.2 是某种涡桨发动机的转速特性曲线,其螺旋桨桨叶角随转速变化的情况,如图 10.3 所示。在 $n_b$ 以下,为了便于起动,同时也为了改善发动机的加速性,将桨叶角一直保持为最小数值,由转速 $n_b$ 到最大转速 $n_{max}$ 是这种发动机的正常工作范围,这时,桨叶角随转速的增大而增大,在最大转速时,桨叶角为最大;与桨叶角相对应,涡轮前燃气总温随转速的变化,如图 10.4 上的实线所示,从慢车转速 $n_{id}$ 到转速 $n_b$,涡轮前燃气总温随转速的增大而降低;在转速 $n_b$ 到最大转速 $n_{max}$,涡轮前燃气总温随转速的增大而增大,到最大转速 $n_{max}$ 时涡轮前燃气总温达到最大值 $T_{3,max}^*$。

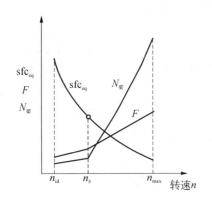

图 10.2　涡桨发动机的转速特性

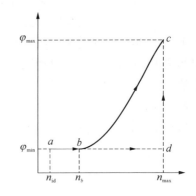

图 10.3　桨叶角随转速变化

从发动机的转速特性曲线上可以看出:螺旋桨轴功和推力都随转速的增大而增大,当量燃油消耗率随转速的增大而减小。这些特性曲线在转速 $n_b$ 处有一个转折,这种变化情况分别分析如下。

螺旋桨轴功率:螺旋桨轴功率与空气流量和螺旋桨轴功的乘积成正比。

转速增大时,空气流量大致成比例地增加;当量功一方面因压气机增压比的增大而迅速增大,另一方面还因涡轮前燃气总温的变化而发生变化。在转速由慢车转速 $n_{id}$ 到转速 $n_b$ 的范围内,随着转速的增大,由于桨叶角始终保持为最小值,涡轮前燃气总温逐渐降低,

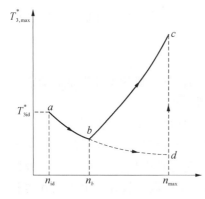

**图 10.4　涡轮前燃气总温随转速变化**

如图 10.4 所示。在从转速 $n_b$ 到最大转速 $n_{max}$ 的范围内,桨叶角随着转速的增加而增大,螺旋桨的阻力矩也就不断增大,为了带动螺旋桨,涡轮前燃气总温必须相应地不断提高,这将引起当量功、空气流量和当量功率的增大,这就是螺旋桨轴功率随转速的增大而增大的原因。不过,由于涡轮前燃气总温和桨叶角的原因,在上述两个转速范围内,螺旋桨轴功率随转速变化的速率不相同,在转速 $n_b$ 以下,由于桨叶角不变,螺旋桨轴功率随转速增加得较慢,在转速 $n_b$ 以上,由于桨叶角变大,阻力功率增加得快,所以,螺旋桨轴功率随转速增加得很快。

推力:推力随转速的增加而增大的理由与涡喷发动机相同,即是由于空气流量和单位推力随转速的增加而增大的缘故。但是在转速 $n_b$ 以下和以上的两个范围内,由于涡轮前燃气总温的变化趋势不同,单位推力增大的程度随之不同,所以推力增大的程度也不一样,在转速 $n_b$ 以下,推力随转速增加得较慢;在转速 $n_b$ 以上,推力增加得较快。

当量燃油消耗率:当量燃油消耗率与油气比成正比,与当量功成反比。

在转速 $n_b$ 以下的范围内,转速增大时,当量功逐渐增大,而涡轮前燃气总温降低,这说明油气比随转速的增大而减小,所以当量燃油消耗率不断减小。

在转速 $n_b$ 以上的范围内,转速增大时,由于涡轮前燃气总温不断升高,使当量功增大得更为迅速,这时,虽然涡轮前燃气总温升高,油气比增大,但由于当量功增大的程度大大超过油气比增大的程度,所以当量燃油消耗率继续缓慢地减小。

2) 恒定工作转速的涡桨发动机的转速特性

图 10.5 是恒定工作转速的涡桨发动机的转速特性曲线,其螺旋桨桨叶角随转速变化的情况如图 10.6 所示。这种发动机在最大转速以下的整个转速范围内,桨叶角一直保持为最小数值,转速达到最大转速 $n_{max}$ 时,保持转速不变,桨叶角变为最大。涡轮前燃气总温随转速的变化,从慢车转速 $n_{id}$ 到最大转速 $n_{max}$,涡轮前燃气总温随转速的增大而升高;在转速达到最大转速 $n_{max}$ 时,涡轮前燃气总温升高到最大值 $T_{3,\,max}^*$。

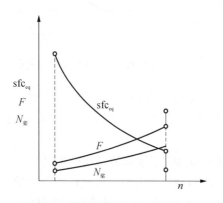

**图 10.5　恒速涡桨发动机转速特性**

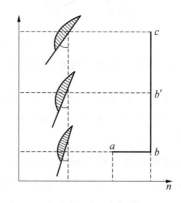

**图 10.6　桨叶角随转速变化**

从图 10.5 可以看出,当螺旋桨的桨叶角保持不变时,随着转速增大螺旋桨轴功率和总推力不断增大,当量燃油消耗率不断减小,当转速达到最大时,桨叶角变到最大,螺旋桨轴功率和总推力随着增大,同时,当量燃油消耗率减小。

**2. 高度特性**

在给定调节规律的情况下,保持飞行速度和发动机转速保持不变时,涡桨发动机的当量功率和当量燃油消耗率随飞行高度的变化规律,称为涡桨发动机的高度特性。

图 10.7 是调节规律为 $n_{max}$ = 常数,$T_{3,max}^*$ = 常数下的高度特性。

从图中可以看出:飞行高度升高时,当量功率不断减小,在 11 000 m 以下,减小得较慢,在 11 000 m 以上,减小得较快。这是因为在 11 000 m 以下,随着飞行高度的增加,大气温度下降,发动机的增压比加大,涡轮落压比增大,在 $T_{3,max}^*$ 一定时,涡轮功和螺旋桨功都增大,但是由于流过发动机的空气流量减少,螺旋桨功率随着飞行高度的增加而下降,当然比空气流量下降得慢。在 11 000 m 以上,随着飞行高度的增加,大气温度不再变化,这时螺旋桨功率只随着空气流量以同样的速度下降。

当量燃油消耗率,在 11 000 m 以下,随飞行高度的升高而逐渐减小,在 11 000 m 以上,则不随飞行高度的变化而改变。

**3. 速度特性**

在给定调节规律的情况下,保持飞行高度不变时,涡桨发动机的当量功率和当量燃油消耗率随飞行速度的变化规律,称为涡桨发动机的速度特性。

$$调节规律为 \ n_{max} = 常数, \quad T_{3,max}^* = 常数$$

转速调节器通过改变桨叶角保证转速不变,燃油调节器通过改变供油量保证涡轮前燃气温度保持不变。

图 10.8 是单轴涡桨发动机在调节规律为 $n_{max}$ = 常数,$T_{3,max}^*$ = 常数的速度特性曲线,它说明,当量功率随飞行速度的增大而增大,当量燃油消耗率随飞行速度的增大而减小。

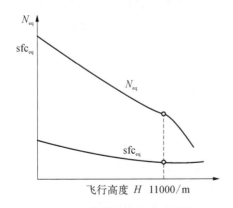

图 10.7　涡桨发动机高度特性

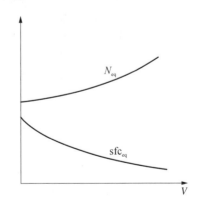

图 10.8　涡桨发动机速度特性

随着飞行速度的增大,一方面使冲压比加大,发动机的总增压比增大,涡轮中的总落压比加大,在 $T_3^*$ = 常数的条件下,每千克空气的涡轮功增大,引起当量功增大;另一方面空气流量也增大,这是使当量功率随飞行速度的增大而增大的原因。但是,飞行速度增大时,由于压缩后空气的总温 $T_2^*$ 升高,在 $T_3^*$ = 常数的条件下,$T_3^* - T_2^*$ 减小,将使加热量减小,当量功减小,这又会使当量功率减小,不过,这个因素在飞行速度不大的情况下所产生的影响不大,总起来,当量功率仍随着飞行速度的增大而增大。

随着飞行速度的增大,由于加热量减小,使每千克的燃油流量 $f = q_{m,f}/q_{m,a}$ 减小,当量燃油消耗率减小。

## 10.2　涡轮风扇发动机

涡轮风扇发动机简称涡扇发动机,又称为双路式涡轮喷气发动机或内外涵涡轮喷气发动机,是目前广泛使用的航空燃气涡轮发动机之一,它是在双转子涡轮喷气发动机的基础上,吸收了涡桨发动机的优点发展而来的。

### 10.2.1　涡扇发动机的组成和工作原理

涡轮风扇发动机由进气道、风扇、低压压气机、高压压气机、燃烧室、高压涡轮、低压涡轮和喷管组成,如图 10.9 所示。

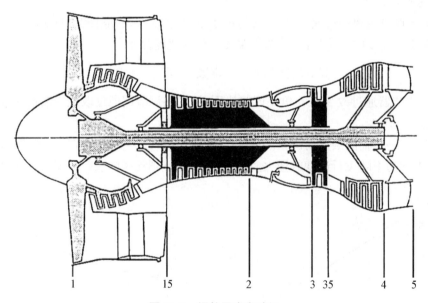

**图 10.9　涡轮风扇发动机**

涡轮风扇发动机有内外两个涵道,空气流过风扇后被分为两股,一股进入内涵道,其流量 $q_{m,I}$ 为核心发动机的流量,另一股进入外涵道,即 $q_{m,II}$ 为外涵流量,又称为附加的推进流量。外涵流量与内涵流量的比值,称为涵道比,用符号 $B$ 表示,即

$$B = \frac{q_{m,II}}{q_{m,I}} \tag{10.18}$$

在内涵燃气发生器后增加动力涡轮,将燃气发生器产生的一部分或大部分可用

功,通过动力涡轮传递给外涵道中的压气机(或称为外涵风扇)。因此,我们可以把风扇看作是由两部分组成,即风扇的外涵部分和风扇的内涵部分。风扇的外涵部分压缩流过外涵的气流,它的增压比为 $\pi_F^*$;称为风扇增压比;风扇的内涵部分压缩流过内涵的气流,风扇的这一部分类似于低压压气机的作用,有时在风扇的转子上还有仅对内涵气流进行压缩的多级压气机,称为低压压气机,其增压比为 $\pi_{LPC}^*$。而内涵高压压气机的增压比为 $\pi_{HPC}^*$。涡轮风扇发动机的增压比通常是指气流在内涵中的增压比 $\pi_c^*$,即

$$\pi_c^* = \pi_{LPC}^* \pi_{HPC}^* \tag{10.19}$$

如果风扇排气与内涵排气相混合,称为混合排气涡扇发动机;如果风扇排气和内涵排气分别排出,则称为分别排气涡扇发动机。

涡扇发动机工作时,内路的工作情形与涡喷发动机相同,流入内涵的空气通过高速旋转的风扇、低压压气机和高压压气机对空气做功,压缩空气,提高空气的压力。高压空气在燃烧室内和燃油混合,燃烧,将化学能转变为热能,形成高温高压的燃气。高温高压的燃气首先在高压涡轮内膨胀,推动高压涡轮旋转,去带动高压压气机,然后在低压涡轮内膨胀,推动低压涡轮旋转,去带动低压压气机和风扇,最后燃气通过喷管排入大气,在这个流动过程中产生反作用推力。

流过外涵的空气通过高速旋转的风扇叶片对空气做功,压缩空气,提高空气的压力和温度,接着空气在通道内膨胀加速,排入大气,也产生反作用推力。

因此,涡扇发动机的总推力 $F$ 由两部分组成,一是内涵产生的推力 $F_{\mathrm{I}}$,另一个是外涵产生的推力 $F_{\mathrm{II}}$,即 $F = F_{\mathrm{I}} + F_{\mathrm{II}}$。

在内,外涵均为完全膨胀的情况下,有

$$\frac{F_{\mathrm{II}}}{F} = \frac{q_{m,\mathrm{II}}(V_{5,\mathrm{II}} - V)}{q_{m,\mathrm{II}}(V_{5,\mathrm{II}} - V) + q_{m,\mathrm{I}}(V_{5,\mathrm{I}} - V)}$$

设外涵的排气速度 $V_{5,\mathrm{II}}$ 等于内涵的排气速度 $V_{5,\mathrm{I}}$,则有

$$\frac{F_{\mathrm{II}}}{F} = \frac{q_{m,\mathrm{II}}}{q_{m,\mathrm{II}} + q_{m,\mathrm{I}}} = \frac{B}{B+1} \tag{10.20}$$

式(10.20)说明:在涡扇发动机中外涵产生的推力与总推力之比与涵道比有关,涵道比越大,外涵产生的推力占总推力的比例越大。例如涵道比 $B = 4$ 时,外涵产生的推力约占总推力的 80%。

## 10.2.2　涡扇发动机的特点

1. 质量附加原理

作为热机,当发动机获得一定的机械能之后,通过将这部分可用能重新分配,将内涵得到的一部分能量传递给外涵,以增加发动机的总空气流量,降低其排气速度,降低噪声,在一定的飞行速度内,可增大发动机的推力,降低燃油消耗率,这就是涡扇发动机的质量

附加原理,即从作为热机的发动机中获得的机械能一定时,参与推进的空气质量越多,则发动机的推力越大,燃油消耗率越低。下面给予简单的证明:

为便于比较,我们假设涡喷和涡扇发动机采用同样的燃气发生器,即两者产生的循环功相同:

$$q_{m,1} \frac{V_{5,1}^2 - V^2}{2} = q_{m,2} \frac{V_{5,2}^2 - V^2}{2} \qquad (10.21)$$

其中,用下标1表示涡喷发动机;下标2表示涡扇发动机。由于

$$q_{m,2} > q_{m,1}$$

可得

$$V_{5,1} > V_{5,2}$$

下面比较两者产生的推力和燃油消耗率:

$$\frac{F_2}{F_1} = \frac{q_{m,2}(V_{5,2} - V)}{q_{m,1}(V_{5,1} - V)} \qquad (10.22)$$

比较式(9.21)和式(9.22),可得

$$\frac{F_2}{F_1} = \frac{V_{5,1} + V}{V_{5,2} + V} > 1$$

对于同样燃气发生器,单位时间耗油量相同,所以

$$\frac{\text{sfc}_2}{\text{sfc}_1} = \frac{F_1}{F_2} < 1$$

可以看出:飞行速度 $V$ 越小,涡扇和涡喷推力比值越大,所以涡扇发动机在起飞时优势更大。

高涵道比涡扇发动机在民航得到广泛应用,主要是在高亚声速范围内,和涡喷发动机相比较,涡扇发动机具有推力大、推进效率高、噪声低、燃油消耗率低等优点。

2. 推进效率 $\eta_p$

根据发动机的推进效率的定义,可知:

$$\eta_p = \frac{2}{1 + \dfrac{V_5}{V}}$$

可以看出:发动机的推进效率取决于喷气速度和飞行速度的比值。这个比值越大,发动机的推进效率越低,这个比值越小,发动机的推进效率越高。

当涡喷发动机和涡扇发动机的飞行速度相同时,推进效率就取决于喷气速度的大小。由于涡扇发动机的喷气速度低于涡喷发动机的喷气速度,所以当飞行速度相同时,涡扇发

动机的推进效率高于涡喷发动机的推进效率,如图 10.10 所示。

3. 噪声低

据计算和实验结果,发动机噪声的强度近似与喷气速度的 8 次方成正比,由于涡扇发动机的排气速度比涡喷发动机小,所以涡扇发动机的噪声低。

涡扇发动机的缺点是:风扇直径大,迎风面积大,因而阻力大,同时发动机的结构复杂。此外,涡扇发动机的速度特性不如涡喷发动机,特别是涵道比较高时,随飞行速度的增大,推力很快下降,因此,高涵道比涡扇发动机通常只适用于高亚声速内飞行,用于超声速飞行的涡扇发动机的涵道比较小,一般不超过 1。

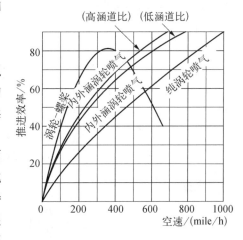

图 10.10　燃气涡轮发动机的推进效率图

1 mile/h = 1.609 344 km/h

### 10.2.3　涡扇发动机自由能的最佳分配

自由能的定义是:从带动内涵压气机(包括内涵风扇部分)涡轮后的燃气完全膨胀到大气压力时的等熵膨胀功,用符号 $w_g$ 表示,则

$$w_g = c_p'(T_{4k}^* - T_{5s})$$

或者写成:

$$w_g = Bw_{c, \text{II}} + \frac{1}{2}V_5^2$$

此式表明,自由能用于压缩外涵空气和增加内涵动能。

因为自由能决定于带动内涵压气机涡轮出口的燃气参数,即决定于 $T_3^*$、$\pi_c^*$ 等内涵参数。

在一定飞行条件和给定内涵参数下,自由能等于常数不变。所以有

$$w_g = \frac{B}{2}(V_{5, \text{II}}^2 - V^2) + \frac{1}{2}V_{5, \text{I}}^2 = 常数 \qquad (10.23)$$

由于内涵工作过程参数确定,发动机热效率就一定。自由能在内、外涵间分配的变化,对内涵推力和外涵推力有着相反的影响,即对内、外涵的排气速度有着相反的影响。这样就存在着自由能的最佳分配,它对应发动机的推进效率最大。因此,定义使涡扇发动机的推进效率达到最大值的能量分配,称为最佳自由能分配。

1. 分别排气涡扇发动机理想情况下的最佳自由能分配

分别排气涡扇发动机理想情况下的推进效率为

$$\eta_p = \frac{2V[(V_{5, \text{I}} - V) + B(V_{5, \text{II}} - V)]}{(V_{5, \text{I}}^2 - V^2) + B(V_{5, \text{II}}^2 - V^2)} = \frac{V[(V_{5, \text{I}} - V) + B(V_{5, \text{II}} - V)]}{w_g - \frac{1}{2}V^2}$$

式中 $w_g$、$V$、$B$ 均为定值。

由

$$\frac{\mathrm{d}\eta_p}{\mathrm{d}V_{5,\,\mathrm{II}}} = 0$$

得

$$\frac{\mathrm{d}V_{5,\,\mathrm{I}}}{\mathrm{d}V_{5,\,\mathrm{II}}} + B = 0 \qquad (10.24)$$

根据:

$$w_g = \frac{B}{2}(V_{5,\,\mathrm{II}}^2 - V^2) + \frac{1}{2}V_{5,\,\mathrm{I}}^2 = \text{常数}$$

得到:

$$V_{5,\,\mathrm{I}}\frac{\mathrm{d}V_{5,\,\mathrm{I}}}{\mathrm{d}V_{5,\,\mathrm{II}}} + BV_{5,\,\mathrm{II}} = 0 \qquad (10.25)$$

联立式(10.24)和式(10.25),得

$$V_{5,\,\mathrm{I}} = V_{5,\,\mathrm{II}}$$

推进效率达到最大值时,有

$$V_{5,\,\mathrm{I}} = V_{5,\,\mathrm{II}} = \sqrt{\frac{2w_g + BV^2}{1 + B}} \qquad (10.26)$$

由此可以得出结论: 分别排气涡扇发动机理想情况下自由能最佳能量分配时外涵的喷气速度等于内涵的喷气速度。

2. 涵道比给定时,分别排气实际情况下的最佳能量分配

若 $T_{4k}^*$ 为带动内涵压气机(包括内涵风扇)的涡轮后气流的总温,根据定义,自由能为

$$w_g = c_p'(T_{4k}^* - T_{5s}) = c_p'(T_{4k}^* - T_{4s}^*) + c_p'(T_{4s}^* - T_{5s})$$

式中右边第一项为传递到外涵的能量,即带动外涵风扇的涡轮等熵功,因此可以写成:

$$c_p'(T_{4k}^* - T_{4s}^*) = \frac{w_{T,\,\mathrm{II}}}{\eta_{T,\,\mathrm{II}}}$$

所以

$$w_g = \frac{w_{T,\,\mathrm{II}}}{\eta_{T,\,\mathrm{II}}} + c_p'(T_{4s}^* - T_{5s})$$

又

$$w_{T,\,\mathrm{II}} = Bw_{c,\,\mathrm{II}}$$

$$w_{c, \text{II}} = \frac{V_{5, \text{II}}^2 - V^2}{2\eta_{\text{II}}}$$

$\eta_{\text{II}}$ 是整个外涵的效率,亚声速飞行时,$\eta_{\text{II}} = 0.78 \sim 0.86$。对内涵道来说:

$$c_p'(T_{4s}^* - T_{5s}) = c_p'(T_4^* - T_5)$$

则

$$c_p'(T_{4s}^* - T_{5s}) = \frac{V_{5, \text{I}}^2}{2\psi_{e, \text{I}}^2}$$

其中,$\psi_{e, \text{I}}$ 为尾喷管速度系数,自由能可以写成:

$$w_g = \frac{B}{2} \frac{1}{\eta_{\text{T, II}} \eta_{\text{II}}} (V_{5, \text{II}}^2 - V^2) + \frac{1}{2} \frac{V_{5, \text{I}}^2}{\psi_{e, \text{I}}^2} = 常数 \tag{10.27}$$

将上式对 $V_{5, \text{II}}$ 求导数得

$$\frac{B}{\eta_{\text{T, II}} \eta_{\text{II}}} V_{5, \text{II}} + \frac{V_{5, \text{I}}}{\psi_{e, \text{I}}^2} \frac{\mathrm{d}V_{5, \text{I}}}{\mathrm{d}V_{5, \text{II}}} = 0 \tag{10.28}$$

联立式(10.25)和式(10.28),就得到内、外涵排气速度的最佳比值:

$$\left( \frac{V_{5, \text{II}}}{V_{5, \text{I}}} \right)_{\text{opt}} = \frac{\eta_{\text{T, II}} \eta_{\text{II}}}{\psi_{e, \text{I}}^2} \tag{10.29}$$

所以在实际情况下最佳自由能量分配时,由于能量从内涵传到外涵时不可避免有损失,使得两涵道排气速度的比值稍小于 1.0,即外涵的喷气速度稍小于内涵的喷气速度。

### 10.2.4　涡扇发动机的共同工作和调节规律

与双转子涡喷发动机相同,涡扇发动机最大状态下的调节规律也分为三种,即:

(1) $n_{\text{L}} = n_{\text{L, max}} = $ 常数,保持低压转速为常数;

(2) $n_{\text{H}} = n_{\text{H, max}} = $ 常数,保持高压转速为常数;

(3) $T_3^* = T_{3, \text{max}}^* = $ 常数,保持高压涡轮前燃气总温为常数。

涡扇发动机各部件的共同工作主要是涡轮和压气机的共同工作,并把共同工作点和共同工作线表示在压气机的通用特性图上。下面我们仅讨论在民航使用最为广泛的分别排气涡扇发动机的共同工作。

#### 1. 高压转子的共同工作

同双转子涡喷发动机一样,假定高压涡轮和低压涡轮第一级导向器都处于临界或超临界状态,则高压涡轮和高压压气机的共同工作和单转子涡喷发动机的共同工作完全类似。

图 10.11 表示涡扇发动机高压转子的共同工作线在高压压气机特性图上的形状。高压转子具体的工作点在共同工作线上的位置决定于所选定的发动机调节规律。

2. 低压转子的共同工作

低压转子的共同工作方程推导和双转子涡喷发动机的低压转子类似,不同的是要考虑涵道比的影响,式(9.9)变为

$$\frac{\pi_{HPC}^* \pi_{LPC}^*}{\sqrt{\dfrac{e_{LPC}^* - 1}{\eta_{LPC}^*(1 + B)}}} = C_L q(\lambda_1) \sqrt{\beta}$$

由于发动机进口温度上升时,涵道比上升,使得风扇进口 $q(\lambda_1)$ 下降缓慢。这样低压转子的共同工作线的走向比双转子涡喷发动机的低压转子的共同工作线更陡一些,如图 10.12 所示。

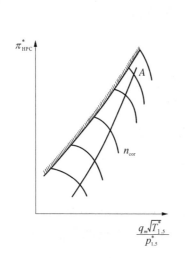

图 10.11　涡扇发动机高压转子共同工作

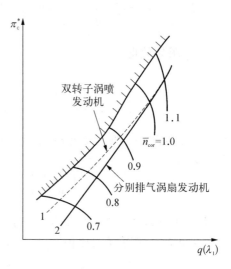

图 10.12　风扇特性图上共同工作线

下面对这种现象作出解释:对高设计增压比的单转子发动机,当换算转速下降时,前后级出现不协调,前几级出现喘振。可采用中间级放气的办法来防喘。对双转子发动机,虽缓和前后级不协调的矛盾,但低压转子的共同工作线仍然比较平坦,当换算转速下降时,低压转子仍有可能喘振。

对分别排气涡扇发动机来说,当发动机进口温度增加时,涵道比上升,这意味当核心发动机流通能力下降时,有部分气流进入外涵,对风扇的堵塞程度减轻,相当于内涵向外涵放气,因此涡扇发动机低压转子的共同工作线走向比较陡。

3. 双转子涡轮风扇发动机的控制规律

民航干线客机采用的是大涵道比涡扇发动机,为满足不同飞行航段下飞机对发动机的性能要求,通常选择风扇转速或发动机压力比作为推力被控参数。

1) 风扇转速作为推力指标的控制规律

对于大涵道比分别排气涡扇发动机,推力主要由外涵气流产生,风扇转速越高,通过

风扇的空气流量越大,推力越大,控制风扇转速的高低即可实现对发动机推力的控制。因此可选择低压转速作为被控参数,如 CF6、CFM56、LEAP 等发动机。

当选择低压风扇转速作为被控参数,飞行条件变化时,控制系统通过调节燃烧室供油量达到控制低压风扇转子转速的目的。

当飞行条件变化使发动机进口总温增加而风扇换算转速下降时,低压压缩部件风扇和增压级消耗的功增加,为控制风扇物理转速,必须提高燃烧室出口总温以提高低压涡轮进口总温 $T_{3.5}^*$,使低压涡轮功增加,以保持与低压压缩部件消耗的功相平衡。

燃烧室出口总温 $T_3^*$ 提高将使高压涡轮功增加,因而高压转子转速增加,使发动机转差率 $S$ 增加($S = n_H/n_L$),这样就使压气机各级进口相对气流的攻角偏离设计点的程度减轻。因此前面级(风扇和增压级)和后面级(高压压气机)不协调的矛盾得以缓和,有利于压缩部件稳定工作。

2)发动机压力比 EPR 作为推力指标的控制规律

发动机压力比定义为低压涡轮出口气流总压与风扇进口气流总压之比,用符号 EPR 表示。由于发动机的推力随 EPR 增加而增加,控制 EPR 也可达到准确控制推力的目的,尤其是采用 EPR 控制规律可对因部件性能产生衰退造成的推力下降进行推力补偿。因此对于大涵道比分排涡扇发动机,也可选择以 EPR 作为被控参数,如 PW4000 系列发动机等。

同样,当飞行条件变化使发动机进口总温增加,低压压缩部件风扇和增压级消耗的功增加,为控制发动机压比 EPR,必须提高燃烧室出口总温 $T_3^*$,同时也提高低压涡轮进口总温 $T_{3.5}^*$,使高、低压涡轮功均增加,通过提高高、低压转子的转速,以提高总增压比,从而使发动机压比 EPR 保持不变。

### 10.2.5　涡扇发动机的特性

涡扇发动机的推力和燃油消耗率随发动机转速、飞行速度和飞行高度的变化规律,称为涡扇发动机的特性。和涡喷发动机一样,它也分为转速特性、速度特性和高度特性。

1. 影响推力和燃油消耗率的因素

1)影响推力的因素

在完全膨胀的情况下,涡扇发动机的推力为

$$F = q_{m,\,I}(V_5 - V)(1 + B) \qquad (10.30)$$

所以影响涡扇发动机推力的因素有:流过内涵的空气流量 $q_{m,\,I}$,单位推力($V_5 - V$)和涵道比 $B$。为简便计,这里假设内外涵出口速度相等,统一用 $V_5$ 表示。

2)影响燃油消耗率的因素

根据燃油消耗率的定义有

$$\mathrm{sfc} = \frac{3\,600f}{(V_5 - V)(1 + B)} \qquad (10.31)$$

所以影响涡扇发动机燃油消耗率的因素有油气比 $f$、单位推力 $(V_5 - V)$ 和涵道比 $B$。

2. 转速特性

在飞行速度和飞行高度保持不变的条件下,涡扇发动机的推力和燃油消耗率随发动机转速的变化规律,称为涡扇发动机的转速特性。

双转子涡扇发动机有高、低两个转子,根据供油量是按照哪个转子的需要进行调节,就以该转子的转速作为研究转速特性的基础。有的民用涡扇发动机的供油量是按照高压转子的转速进行调节,这里发动机转速采用高压转子的转速。

图 10.13 为涡扇发动机的推力和燃油消耗率随高压转子转速的变化规律。可以看出:同涡喷发动机一样,推力随转速的增大而一直增大,但接近最大转速时,推力增长得越来越慢;燃油消耗率起初随转速的增大降低得较快,后来下降缓慢,到接近最大转速时有所增加,其增加的程度,比涡喷发动机稍大一些。

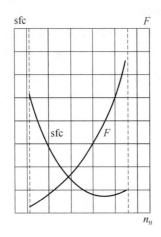

图 10.13　涡扇发动机转速特性

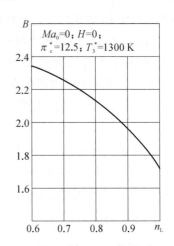

图 10.14　涵道比随转速的变化

1) 涵道比随转速的变化规律

通过内涵的空气流量 $q_{m,\,I}$ 与高压压气机出口空气的总压成正比,而通过外涵的空气流量 $q_{m,\,II}$ 与风扇出口空气的总压成正比,所以外涵的空气流量只随风扇的增压比的增大而增大,流量增加得少一些,而内涵的空气流量不仅随风扇的增压比的增大而增大,还随低压压气机和高压压气机增压比的增大而增大,因而流量增加得多一些,所以涵道比随转速增大而减小,如图 10.14 所示。

2) 推力随转速的变化规律

转速增加时,高、低压压气机的增压比都增大,内涵流量一直增加,而且由于压气机增压比的增大,使内、外涵的喷气速度不断增大,单位推力也一直增大,这两个因素都会使推力增大。而涵道比是随转速的增大而减小,这一因素会使推力减小,但空气流量和单位推力的增加起主导作用,所以推力一直增大,不过在接近最大转速时,受涵道比减小的影响,推力增加得比较缓慢。

3) 燃油消耗率随转速的变化规律

由于

$$\mathrm{sfc} = \frac{3\,600c_p'(T_3^* - T_2^*)}{\eta_\mathrm{b} H_\mathrm{u} F_\mathrm{s}(1 + B)}$$

从慢车转速到中转速范围内,随着转速增大,$(T_3^* - T_2^*)$减小,单位推力增大,从而使燃油消耗率减小,但这时涵道比减小,从而使燃油消耗率增大,但由于前者起主要的作用,故在这一转速范围内,燃油消耗率随转速增大而减小,同时减小较快。

在高转速范围内,随着转速增大,单位推力增大,使燃油消耗率减小,但这时由于$(T_3^* - T_2^*)$增大和涵道比减小,均使燃油消耗率增大,两方面影响的结果使燃油消耗率减小得越来越慢,到接近最大转速时,$(T_3^* - T_2^*)$急剧增加,使燃油消耗率随转速增加而增加。

3. 高度特性

在飞行速度和发动机转速保持不变的条件下,涡扇发动机的推力和燃油消耗率随飞行高度的变化规律,称为涡扇发动机的高度特性。

在讨论涡扇发动机的高度特性时,采用涡轮前温度不变的调节规律。

图 10.15 表示涡扇发动机的高度特性,在图上也表示了相同参数的涡喷发动机的高度特性,两者的变化规律一样,只是变化率略有不同。

飞行高度升高时,空气密度减小,发动机的空气流量一直减小,在 11 000 m 以下,飞行高度升高时,大气温度降低,风扇增压比和内涵压气机增压比增加,使单位推力增大,涵道比减小;在 11 000 m 以上,大气温度保持不变,单位推力和涵道比保持不变。在上述影响推力的三个因

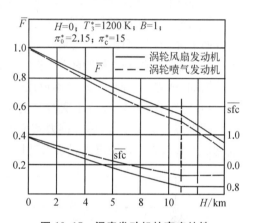

图 10.15　涡扇发动机的高度特性

素中,空气流量一直占主导地位,所以随飞行高度的升高,推力一直减小。

燃油消耗率随飞行高度的变化规律在 11 000 m 以下时,随着飞行高度增加,增压比和加热比将增加,使发动机总效率上升,因而燃油消耗率下降。在 11 000 m 以上时,由于随着高度增加,大气温度保持不变,所以单位推力和涵道比均保持不变,燃油消耗率也就保持不变。

4. 速度特性

在飞行高度和发动机转速保持不变的条件下,涡扇发动机推力和燃油消耗率随飞行速度的变化规律,称为涡扇发动机的速度特性。

在讨论涡扇发动机的速度特性时,采用涡轮前温度不变的调节规律。

1)涵道比随飞行速度的变化规律

随飞行速度增大,涵道比也增大。这是因为飞行速度 $V(Ma)$ 增大时,进气道冲压比增大,压气机进口处空气温度升高,从而使压气机增压比减小。但由于冲压比增加较多而压气机增压比下降较少,所以发动机增压比随飞行速度增大而增大,这时高压压气机出口

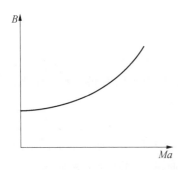

图 10.16　涵道比随飞行速度变化

处空气压力相应地增大,内涵空气流量也随之增大,但与外涵空气流量增加相比要小一些,所以随着飞行速度增大,涵道比在不断地增大,如图 10.16 所示。

2）单位推力随飞行速度的变化规律

单位推力随飞行速度的增大而下降。这是因为:飞行速度 $V$(或 $Ma$)增加,进气道冲压比增大,使高压压气机出口处的压力增大,喷气速度增加。但是喷气速度增大程度总小于飞行速度增加程度,从而使单位推力随着飞行速度增加而减小。

单位推力的变化还与涵道比有关,对于低涵道比涡轮风扇发动机,单位推力随飞行速度增加下降较慢,而高涵道比涡轮风扇发动机,单位推力随飞行速度的增加下降较快。

3）涡扇发动机的推力随飞行速度的变化规律

推力的变化取决于涵道比、空气流量和单位推力。如上所述,单位推力随飞行速度的增大而下降,而涵道比和空气流量增大,但涵道比和空气流量增大程度不如单位推力下降的程度大,所以随飞行速度的增加推力将减小,特别是高涵道比的涡扇发动机,随飞行速度的增加,推力一直减小,并且涵道比越大,推力下降越快,如图 10.17 所示。

4）燃油消耗率随飞行速度的变化规律

随着飞行速度增加,单位推力减少占主导,使得燃油消耗率增加。对于低涵道比涡扇发动机上升较慢;高涵道比涡扇发动机上升较快,如图 10.18 所示。

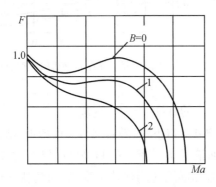

图 10.17　推力随飞行速度变化

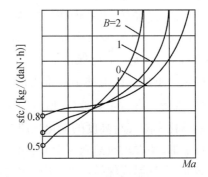

图 10.18　燃油消耗率随飞行速度变化

综上所述,涡扇发动机,特别是高涵道比的发动机,不适宜作高速飞行的动力装置,因为飞行速度越大,高涵道比涡扇发动机速度特性越差。所以为了保证燃油经济性,民航发动机通常在高亚声速下巡航飞行。

# 习　题

1. 什么是涡桨发动机的当量功率和当量燃油消耗率?在地面工作时,如何计算涡桨发动机的当量功率?

2. 什么是涡扇发动机的涵道比？当前民航飞机用的涡扇发动机的涵道比在什么范围内？增大或减小涵道比对发动机的性能有何影响？

3. 什么是涡扇发动机的自由能？什么是涡扇发动机的最佳自由能分配？

4. 实际循环分别排气的涡扇发动机最佳能量分配时，内、外涵排气速度的比与哪些因素有关？

# 第 11 章
# 燃气涡轮发动机热力计算

## 11.1 热力计算的目的

发动机的设计点热力计算是指在给定的飞行和大气条件(飞行高度、马赫数 $Ma_0$),选定满足单位性能参数要求(单位推力和耗油率)的发动机工作过程参数,根据推力(功率)要求确定发动机的空气流量和特征尺寸(涡轮导向器和尾喷管喉部尺寸)。

设计点热力计算的目的:对选定的发动机工作过程参数和部件效率或损失系数,计算发动机各截面的气流参数以获得发动机的单位性能参数。

发动机设计点热力计算的已知条件:

(1) 给定飞行条件和大气条件:飞行高度 $H$ 和飞行马赫数 $Ma_0$;

(2) 在给定的飞行条件和大气条件下,对发动机的性能要求,如推力、单位推力和耗油率的具体值;

(3) 根据发动机的类型不同,选择一组工作过程参数:内涵压气机增压比、外涵风扇增压比、涵道比、燃烧室出口总温等;

(4) 预计的发动机各部件效率和损失系数等。

一台新发动机的最终设计不可能仅取决于设计点的性能,而且还决定于飞行包线内非设计点的性能。但发动机的热力计算有如下重要作用:

(1) 只有先经过设计点的热力计算,确定发动机特征尺寸后才能进行非设计点的热力计算以确定非设计点的性能。

(2) 设计点的热力计算可初步确定满足飞行任务的发动机设计参数选择的大致范围。

## 11.2 单轴涡喷发动机热力计算

本计算采用定比热容计算,简单而有相当的精度,可用于发动机设计的方案研究阶段。

1. 已知条件

(1) 发动机在地面静止状态下工作(海平面标准大气条件):

$$H = 0, \quad Ma = 0$$

$$T_0 = T_0^* = 288.15 \text{ K}, \quad p_0 = p_0^* = 101\,325 \text{ Pa}$$

（2）通过发动机的空气流量：

$$q_m = 65 \text{ kg/s}$$

（3）发动机的工作参数：

$$\pi_c^* = 8.75, \quad T_3^* = 1\,188 \text{ K}$$

（4）各部件效率及损失系数：

进气道总压恢复系数　$\sigma_{in} = 1.0$,　　　　压气机效率　$\eta_c^* = 0.775$

燃烧室总压恢复系数　$\sigma_b = 0.905$,　　　燃烧室放热系数　$\zeta_b = 0.97$

涡轮效率　$\eta_T^* = 0.874$,　　　　　　　冷却空气系数　$v_{col} = 0.03$

机械效率　$\eta_m = 0.97$,　　　　　　　　喷管总压恢复系数　$\sigma_e = 0.93$

2. 计算步骤

（1）计算进气道出口气流参数：

$$T_1^* = T_0^* = 288.15 \text{ K}, \quad p_1^* = \sigma_{in} p_0^* = 101\,325 \text{ Pa}$$

（2）计算压气机出口气流参数：

$$p_2^* = \pi_c^* p_1^* = 8.75 \times 101\,325 = 886\,594 \text{ Pa}$$

$$T_2^* = T_1^* \left( 1 + \frac{\pi^{*\frac{\gamma-1}{\gamma}} - 1}{\eta_c^*} \right) = 288.15 \times \left( 1 + \frac{8.75^{\frac{1.4-1}{1.4}} - 1}{0.775} \right) = 607 \text{ K}$$

（3）计算燃烧室出口气流参数：

$$p_3^* = \sigma_b p_2^* = 0.905 \times 886\,594 = 802\,367 \text{ Pa}$$

$$T_3^* = 1\,188 \text{ K}$$

（4）计算 1 kg 空气的供油量（油气比）：

已知燃烧室进口处的总温 $T_2^*$ 和出口处的总温 $T_3^*$ 及燃烧室的放热系数 $\zeta_b$，则可以求出加给 1 kg 空气的供油量 $f$。

根据 $T_2^*$ 和 $T_3^*$ 查表（见附录）得

$$h_{2a}^* = 614.5, \quad h_{3a}^* = 1\,264, \quad H_3^* = 2\,924.6$$

则有

$$f = \frac{h_{3a}^* - h_{2a}^*}{\zeta_b H_u - H_3^* + h_{2a}^*} = \frac{1\,264 - 614.5}{0.97 \times 42\,900 - 2\,924.5 + 614.5} = 0.016\,53$$

（5）计算涡轮出口气流参数：

$$\Delta T_{\mathrm{T}}^{*} = \frac{c_{p}\Delta T_{\mathrm{c}}^{*}}{c_{p}'(1 + f - v_{\mathrm{col}})\eta_{\mathrm{m}}}$$

$$= \frac{1\,005 \times (607 - 288.15)}{1\,158 \times (1 + 0.016\,53 - 0.03) \times 0.97} = 289\ \mathrm{K}$$

$$T_{4}^{*} = T_{3}^{*} - \Delta T_{\mathrm{T}}^{*} = 1\,188 - 289 = 899\ \mathrm{K}$$

$$\pi_{\mathrm{T}}^{*} = \left(1 - \frac{\Delta T_{\mathrm{T}}^{*}}{T_{3}^{*}\eta_{\mathrm{T}}^{*}}\right)^{-\frac{\gamma'}{\gamma'-1}} = \left(1 - \frac{289}{1\,188 \times 0.874}\right)^{-\frac{1.33}{1.33-1}} = 3.723\,5$$

$$p_{4}^{*} = p_{3}^{*}/\pi_{\mathrm{T}}^{*} = 802\,344/3.723\,5 = 215\,481\ \mathrm{Pa}$$

（6）计算喷管出口气流参数：

在进行喷管出口参数的计算时，首先要判别喷管所处的工作状态。方法是根据喷管的可用落压比 $\pi_{\mathrm{b}}^{*} = p_{5}^{*}/p_{0}$ 与临界落压比（$\pi_{\mathrm{cr}} = 1.85$）进行比较：

$$p_{5}^{*} = p_{4}^{*}\sigma_{\mathrm{e}} = 215\,481 \times 0.93 = 200\,397\ \mathrm{Pa}$$

$$\pi_{\mathrm{b}}^{*} = \frac{200\,397}{101\,325} = 1.978 > 1.85$$

故喷管处于超临界工作状态。

$$Ma_{5} = 1, \quad \lambda_{5} = 1$$

$$p_{5} = p_{5}^{*}\beta_{\mathrm{cr}} = 0.540\,4 \times 200\,397 = 108\,291\ \mathrm{Pa}$$

$$T_{5}^{*} = T_{4}^{*} = 899\ \mathrm{K}$$

$$V_{5} = 18.1 \times \sqrt{T_{5}^{*}} = 18.1 \times \sqrt{899} = 542.6\ \mathrm{m/s}$$

$$q_{m,\mathrm{g}} = K\frac{p_{5}^{*}}{\sqrt{T_{5}^{*}}}A_{5}q(\lambda_{5})$$

$$A_{5} = \frac{q_{m,\mathrm{g}}\sqrt{T_{5}^{*}}}{Kp_{5}^{*}q(\lambda_{5})} = \frac{64.12 \times \sqrt{899}}{0.039\,7 \times 200\,397} = 0.241\,7\ \mathrm{m}^{2}$$

（7）推力和单位推力的计算：

$$F = A_{5}p_{0}\left(\frac{p_{5}^{*}}{p_{0}}f(\lambda_{5}) - 1\right)$$

$$= 0.241\,7 \times 101\,325 \times \left(\frac{200\,397}{101\,325} \times 1.259\,1 - 1\right) = 36\,495\ \mathrm{N}$$

（8）燃油消耗率的计算：

$$\text{sfc} = \frac{3\,600f(1 - v_{\text{col}})}{F_s} = \frac{3\,600 \times 0.016\,53 \times (1 - 0.03)}{561.5} = 0.102\,8\ \text{kg/(N·h)}$$

# 11.3　混合排气涡轮风扇设计点热力计算

**1. 定比热容计算的基本假设**

定比热容计算简单而有相当的精度,可用于发动机设计的方案研究阶段。混合排气定比热容计算需做如下简化假设:

(1) 气流是完全(理想)气体,流经每一部件时是定常的和一维的,即不考虑散热损失以及气流与壁面的摩擦;

(2) 气流流经进气道、风扇、压气机、涡轮、尾喷管时具有各自恒定不变的比定压热容 $c_v$、比定容热容 $c_p$ 和定熵指数 $\gamma$;

(3) 气流流过燃烧室、混合室时 $c_v$、$c_p$ 和 $\gamma$ 值以及气体常数 $R$ 值变化;

(4) 风扇由低压涡轮驱动,此涡轮也为附件提供机械功率 $C_{T,0}$;

(5) 外涵道的流动是等熵的。

**2. 截面符号**

对混合排气的涡扇发动机站位的符号见图 11.1,图 11.2 表示用于涡轮冷却和飞机引气的引气示意图。

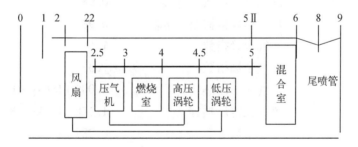

**图 11.1　混合排气涡扇发动机截面符号**

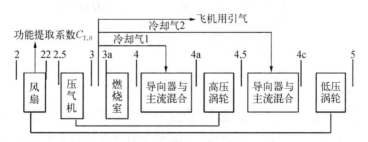

**图 11.2　混合排气涡扇发动机涡轮冷却及截面符号**

**3. 给定的工作参数**

设计点飞行条件:　　　　飞行 $Ma_0$　　　　　　　　1.6

　　　　　　　　　　　飞行高度 $H$　　　　　　　　11 km

发动机工作过程参数:

| | |
|---|---|
| 涵道比 $B$ | 0.40 |
| 风扇增压比 $\pi_{LPC}^*$ | 3.8 |
| 高压压气机增压比 $\pi_{HPC}^*$ | 4.474 |
| 燃烧室出口总温 $T_3^*$ | 1 800 |

预计部件效率或损失系数:

| | |
|---|---|
| 进气道总压恢复系数 $\sigma_i$ | 0.97 |
| 燃烧室总压恢复系数 $\sigma_b$ | 0.97 |
| 外涵气流总压恢复系数 $\sigma_m'$ | 0.98 |
| 混合室总压恢复系数 $\sigma_m$ | 0.97 |
| 尾喷管总压恢复系数 $\sigma_e$ | 0.98 |
| 风扇绝热效率 $\eta_{LPC}^*$ | 0.868 |
| 高压压气机效率 $\eta_{HPC}^*$ | 0.878 |
| 燃烧效率 $\eta_b$ | 0.98 |
| 高压涡轮效率 $\eta_{HPT}^*$ | 0.89 |
| 低压涡轮效率 $\eta_{LPT}^*$ | 0.91 |
| 高压轴机械效率 $\eta_{HPM}^*$ | 0.98 |
| 低压轴机械效率 $\eta_{LPM}^*$ | 0.98 |
| 功率提取机械效率 $\eta_{MP}$ | 0.98 |
| 空气定熵指数 | 1.4 |
| 燃气定熵指数 | 1.33 |
| 空气比定压热容 $c_p$ | 1.005 kJ/(kg·K) |
| 燃气比定压热容 $c_{p,g}$ | 1.158 kJ/(kg·K) |
| 气体常数 $R$ | 0.287 kJ/(kg·K) |
| 燃油低热值 $H_u$ | 42 900 kJ/kg |
| 相对功率提取系数 $C_{T,0}$ | 3.0 kJ/kg |
| 冷却高压涡轮 $\delta_1$ | 5% |
| 冷却低压涡轮 $\delta_2$ | 5% |
| 飞机引气 $\beta$ | 1% |

4. 计算步骤和公式

定比热容热力过程计算,主要假定热力过程中燃气的温度不高,温度的变化也不大,因而在整个热力过程中,燃气的比定压热容和定熵指数可以认为是不变的,用平均热力性质。热力计算从 0 截面逐个部件依次进行,直到 9 截面,计算发动机性能参数。

1) 0 截面的温度和压力

当 $H < 11$ km 时(在对流层):

$$T_0 = 288.15 - 6.5H, \quad 单位为 \ K \qquad (11.1)$$

$$P_0 = 101\,330\,(1 - H/44.\,308)^{5.\,255\,3}, \quad 单位为\,Pa \tag{11.2}$$

当 $H \geqslant 11$ km 时(在同温层):

$$T_0 = 216.\,7\,K \tag{11.3}$$

$$P_0 = 0.\,227\mathrm{e}^{\frac{11-H}{6.\,338}}, \quad 单位为\,Pa \tag{11.4}$$

也可根据飞行高度查表得到大气温度和压力。

本例中:

$$T_0 = 216.\,7\,K$$

$$P_0 = 0.\,227 \times 10^5\,Pa$$

声速为

$$a_0 = \sqrt{kRT_0} = \sqrt{1.\,4 \times 287 \times 216.\,7} = 295\,m/s \tag{11.5}$$

气流速度为

$$V_0 = a_0 \times Ma_0 = 295 \times 1.\,6 = 472\,m/s \tag{11.6}$$

0 截面的气流总压和总温为

$$P_0^* = P_0\left(1 + \frac{\gamma - 1}{2}Ma_0^2\right)^{\frac{\gamma}{\gamma - 1}} = 0.\,964\,8 \times 10^5\,Pa \tag{11.7}$$

$$T_0^* = T_0\left(1 + \frac{\gamma - 1}{2}Ma_0^2\right) = 327.\,57\,K \tag{11.8}$$

2) 计算进气道出口总压和总温

进气道总压恢复系数 $\sigma_i$ 可近似估算。

$Ma_0 \leqslant 1.\,0$ 时:

$$\sigma_i = \sigma_{i,\,max} = 0.\,97$$

$1 < Ma_0 \leqslant 5.\,0$ 时:

$$\sigma_i = \sigma_{i,\,max}\left[1 - 0.\,075(Ma_0 - 1)^{1.\,35}\right] \tag{11.9}$$

本例题中:

$$\sigma_i = 0.\,97\left[1 - 0.\,075(1.\,6 - 1)^{1.\,35}\right] = 0.\,933\,5$$

进气道出口总压和总温:

$$P_2^* = \sigma_i P_0^* = 0.\,933\,5 \times 96\,480 = 0.\,900\,6 \times 10^5\,Pa$$

$$T_2^* = T_0^* = 327.\,57\,K$$

3) 计算风扇出口总压和总温

根据风扇增压比 $\pi^*_{\mathrm{LPC}}$ 和效率 $\eta^*_{\mathrm{LPC}}$ 计算:

$$P^*_{22} = \pi^*_{\mathrm{LPC}} P^*_2 = 0.900\,60 \times 3.8 = 3.42 \times 10^5 \text{ Pa} \tag{11.10}$$

$$T^*_{22} = T^*_2 \left( 1 + \frac{\pi^{* \frac{\gamma-1}{\gamma}}_{\mathrm{LPC}} - 1}{\eta^*_{\mathrm{LPC}}} \right) = 502.8 \text{ K} \tag{11.11}$$

风扇耗功:

$$W_{\mathrm{LPC}} = c_p (T^*_{22} - T^*_2) = 1.005(502.8 - 327.57) = 176.17 \text{ kJ/kg} \tag{11.12}$$

4) 计算高压压气机出口总压和总温

根据高压压气机的增压比 $\pi^*_{\mathrm{HPC}}$ 和效率 $\eta^*_{\mathrm{HPC}}$ 计算:

$$P^*_3 = \pi^*_{\mathrm{HPC}} P^*_{22} = 342\,000 \times 4.474 = 1.53 \times 10^6 \text{ Pa} \tag{11.13}$$

$$T^*_3 = T^*_{22} \left( 1 + \frac{\pi^{* \frac{\gamma-1}{\gamma}}_{\mathrm{HPC}} - 1}{\eta^*_{\mathrm{HPC}}} \right) = 808.8 \text{ K} \tag{11.14}$$

$$W_{\mathrm{HPC}} = c_p (T^*_3 - T^*_{22}) = 1.005(808.8 - 502.8) = 307.53 \text{ kJ/kg} \tag{11.15}$$

5) 计算燃烧室出口总压和总温

$$T^*_4 = 1\,800 \text{ K}(给定)$$

$$P^*_4 = \sigma_{\mathrm{b}} p^*_3 = 0.97 \times 1\,530\,000 = 1.484 \times 10^6 \text{ Pa}$$

$$\tag{11.16}$$

**图 11.3 燃烧室能量平衡**

计算 1 kg 空气的供油量。已知燃烧室进口处的总温 $T^*_3$ 和出口处的总温 $T^*_4$ 及燃烧室的效率 $\eta_{\mathrm{b}}$,根据燃烧室能量平衡(图 11.3)可写出:

$$W_{3\mathrm{a}} h^*_3 + W_{\mathrm{f}} H_{\mathrm{u}} \eta_{\mathrm{b}} = (W_{3\mathrm{a}} + W_{\mathrm{f}}) h^*_4$$

$$f = \frac{W_{\mathrm{f}}}{W_{3\mathrm{a}}} = \frac{c_{p,\,\mathrm{g}} T^*_4 - c_p T^*_3}{H_{\mathrm{u}} \eta_{\mathrm{b}} - c_{p,\,\mathrm{g}} T^*_4} = 0.035\,8 \tag{11.17}$$

6) 计算高压涡轮出口总压和总温

冷却高压涡轮的空气从高压压气机出口引出,冷却高压涡轮导向器,见图 11.2,热力计算时假设冷却空气在混合器中与主流燃气混合后进入高压涡轮转子膨胀做功,因此应先求出混合后的气流参数,混合后总压认为等于混合前总压。

流入燃烧室的空气流量为

$$W_{3\mathrm{a}} = W_{\mathrm{c}} (1 - \beta - \delta_1 - \delta_2)$$

流出燃烧室的燃气流量为

$$W_4 = W_{3a} + W_f = W_{3a}(1 + f) = W_c(1 - \beta - \delta_1 - \delta_2)(1 + f)$$

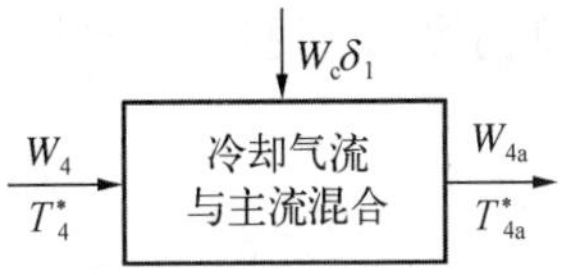

流出高压涡轮混合器的燃气流量为

$$W_{4a} = W_c(1 - \beta - \delta_1 - \delta_2)(1 + f) + \delta_1 W_c$$

根据混合器能量平衡(图 11.4):

图 11.4　高压涡轮冷却气流
与主流混合模型

$$c_p W_c \delta_1 T_3^* + c_{p,\,g} W_4 T_4^* = c_{p,\,g} W_{4a} T_{4a}^*$$

$$T_{4a}^* = \frac{(1 - \delta_1 - \delta_2 - \beta)(1 + f)c_{p,\,g} T_4^* + \delta_1 c_p T_3^*}{c_{p,\,g}[(1 - \delta_1 - \delta_2 - \beta)(1 + f) + \delta_1]} = 1\,741.56 \text{ K} \qquad (11.18)$$

$$P_{4a}^* = P_4^* = 14.84 \times 10^5 \text{ Pa}$$

高压涡轮后的气流参数要根据高压压气机和高压涡轮的功率平衡来求:

$$c_{p,\,g} W_{4a}(T_{4a}^* - T_{4.5}^*)\eta_{HPM} = c_p W_c(T_3^* - T_{22}^*)$$

$$T_{4.5}^* = T_{4a}^* - \frac{c_p(T_3^* - T_{22}^*)}{c_{p,\,g}[(1 - \delta_1 - \delta_2 - \beta)(1 + f) + \delta_1]\eta_{HPM}} = 1\,477.77 \text{ K} \qquad (11.19)$$

根据高压涡轮功求高压涡轮落压比:

$$W_{HPT} = c_{p,\,g} T_{4a}^* \left(1 - \pi_{HPT}^{*-\frac{\gamma'-1}{\gamma'}}\right)\eta_{HPT}^* = c_{p,\,g}(T_{4a}^* - T_{4.5}^*) \qquad (11.20)$$

$$\pi_{HPT}^* = \left(1 - \frac{\Delta T_{HPT}^*}{T_{4a}^* \eta_{HPT}^*}\right)^{-\frac{\gamma'}{\gamma'-1}} = 2.207 \qquad (11.21)$$

由此可以求出 $P_{4.5}^*$:

$$P_{4.5}^* = P_4^* / \pi_{HPT}^* = 6.724 \times 10^5 \text{ Pa}$$

7) 计算低压涡轮出口总压和总温

计算方法与高压涡轮相似。

流入低压涡轮混合器的燃气流量为

$$W_{4.5} = W_c(1 - \beta - \delta_1 - \delta_2)(1 + f) + \delta_1 W_c$$

流出低压涡轮混合器的燃气流量为

$$W_{4c} = W_c[(1 - \beta - \delta_1 - \delta_2)(1 + f) + \delta_1 + \delta_2]$$

根据低压混合器能量平衡(图 11.5),有

$$T_{4c}^* = \frac{[(1 - \delta_1 - \delta_2 - \beta)(1 + f) + \delta_1]c_{p,\,g} T_{4.5}^* + \delta_2 c_p T_3^*}{c_{p,\,g}[(1 - \delta_1 - \delta_2 - \beta)(1 + f) + \delta_1 + \delta_2]}$$

$$= 1\,439 \text{ K} \qquad (11.22)$$

$$P_{4c}^* = P_{4.5}^* = 6.724 \times 10^5 \text{ Pa} \qquad (11.23)$$

图 11.5　低压涡轮冷却气流
与主流混合模型

低压涡轮后的气流参数要根据低压压气机和低压涡轮的功率平衡来求:

$$N_{LPC} = N_{LPT} \eta_{LPM}$$

$$N_{LPT} = q_{m,a} \left[ (1 - \beta - \delta_1 - \delta_2)(1 + f) + \delta_1 + \delta_2 \right] c_{p,g} (T_{4c}^* - T_5^*)$$

$$N_{LPC} = q_{m,a} \left[ c_p (T_{22}^* - T_2^*) + \frac{c_{T,0}}{\eta_m} \right] (1 + B)$$

$$T_5^* = T_{4c}^* - \frac{\left[ c_p (T_{22}^* - T_2^*) + c_{T,0}/\eta_{mp} \right](1 + B)}{\left[ (1 - \beta - \delta_1 - \delta_2)(1 + f) + \delta_1 + \delta_2 \right] c_{p,g} \eta_{LPM}} = 1\ 239\ \text{K} \quad (11.24)$$

根据低压涡轮功求低压涡轮落压比:

$$W_{LPT,s} = c_{p,g} T_{4c}^* \left( 1 - \frac{1}{\pi_{LPT}^{*\frac{\gamma'-1}{\gamma'}}} \right) = \frac{c_{p,g}(T_{4c}^* - T_5^*)}{\eta_{LPT}^*}$$

$$\pi_{LPT}^* = \left( 1 - \frac{\Delta T_{LPT}^*}{T_{4c}^* \eta_{LPT}^*} \right)^{-\frac{\gamma'}{\gamma'-1}} = 2.028 \quad (11.25)$$

$$P_5^* = P_{4c}^*/\pi_{LPT}^* = 3.31 \times 10^5\ \text{Pa} \quad (11.26)$$

8) 计算混合室出口总压和总温

流入混合室的燃气流量:

$$W_5 = W_c \left[ (1 - \beta - \delta_1 - \delta_2)(1 + f) + \delta_1 + \delta_2 \right]$$

流入混合室的外涵空气流量: $BW_c$;

流出混合室的燃气流量:

$$W_6 = W_c \left[ (1 - \beta - \delta_1 - \delta_2)(1 + f) + \delta_1 + \delta_2 + B \right]$$

混合室进口涵道比:

$$B_h = B/W_c \left[ (1 - \beta - \delta_1 - \delta_2)(1 + f) + \delta_1 + \delta_2 \right]$$

混合气流的比定压热容 $c_{p,6}$,用质量平均值计算:

$$c_{p,6} = \frac{c_{p,g} + B_h c_p}{1 + B_h} = 1.177\ \text{kJ}/(\text{kg} \cdot \text{K}) \quad (11.27)$$

混合气流的定熵指数:

$$\gamma_e = c_p/(c_p - R) = 1.332$$

流入混合室的燃气带来的能量为

$$W_c \left[ (1 - \beta - \delta_1 - \delta_2)(1 + f) + \delta_1 + \delta_2 \right] c_{p,g} T_5^*$$

流入混合室的空气带来的能量为 $BW_c c_p T_{22}^*$;

流出混合室的燃气带走的能量为 $W_c \left[ (1 - \beta - \delta_1 - \delta_2)(1 + f) + \delta_1 + \delta_2 + B \right] c_{p,6} T_6^*$;

因此可以得到混合室出口的燃气总温：

$$T_6^* = \frac{\left[(1-\beta-\delta_1-\delta_2)(1+f)+\delta_1+\delta_2\right]c_{p,g}T_5^* + Bc_{p,6}T_{22}^*}{\left[(1-\beta-\delta_1-\delta_2)(1+f)+\delta_1+\delta_2+B\right]c_{p,6}} = 1\,065\text{ K}$$

$$(11.28)$$

根据混合气的道尔顿定律，混合室进口气流的总压为

$$P_m^* = \frac{P_5^* + B_h\sigma_m'P_{22}^*}{1+B_h} \quad (\sigma_m' \text{ 是外涵气流总压恢复系数}) \qquad (11.29)$$

混合室出口的总压为

$$P_6^* = \sigma_m P_m^* = 3.2\times10^5\text{ Pa} \qquad (11.30)$$

9）计算（不加力时）尾喷管出口总压和总温

$$P_9^* = \sigma_e P_6^* = 0.98\times3.2\times10^5 = 3.13\times10^5\text{ Pa} \qquad (11.31)$$

$$T_9^* = T_6^* = 1\,065\text{ K}$$

假定尾喷管完全膨胀，出口静压等于外界大气压，尾喷管出口马赫数 $Ma_9$ 为

$$P_9 = P_0 = 22\,700\text{ Pa}$$

$$Ma_9 = \sqrt{\frac{2}{\gamma'-1}\left[(P_9^*/P_9)^{\frac{\gamma'-1}{\gamma'}}-1\right]} = 2.36 \qquad (11.32)$$

尾喷管出口截面静温：

$$T_9 = T_9^*\left(1+\frac{\gamma'-1}{2}Ma_9^2\right)^{-1} = 578.5\text{ K} \qquad (11.33)$$

尾喷管出口声速：

$$a_9 = \sqrt{\gamma'RT_9} = \sqrt{1.332\times287\times578.5} = 465\text{ m/s}$$

排气速度为

$$V_9 = 465\times2.36 = 1\,098\text{ m/s}$$

（10）求单位推力和燃油消耗率

发动机的单位推力：

$$\begin{aligned}
F_s &= \frac{F}{W_c(1+B)} = \frac{W_9V_9-(1+B)W_cV_0}{W_c(1+B)}\\
&= \left[\frac{(1+f)(1-\delta_1-\delta_2-\beta)+\delta_1+\delta_2+B}{1+B}\right]V_9-V_0\\
&= 643\text{ N/(kg/s)}
\end{aligned} \qquad (11.34)$$

单位燃油消耗率是每小时产生单位推力所消耗的燃油质量，即

$$\text{sfc} = \frac{3\,600f(1 - \delta_1 - \delta_2 - \beta)}{F_s(1 + B)} = 0.127\ \text{kg}/(\text{N} \cdot \text{h}) \qquad (11.35)$$

## 11.4　分别排气涡扇发动机设计点热力计算

分别排气涡扇发动机一般具有较大涵道比,主要应用于需要大推力、低油耗和飞行马赫数不超过 0.9 的民航飞机。图 11.6 表示该种发动机的截面符号。

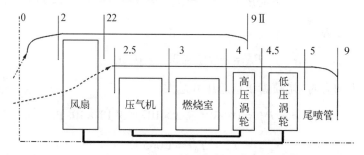

**图 11.6**　大涵道比分别排气涡扇发动机截面符号

分别排气涡扇发动机的热力计算和混合排气涡扇发动机类似,不过没有混合室的混合过程,推力为内涵推力和外涵推力之和,其他计算步骤没有变化。

## 11.5　变比热容热力计算概念

在定比热容法热力计算中,气体的比热容取为常数或者分段取为常数。例如取空气的比定压热容 $c_p = 1.004\,6\ \text{kJ}/(\text{kg} \cdot \text{K})$,定熵指数 $\gamma = 1.4$。采用定比热容的方法可以使计算公式简单,例如压气机功和涡轮功的计算公式可分别写为

$$L_c = c_p T_2^* (\pi^{\frac{\gamma-1}{\gamma}} - 1)/\eta_c$$

$$L_T = c_{p,\,g} T_4^* \left(1 - \frac{1}{\pi_T^{\frac{\gamma'-1}{\gamma'}}}\right)\eta_T$$

上述公式所以这样简单是因为在定比热容条件下等熵过程的压力和温度的变化有如下关系:

$$\frac{T_2}{T_1} = \left(\frac{p_2}{p_1}\right)^{\frac{\gamma-1}{\gamma}} \qquad (11.36)$$

随着发动机工作过程参数如 $\pi_c$、$T_{t4}$ 等的增高,欲获得更为精确的计算结果需考虑比热容随温度和气体成分的变化,即变比热容热力计算。变压比热容热力计算的最基本点是等熵过程压力和温度的关系不是式(11.36)而是如下的式子。根据熵的定义:

$$ds = \frac{dq}{T} = \frac{c_p dT - vdp}{T} = c_p \frac{dT}{T} - R\frac{dp}{p} \tag{11.37}$$

当气体从状态 1 等熵的变化到状态 2 时,积分式(11.37)即得

$$\int_1^2 c_p \frac{dT}{T} = R\ln\frac{p_2}{p_1}$$

如果是定比热容积分,式(11.37)就是式(11.36)。变比热容方法热力计算与定比热容方法热力计算的本质区别在于用式(11.37)代替式(11.36),这就使热力计算变得非常繁琐,只有用计算机才易实现。

欲积分式(11.37)必须知道 $c_p$ 与温度和气体成分的函数关系。对于空气,一般采用多项式逼近实际的这种函数关系:

$$c_p = c_0 + c_1 T + c_2 T^2 + \cdots + c_7 T^7 \tag{11.38}$$

式中,$c_0$,$c_1$,$\cdots$,$c_7$ 是已知常数,具体可查阅有关资料。对于燃气,将其视为空气和纯燃气的混合气。所谓纯燃气是指,1 kg 燃料与理论空气量($L_0$ kg)完全燃烧后的产物,若燃料为航空煤油,则 $L_0 = 14.7$ kg。

假定燃烧室中有 1 kg 空气,$f$ kg 燃油,燃烧后得 $1 + f$ kg 燃气,其中纯燃气为 $1 + fL_0$ kg,剩余的空气为 $1 - fL_0$ kg。

根据混合气比热容的计算公式可计算燃气的比定压热容:

$$(1 + f)c_{p,\,g} = (f + fL_0)C_{p,\,st} + (1 - fL_0)c_p$$

式中,$c_{p,\,st}$ 为纯燃气的比定压热容,只是温度的函数,用多项式逼近该函数:

$$c_{p,\,st} = B_0 + B_1 T + \cdots + B_2 T^2 + \cdots + B_7 T^7$$

所以

$$c_{p,\,g} = \frac{1}{1+f}\big[ c_p + f(1 + L_0)c_{p,\,st} - fL_0 c_p \big] \tag{11.39}$$

令

$$c_{p,\,F} = (1 + L_0)c_{p,\,st} - L_0 c_p$$

称 $c_{p,\,F}$ 为每千克燃油的当量比热容,也可以用一个多项式表示其随温度的变化关系:

$$c_{p,\,F} = A_0 + A_1 T + A_2 T^2 + \cdots + A_7 T^7$$

式中,$A_0$、$A_1$、$\cdots$、$A_7$ 为已知常数。

最后可得燃气的比热容:

$$c_{p,\,g} = \frac{1}{1+f}(c_p + fc_{p,\,F}) \tag{11.40}$$

式(11.40)表明,燃气的比定压热容 $c_{p,\,g}$ 是油气比和温度的函数。

# 参考文献

楚武利,刘前智,胡春波,2009.航空叶片机原理.西安:西北工业大学出版社.

邓明,2008.航空燃气涡轮发动机原理与构造.北京:国防工业出版社.

丁相玉,王云,2018.航空发动机原理.北京:北京航空航天大学出版社.

范作民,1987.热力过程计算与燃气表.北京:国防工业出版社.

范作民,1999.热工气动基础.北京:海洋出版社.

葛宁,2019.航空燃气涡轮发动机原理.北京:科学出版社.

黄燕晓,瞿红春,2015.航空发动机原理与构造.北京:航空工业出版社.

李书明,赵洪利,2015.民航发动机构造与系统.北京:中国民航出版社.

廉小纯,吴虎,2001.航空燃气轮机原理(下册).北京:国防工业出版社.

廉小纯,吴虎,2005.航空发动机原理.西安:西北工业大学出版社.

林兆福,1988.气体动力学.北京:北京航空航天大学出版社.

刘大响,陈光,2003.航空发动机:飞机的心脏.北京:航空工业出版社.

彭泽琰,刘刚,2000.航空燃气轮机原理(上册).北京:国防工业出版社.

瞿红春,林兆福,2006.民用航空燃气涡轮发动机原理.北京:兵器工业出版社.

尚义,1995.航空燃气涡轮发动机.北京:航空工业出版社.

徐敏,2015.空气与气体动力学基础.西安:西北工业大学出版社.

严家禄,1999.工程热力学.北京:高等教育出版社.

原渭兰,2013.气体动力学.北京:科学出版社.

张津,洪杰,2006.现代航空发动机技术与发展.北京:北京航空航天大学出版社.

张银波,闫国华,2019.航空发动机原理与构造.北京:中国民航出版社.

赵廷渝,2004.航空燃气涡轮动力装置.成都:西南交通大学出版社.

朱行健,王雪瑜,1992.燃气轮机工作原理及性能.北京:科学出版社.

朱之丽,陈敏,唐海龙,等,2014.航空燃气涡轮发动机工作原理及性能.上海:上海交通大学出版社.

Mattingly J D, Heiser W H, Pratt D T, 2002. Aircraft engine design. Second Edition. Reston:AIAA Inc.

Philip P W, 2004. Gas turbine performance. Oxford:Blackwell Publishing Company.

# 附录  燃气等温焓差表

| $T^*/K$ | $c_p T^*/$ (kJ/kg) | $H_3^*/$ (kJ/kg) | $T^*/K$ | $c_p T^*/$ (kJ/kg) | $H_3^*/$ (kJ/kg) | $T^*/K$ | $c_p T^*/$ (kJ/kg) | $H_3^*/$ (kJ/kg) |
|---|---|---|---|---|---|---|---|---|
| 920.00 | 955.37 | 2 061.90 | 1 260.00 | 1 348.40 | 3 172.04 | 1 600.00 | 1 757.45 | 4 407.19 |
| 930.00 | 966.59 | 2 092.60 | 1 270.00 | 1 360.25 | 3 206.75 | 1 610.00 | 1 769.67 | 4 444.92 |
| 940.00 | 977.85 | 2 123.50 | 1 280.00 | 1 372.10 | 3 241.60 | 1 620.00 | 1 781.90 | 4 482.76 |
| 950.00 | 989.11 | 2 154.50 | 1 290.00 | 1 383.95 | 3 276.67 | 1 630.00 | 1 794.10 | 4 520.74 |
| 960.00 | 1 000.42 | 2 185.50 | 1 300.00 | 1 395.80 | 3 311.80 | 1 640.00 | 1 806.40 | 4 558.84 |
| 970.00 | 1 011.72 | 2 216.60 | 1 310.00 | 1 407.70 | 3 346.89 | 1 650.00 | 1 818.66 | 4 597.06 |
| 980.00 | 1 023.10 | 2 248.00 | 1 320.00 | 1 419.62 | 3 382.10 | 1 660.00 | 1 830.85 | 4 635.29 |
| 990.00 | 1 034.45 | 2 279.50 | 1 330.00 | 1 431.55 | 3 417.47 | 1 670.00 | 1 843.10 | 4 673.68 |
| 1 000.00 | 1 045.86 | 2 311.19 | 1 340.00 | 1 443.49 | 3 452.98 | 1 680.00 | 1 855.40 | 4 712.16 |
| 1 010.00 | 1 057.27 | 2 342.68 | 1 350.00 | 1 455.50 | 3 488.65 | 1 690.00 | 1 867.70 | 4 750.76 |
| 1 020.00 | 1 068.70 | 2 374.30 | 1 360.00 | 1 467.40 | 3 524.20 | 1 700.00 | 1 880.00 | 4 789.49 |
| 1 030.00 | 1 080.17 | 2 406.10 | 1 370.00 | 1 479.36 | 3 559.99 | 1 710.00 | 1 892.30 | 4 827.79 |
| 1 040.00 | 1 091.66 | 2 438.10 | 1 380.00 | 1 491.30 | 3 595.87 | 1 720.00 | 1 904.62 | 4 866.71 |
| 1 050.00 | 1 103.16 | 2 470.33 | 1 390.00 | 1 503.30 | 3 631.92 | 1 730.00 | 1 916.89 | 4 904.44 |
| 1 060.00 | 1 114.67 | 2 502.41 | 1 400.00 | 1 515.30 | 3 668.09 | 1 740.00 | 1 929.28 | 4 943.56 |
| 1 070.00 | 1 126.20 | 2 534.50 | 1 410.00 | 1 527.26 | 3 704.23 | 1 750.00 | 1 941.60 | 4 982.42 |
| 1 080.00 | 1 137.85 | 2 567.01 | 1 420.00 | 1 539.25 | 3 740.53 | 1 760.00 | 1 953.90 | 5 020.93 |
| 1 090.00 | 1 149.40 | 2 599.58 | 1 430.00 | 1 551.20 | 3 776.95 | 1 770.00 | 1 966.29 | 5 059.80 |
| 1 100.00 | 1 161.00 | 2 632.28 | 1 440.00 | 1 563.19 | 3 813.45 | 1 780.00 | 1 978.60 | 5 098.35 |
| 1 110.00 | 1 172.68 | 2 664.86 | 1 450.00 | 1 575.28 | 3 850.22 | 1 790.00 | 1 990.95 | 5 137.24 |
| 1 120.00 | 1 184.30 | 2 697.60 | 1 460.00 | 1 587.17 | 3 886.81 | 1 800.00 | 2 003.30 | 5 176.22 |
| 1 130.00 | 1 195.98 | 2 730.46 | 1 470.00 | 1 599.10 | 3 923.53 | 1 810.00 | 2 015.70 | 5 215.12 |
| 1 140.00 | 1 207.68 | 2 763.49 | 1 480.00 | 1 611.00 | 3 960.80 | 1 820.00 | 2 028.08 | 5 254.10 |
| 1 150.00 | 1 219.38 | 2 796.69 | 1 490.00 | 1 622.98 | 3 997.43 | 1 830.00 | 2 040.43 | 5 293.16 |
| 1 160.00 | 1 231.10 | 2 830.15 | 1 500.00 | 1 634.98 | 4 034.52 | 1 840.00 | 2 052.87 | 5 332.39 |
| 1 170.00 | 1 242.80 | 2 863.77 | 1 510.00 | 1 647.25 | 4 071.29 | 1 900.00 | 2 127.40 | 5 568.32 |
| 1 180.00 | 1 254.57 | 2 897.50 | 1 520.00 | 1 659.50 | 4 108.21 | 1 910.00 | 2 139.87 | 5 607.90 |
| 1 190.00 | 1 266.30 | 2 931.40 | 1 530.00 | 1 671.83 | 4 145.22 | 1 920.00 | 2 152.30 | 5 647.80 |
| 1 200.00 | 1 278.10 | 2 965.51 | 1 540.00 | 1 684.10 | 4 182.40 | 1 930.00 | 2 164.70 | 5 687.76 |
| 1 210.00 | 1 289.76 | 2 999.59 | 1 550.00 | 1 696.49 | 4 219.71 | 1 940.00 | 2 177.18 | 5 727.83 |
| 1 220.00 | 1 301.44 | 3 033.79 | 1 560.00 | 1 708.67 | 4 256.93 | 1 950.00 | 2 189.60 | 5 767.99 |
| 1 230.00 | 1 313.16 | 3 068.21 | 1 570.00 | 1 720.80 | 4 294.32 | 1 960.00 | 2 202.10 | 5 807.78 |
| 1 240.00 | 1 324.90 | 3 102.75 | 1 580.00 | 1 733.00 | 4 331.83 | 1 970.00 | 2 214.65 | 5 847.67 |
| 1 250.00 | 1 336.60 | 3 137.46 | 1 590.00 | 1 745.22 | 4 369.43 | 1 980.00 | 2 227.08 | 5 887.72 |

| $T^*/\mathrm{K}$ | $c_p T^*/$ (kJ/kg) | $H_3^*/$ (kJ/kg) | $T^*/\mathrm{K}$ | $c_p T^*/$ (kJ/kg) | $H_3^*/$ (kJ/kg) | $T^*/\mathrm{K}$ | $c_p T^*/$ (kJ/kg) | $H_3^*/$ (kJ/kg) |
|---|---|---|---|---|---|---|---|---|
| 1 990.00 | 2 239.56 | 5 927.70 | 2 080.00 | 2 352.14 | 6 289.49 | 2 170.00 | 2 464.85 | 6 652.90 |
| 2 000.00 | 2 252.08 | 5 968.01 | 2 090.00 | 2 364.70 | 6 329.81 | 2 180.00 | 2 477.40 | 6 693.56 |
| 2 010.00 | 2 264.55 | 6 008.10 | 2 100.00 | 2 377.26 | 6 370.22 | 2 190.00 | 2 490.10 | 6 734.26 |
| 2 020.00 | 2 276.99 | 6 048.21 | 2 110.00 | 2 389.70 | 6 410.37 | 2 200.00 | 2 502.62 | 6 775.12 |
| 2 030.00 | 2 289.55 | 6 088.40 | 2 120.00 | 2 402.20 | 6 450.60 | 2 210.00 | 2 515.26 | 6 816.61 |
| 2 040.00 | 2 302.11 | 6 128.72 | 2 130.00 | 2 414.69 | 6 490.92 | 2 220.00 | 2 527.91 | 6 858.19 |
| 2 050.00 | 2 314.50 | 6 169.17 | 2 140.00 | 2 427.20 | 6 531.37 | 2 230.00 | 2 540.55 | 6 899.89 |
| 2 060.00 | 2 327.06 | 6 209.17 | 2 150.00 | 2 439.70 | 6 571.89 | 2 240.00 | 2 553.20 | 6 941.71 |
| 2 070.00 | 2 339.58 | 6 249.30 | 2 160.00 | 2 452.25 | 6 612.39 | | | |